地球温暖化サギ・エコ利権を暴く［12の真論］

エコロジーという洗脳

副島隆彦＋SNSI
副島国家戦略研究所

SEIKO SHOBO

私たちは「エコロジーという洗脳」を疑い、警戒する◉序文

本書『エコロジーという洗脳』は、地球環境を守ることには誰も反対できないはずだ、と思い込む考えの背後に潜む危険なものを白日の下に晒《さら》け出す。その偽善と欺瞞《ぎまん》に対して正面から戦いを挑む本である。この本は『金儲けの精神をユダヤ思想に学ぶ』（祥伝社）、『最高支配層だけが知っている日本の真実』（成甲書房）につづく、私たちSNSI《エスエヌエスアイ》の三冊目の論文集である。エコロジー、環境保護思想という一見きわめて崇高な理念であっても、決してキレイごとではない。官製（官僚主導）エコロジーは私たち人間（人類）をまんまと騙すための「洗脳」の道具であるとして、諸真実を暴きたてる本である。

私たちはここで声を大にして言う。現在、日本の新聞・メディアで大々的に繰り広げられている官製エコロジー運動のほとんどは、私たちが前二著でも批判してきたとおり、最高支配層が仕組む地球規模の人類への洗脳キャンペーンの一種である、と。

この論文集は、私と弟子たちがインターネット上で運営する「副島隆彦の学問道場」で、この国で最先端を自負する知識・思想・学問の研究のために集まった「副島国家戦略研究所」（SNSI）の若い研究員たちが、「地球環境問題という騙《だま》しの構造」と「日本にとって本当に大事な環境問題はこっちだ」を詳しく論じた、合計で一二本の論文によって構成されている。

本書の冒頭にあたって、私はまず断言する。地球環境問題を大ゲサに仕組む者たちが、ある日突

然、二酸化炭素は悪《あく》である。これを以後、悪者《わるもの》にすると決めたのだ。

　二酸化炭素は悪ではない。害毒でもない。私たちの生存にとって必要なものである。酸素を作る植物の光合成にも二酸化炭素は不可欠だ。**こんなにいじめられて二酸化炭素がかわいそうだ。**世界の最高支配層が、資本（お金）の法則を通じて操《あやつ》る各国のメディア（テレビ・新聞）、広告代理店を使って、「大気中の二酸化炭素の量が増加すると両極地の氷が解けだして、地球の主要な大都市が水没する」という大ウソの近未来の地獄絵図を、膨大な量のキャンペーンで一般国民に浸透させている。そうやって、まさに今、私たちを洗脳しているのである。そして本当の狙いは、原子力発《ニュークリア・パワー・》電《プラント》（核施設）を〝クリーンなエネルギー〟だとして居直って、大復活させる策謀である。どう考えても危険なエネルギー設備である原発《げんぱつ》を、善良なエネルギー源として推進するために、そのために二酸化炭素を悪者にすると決めたのだ。

　それでは人間が工業化して起こしたと言われる地球温暖化によって、本当は、気温はどれだけ上昇したのか。本書第八章の下條論文では、東京大学工学部名誉教授の西村肇《にしむらはじめ》氏が次のように書いている。「この数百年間でも地表温度への二酸化炭素の増加による影響は〇・五度程度の上昇にしかならない」と研究発表した。おそらくこの数値が真実であろう。

　西村教授が算出した「二酸化炭素の増加影響による数百年間で〇・五度の気温の上昇」という数値は、日本の環境科学者たちの間で尊重され信頼性の高いものだとされている。私もこの数値を信じる。西村肇教授は一九七六年に『裁かれる自動車』（中公新書）を毅然《きぜん》として世に問うた日本の環境工学の草分けであり、第一人者である。

詳細はこのあとの私の論文で明らかにするが、地球温暖化問題への対策の一つとして鳴り物入りで登場した、いわゆる「排出権取引《ビジネス》」（日本政府はなぜか「排出量取引」と呼ぶと決めた）というものも、本質は、金融工学《きんゆうこうがく》（高度な数理的モデルを使った人騙しの投資技術）を駆使して築き上げた、デリバティブ（derivatives, 金融派生商品、元々が「似せもの」の意味）の一種である。そしてこのデリバティブは、二〇〇七年八月一七日にサブプライムローン危機がアメリカの金融市場で爆発して、それ以来世界は金融恐慌に突入したのである。本当はこのときCO_2排出権取引も爆発して崩壊したのである。この事実を皆に気づかせないようにしているだけだ。

恐ろしいのは、このCO_2（地球温暖化ガス？ 温暖化などしていない）の排出権取引の思想もまた金融資本家たちが人工的に作った新式の宣伝工作《プロパガンダ》であるという点だ。

地球温暖化問題をさかんに煽ったアル・ゴア元米副大統領の背景にあるものも、ヨーロッパの国際金融資本家《インターナショナルバンカーズ》たちの策動である。ここには「排出権取引の市場」という新手のデリバティブのための取引市場をつくりあげる思惑《おもわく》がある。

日本政府は、日本独自の排出量取引の実証実験をすると公言している。しかしこの路線自体も大きくは、日本国内の環境官僚たちの体面を保つための動きに過ぎない。その裏に金融官僚たちが隠れている。

恐ろしいのは、排出権取引とは、実は「排出税」であるということだ。国家官僚《ビューロクラット》という顔のない特殊な人種（現代人類の神官《しんかん》たち）は、何でもかんでも国民に税金を掛ければいいと思っている奇怪な生き物である。全ての税は悪《あく》である。必要悪《ネセサリー・イーヴル》でさえなくて、ただ単に悪なのである。

税金は人間にとって悪そのものだ。「仕方がないから払う」と考えるべきものではない。税金は全廃すべきものであり、国税庁は解体消滅させるべき諸悪の根源である。世界史をひもとけば、税金は、まず山賊や海賊が徴収した通行税（トールゲイト・タックス）として始まり、やがて「窓税《まどぜい》」や「ひげ税」、「処女の初夜権（税）」というような信じられない課税までも課して権力者たちは取り立てた。だから排出権＝排出税なるものは、さらに大きく謎解きをすると、それは人間が呼吸することそのものに税金を掛けるということである。即ち「空気税」である。このまま放っておけば、そのうち「平和税」や「愛情税」まで掛けるようになるだろう。こんなに危険な動きを私たちが許して良いはずがない。

　だから環境税もまた新手の増税の一種なのである。私たちはこの事実を暴きたて、徹底して反対しなければいけない。徴税官僚たちは、財務省（旧大蔵省）が消費税の税率上げの方を目指し、総務省（旧自治省。戦前の内務省。〝国家の神経〟と呼ばれ、特高《とっこう》警察を束ねた）の子分である環境省が、環境税という「美しい名前の税金」を法案として通すという動きに出てくる。この動きは、日本にも出来るべきである民主党政権の樹立を目指す政治家（国会議員）たちの動きとは別個独立のものである。環境税の導入は官僚たちだけの暴走である。国民の代表である政治家たちの知らないところで、ずっと画策されてきた。私たちは警戒しなければならない。

　繰り返すが、全ての税金は悪である。「環境を守るために必要な税金」などと、誰もそれに反対できないようにしておいて、私たちを騙す。地獄への道は、（私たちの無垢《むく》で軽率な）善意と税金で敷き詰められている。「環境を守ろう」といういかにもきれいに見えるキャッチフレーズを打ち出して、最終的には環境税でむしり取ろうとしている。官僚たちのこの悪辣《あくらつ》なる動きを白日の下に晒すべきだ。

CO_2の排出権（量）取引と環境税が喧伝される現状に対して、私たちは強い疑念と警戒心を持たなければならない。

私たちは「科学《サイエンス》」なるものによっても洗脳されるのである。偉そうにしている理科系の科学者たちが政府の審議会の答申《とうしん》とかで何か言うと、それには反対できない、と思い込まされている。おかしな御用《ごよう》学者たちが「人類の経済活動によって排出される二酸化炭素が地球温暖化の大きな原因である」と書けば、私たちは何となく信じてしまう。

本書の各篇が重視しているのは次のことだ。「科学的な実験結果であるとか、科学的に証明されている事実と簡単に言うけれども、それが学問的に証明されているかどうかは本当はわからないのだ」ということである。このような疑問は、どんな人にでもふっと湧き起こる。この私たちの疑念を必死になって打ち消そうとするのは、私たちのはるか上の方に存在する権力者たちや体制である。あるいは私たちに試験問題や教育、学習というものを与えて押しつける人々である。私たちは果して彼ら支配者に逆らえるのか、という大きな問題がある。大勢に順応するというのが、ほとんどの人々の習性である。自分たちに教育を与える人々を疑うということはなかなかできることではない。しかし私たちは早くそこまで到達すべきだ。それが人間が真の自由の精神を勝ち取るということである。現状では異義申し立てをする人間は大体、はぐれ者として制度の枠の外に置かれるし、会社員や学生であれば異端者《エイセイスト》として排除される。

だがしかし、大きな真実はやがて少しずつ剥《は》がれ落ちるように明らかになっていく。「科学的に証明されたこと」として私たちに押し寄せてくる、得体の知れないものがある。それらは法律作用、権力作用、そして官僚たちからの命令として執行される。これらを私たちは疑い、疑問を抱き、そして一歩引いて身がまえるべきだ。それらにどっぷりつかることから逃れて抵抗するという態度を身につけなければいけない。人間の精神が自由であり真に賢いということは、まず疑い警戒するということである。

疑うということは、あることを信じるか、信じないか、という問題において、一歩躊躇《ちゅうちょ》してみるということだ。「何十万人ものサイエンティストや科学者たちが一致して行っていることをあなたは否定するのか」と言われたら、たいていの人はどぎまぎして立ちすくんでしまう。しかし、それでもなお、やはり疑い、警戒し、あるいは信じない、と言い切ってみせる力が私たちに生まれるべきだ。このことが大事なのである。

エコロジーや地球環境を守れという、見るからに正しい命題《プロポジション》で、誰もそれにあらがうことができない、反対することができないだろうという仕組みをあらかじめ作っておいて、向こうは私たちに問答無用で、無条件に「正義」を押しつけてきている。これらの大衆洗脳に対して私たちは大きく別の考えと対策を敢然と提起していくべきだ。

私たち筆者陣の多くは文科系知識人である。文科系の立場から、この地球環境問題及びエコロジーに異論を唱える。この分野での優れた先駆的な環境問題学者である武田邦彦《たけだくにひこ》氏と槌田敦《つちだあつし》氏のお二人の現下《げんか》の果敢な闘いに、私たちは声援を送る。お二人に連帯を表明し、その戦列に私たちも大きな決意をもって文科系知識人として加わる。本書各篇を読んでいただき、「エコロジーこそ、現代の最先端の洗脳なのである」という冷厳なる事実に多くの皆さんがハッと気づくことを、私たちは強く望む。

副島隆彦《そえじまたかひこ》

エコロジーという洗脳〔目次〕

序文　私たちは「エコロジーという洗脳」を疑い、警戒する　副島隆彦　5

第1章　排出権(税)とは「空気税」であり、環境税は悪魔の新税である　副島隆彦

なぜ二酸化炭素が悪者にされたのか　22
環境ファッシズムの始まり　25
環境をお金に変える仕組み　27
洞爺湖サミット、報道されなかった真実　29
私が見破った「排出権取引」欺瞞の手法　33
「地球をきれいにしよう」に隠された世界支配の罠　35
サブプライム危機が一変させた排出権市場　37

第2章　環境伝道師アル・ゴアの「不都合な真実」　中田安彦

エコという錬金術、発案者は誰か　42
「持続可能な発展」と「新しい植民地主義」　44
「恐怖の演出」が説得を容易にする　48
預言者から投資家へ――アル・ゴアの変身　51
「環境問題は儲かる」という真の意味　54

CO_2本位制と炭素銀行の出現　57
炭素本位制の陰に潜む重要問題　59
地球温暖化対策を訴える人々と石油産業、その浅からぬ関係　61
グローバル・マーシャル・プランに結実した財界人の思惑　63
それでは日本がとるべき針路とは　71

第3章　環境問題と経済思想——排出権取引の矛盾　吉田祐二

ついに動きだした環境マネー　76
「公害」から「環境問題」への変遷　78
環境問題の経済学　79
取引可能な排出権　82
シカゴ気候取引所（CCX）の創設と「シカゴ学派」　84
トム・ラヴジョイと「自然と債務のスワップ」　87
コースの定理　88
「市場原理主義」批判　89
ナイトの不確実性　91
排出権取引の失敗事例　93
ビョルン・ロンボルグによる温暖化コスト批判　95
炭素クレジットの「信用創造」による二酸化炭素バブル　97
これからの世界——身分固定の低成長経済へ　98

第4章　そもそも「環境問題」とは何だろうか？　根尾知史

誰もわかっていない「環境問題とは何か？」　102
果たして「環境保護」イコール「エコロジー」だろうか　104
本当は恐ろしいエコロジー（生態学）という学問　108
環境問題が「生活・宗教」から「政治・経済」の問題に変わった瞬間　113
だから「環境保護主義」「エコロジー」は宗教である　117
「エコロジー」「環境主義」は反合理主義、反グローバリズムの萌芽　121
世界大戦が環境問題にあたえた影響　124
「沈黙の春」という新しい視点　127
ローマクラブの「成長の限界」理論　130
やっぱり環境ロビイストの戦略的プロパガンダなのだ　133

第5章　「地球温暖化でサンゴ絶滅」は大ウソ！ 真実はこうして隠される　廣瀬哲雄

環境問題における加害者の手口　138
私の環境問題との関わり　139
公害問題、そのごまかされ方　140
・公害問題の「起承転結」　140
「地球温暖化」という壮大な騙し　142
・「公害の起承転結」を地球温暖化に当てはめる　142
・宇井は「地球環境問題」をどう考えていたか　143

ケーススタディとしての「沖縄のサンゴ絶滅問題」 145
・沖縄のサンゴ絶滅問題とは何か 145
・沖縄のサンゴ礁はいつごろからなくなったのか 149
・沖縄の環境保護運動家たちの動き 151
・予測された「ごまかし」 153
「地球温暖化」とは真実を隠すためのツールである 156

第6章 アメリカの「プリウス人気」の裏に何があるのか 古村治彦

三題噺、「環境保護」「プリウス」そして「ネオコン」 160
環境保護政策にはウラがある 164
プリウスという車の魅力と売行き 167
アメリカでプリウスを買う人々 172
「プリウス購入がテロとの戦いに貢献する」というネオコンの論理 175
連邦政府・地方政府によるプリウス優遇政策 182
環境問題の特効薬ではなく「テロとの戦い」のツールとしてのプリウス 185

第7章 洗脳の手段としての「環境映画」その正しい鑑賞法 須藤喜直

映画に隠された意図を読む 190
なぜスウェーデン首相が狙われたのか 192
捕鯨禁止は「軍事問題」だった 196

石油業界が仕掛けるプロパガンダ映画 204
露見した構図「CIA＝ロックフェラー」 207
スペースシャトルを失敗させた水素エネルギー 209
良い環境映画 216
悪い環境映画 218

第8章 CO_2は地球温暖化の真犯人か？ ——科学ではさっぱり分からない地球温暖化 下條竜夫

二〇〇七年一二月、バリ島での衝撃的な報告 222
科学者でも分からないIPCCとその報告書 225
地球観測衛星でも測定できない正確なデータ 227
二酸化炭素が二倍に増えると、何度温暖化するのか？ 231
温暖化どころか、地球は寒冷化する!? 235
科学とは本来何なのか？ 予言などできるのか？ 239

第9章 日本の切り札「原子力発電」を操るアメリカ 相田英男

アメリカに手取り足取り育てられた「日本の原子力産業」 244
原発を理解するための基礎知識 245
原潜ノーチラス号から始まった軽水炉開発 249
GEの顔色をひたすら窺う「東芝・日立・IHI」 250

親米コンビ「中曽根&正力」が推進した日本の原子力開発　253
アメリカに見抜かれていた正力の「総理への野望」　255
現代の隠蔽体質を見通していた河野一郎の慧眼　257
スリーマイル島大事故とジャック・ウェルチのGE再生　262
「軽水炉は儲かる！」と気づいての「原子力ルネッサンス」　264
東芝のウェスティングハウス買収、隠された裏事情　266
GEが持ち去った東芝の最先端技術　269
日本が模索すべきは国益にかなった原子力開発　272

第10章　日本の「水」関連企業に注目せよ　加治木雄治

水問題はさらに深刻化していく　276
水ビジネスで台頭する「水男爵（ウォーター・バロン）」　280
淡水化技術で世界をリードする日本の水関連企業　284
・ササクラ　・月島機械　・西島製作所　・栗田工業　・日東電工　・荏原製作所
水企業に投資する意味　297

第11章　環境騒動に乗じてエネルギー自立を目指せ
——天然ガス立国の夢を見る　六城雅敦

中東大戦争で崩れゆく日本を描いた『油断！』　300
エネルギーの自給自足は不可能なのか　302

・あらためて日本全図をながめてみる 302
・ユーラシア・北米大陸のガス供給事情 304
・国内ガスパイプラインの歴史は意外に古い 305
・ＬＮＧ受入のインフラは整っている 306
・パイプライン網の整備を急げ 308
・現状では温暖化防止の切り札にはならない 310
・液化などの先端技術は無駄ばかり 311
・ガスパイプラインでエネルギー利用が飛躍的に向上する 312
・メタンハイドレードはロシア・中国への牽制に過ぎない 313
・ガス田を枕に石油を貪る滑稽さ 314
・東京湾の埋め立て地は優良なガス田 315
・ガスパイプライン整備で住みやすさをＰＲ 316
・道州制で資源ローカリズムを確立せよ 316
・まずは国家戦略として一次エネルギーの一〇％を 318
・環境問題は過激思想を醸成する？ 319

第12章 「宇宙船地球号」と人口・食糧・環境 関根和啓

予告されていた未来 322
ついにわかった！ 新自由主義「仕掛け人」の正体 325
・食糧とワシントン・コンセンサスの関係 325
・コーポレートクラシーとワシントン・コンセンサスの関係 326

・ジョン・ロックフェラー三世の警告 331
・デイヴィッド・ロックフェラーの立場 333
トマス・ロバート・マルサスの呪縛 334
・人口と食糧の関係 334
・マルサスと遺伝 336
・優生学=人種改良学とロックフェラー財団の関係 338
・フィリップ殿下の本音 339
・「緑の革命」とは何か 340
・ビル・ゲイツとロックフェラーがアフリカで「緑の革命」 342
・米国のバイオ戦略と激突する日本のアフリカ支援策 345
・ロックフェラーの二一世紀アフリカ農業戦略 347
・食糧価格高騰の本当の理由 349
あとがき……中田安彦 352
執筆者略歴…… 356

〔装幀〕 フロッグキングスタジオ
〔カバー写真〕 imagenavi

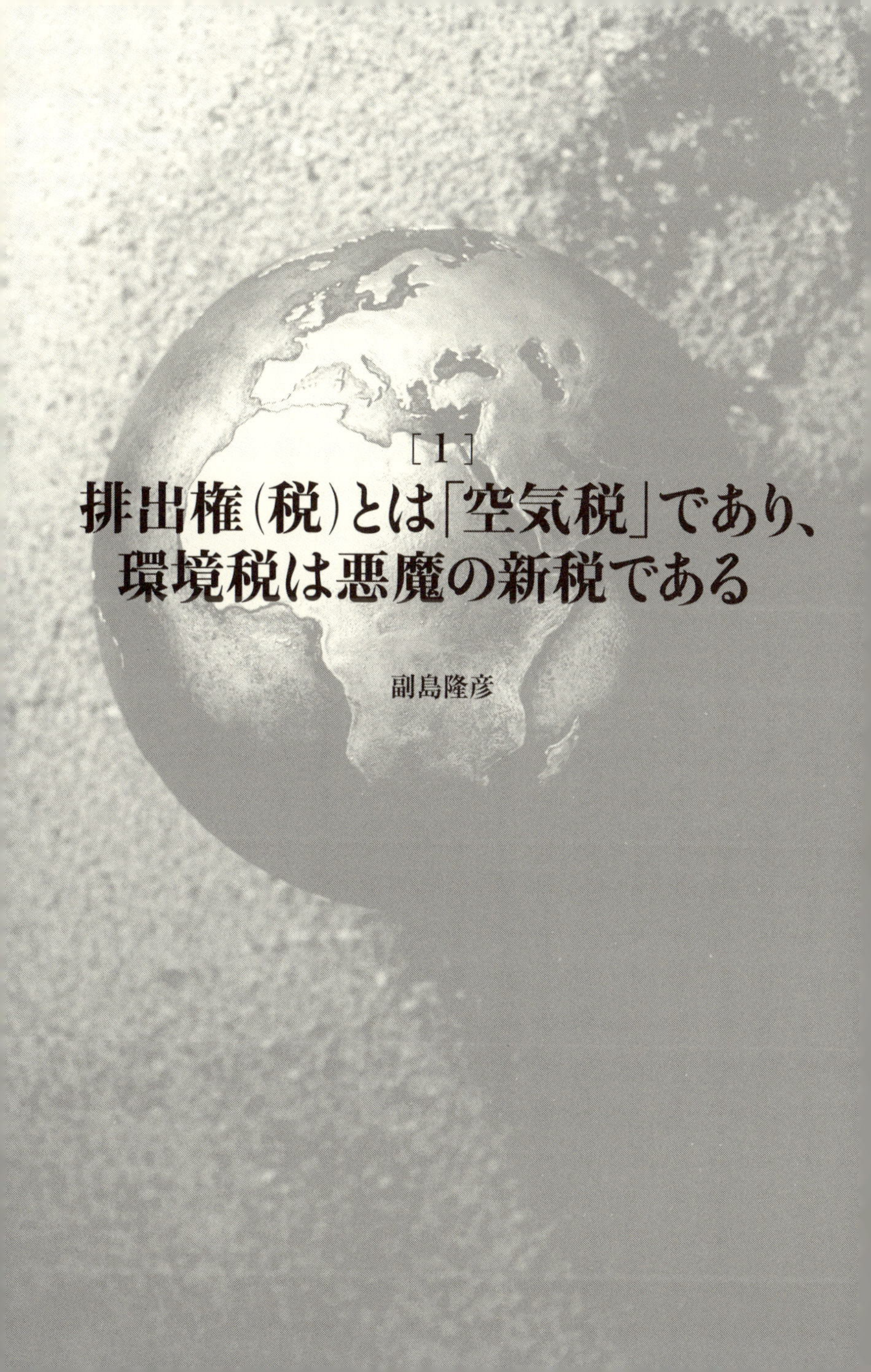

［1］

排出権（税）とは「空気税」であり、環境税は悪魔の新税である

副島隆彦

なぜ二酸化炭素が悪者にされたのか

序文で書いたとおり、二酸化炭素の排出権とは、排出税であり、それは空気税のことだ。私たちが空気を吸うことにまで税金を掛けることにしたということだ。これが排出権（税）とこれから作られようとしている環境税（炭素税）の真の姿である。私たち国民にもうすぐ課せられようとしている環境税は、だから新たな増税であり、「環境保護という美しい言葉」を冠に被《かぶ》せた希代の悪税だ。消費税（値上げ）と同じ国家の策謀である。

排出権は排出権取引（ビジネス）なる作意を施すことによって、デリバティヴ（金融派生商品）の複雑な仕組みとなる。そうすることで、私たちの頭を煙に巻き、排出権という名の実質「空気税」である新税を私たち国民に課すのだ。その別名が炭素税である。付加価値税《ふかかちぜい》（バリュー・アッデッド・タックス）のことを我が国では別名の消費税と呼んだことに似ている。炭素税は、すでに一九九〇年から、フィンランドで始まった。そして北欧諸国やオランダで導入された「新式の消費税」である。その真実は、私たち国民への大増税である。ならば、私たちは、この排出税、環境税（炭素税）に反対しなければならない。ヨーロッパの徴税《ちょうぜい》官僚たちの猿真似をして日本にも導入しようと税金官僚たち（財務省、総務省、国税庁）が目論《もくろ》んでいる、この狡猾な罠《わな》に私たちは騙《だま》されてはならないのだ。

地球環境問題の一環として、二〇〇六年から急に騒がれるようになったCO_2排出権取引《ビジネス》なる、奇怪な騒動の火付け役は、アル・ゴア元米副大統領である。ゴア Albert Gore は、二〇〇六年に、『不都合な真実』"An Inconvenient Truth《アン・インコンヴィニエント・トゥルース》"なるドキュメンタリー映画に出演して全編に渡って司会役を勤めた。

一躍、世界中で評判を取ったこの映画で、ゴアは、「地球温暖化による海面上昇は（過去の数十年間で）六メートルに達する」という大嘘《おおうそ》を平気で主張した。温室効果（グリーンハウス・イフェクト）のガスによる温暖化現象で気温が五度も上がったと叫んだ。人類の経済活動による地球温暖化で、地球上の気温（地表温度）が、過去五〇年間で五度も六度も上がることはありえない。その虚偽が明らかになりつつある。本編の中の下條論文（第八章）を参照してほしい。地表は温暖化どころか、その反対に、寒冷化しているのだ。「地球上は二〇〇七年から寒冷化する」という報告書を、ロシア政府の専門家たちが発表した。世界中の各地で寒冷化の報告がなされている。

アル・ゴアの『不都合な真実』は、カラー図版入りの立派な書物にもなって世界中で出版されて、地球環境問題（温暖化の危険）が、激しくプロパガンダ（扇動宣伝）された。どういう人間たちが、このようなハッタリと大嘘の人類一大キャンペーンを行ったのか。アル・ゴア家の資金源（パトロン）は、オキシデンタル・オイル（カナダが本社）という石油会社であり、これはヨーロッパ・ロスチャイルド財閥につながる金融・エネルギー資金である。本当の狙いは、原発《げんぱつ》（原子力発電所）を世界中に今から二〇〇〇基ぐらい作ろうという大作戦である。

アル・ゴアは、昨年二〇〇七年一〇月にはノーベル平和賞を受賞した。いや、彼とIPCC《アイピーシーシー》（「気象変動に関する政府間パネル」）という名の官製の奇怪な環境団体に共同で受賞させた。そのように始めから企《くわだ》てられていたのだ。すべては仕組まれていたのである。

悪者《わるもの》にされたのは二酸化炭素（CO_2）である。地球温暖化問題の議論の土台は、地球上の二酸化炭素を「温暖化の元凶であり、人間にとって害悪の毒ガスだ」と決め付けるところから始まった。しかし二酸化炭素は毒ガスではない。二酸化炭素は人体に有害ではない。害毒でもない。どう考えても、二酸化炭素は、決して悪者ではない。二酸化炭素は、私たち人間の体の中や周囲にたくさんあって私たちに必要なものなのである。これと比べて一酸化炭素の方は、確かに毒ガスである。一酸化炭素は不完全燃焼によって発生して人間の呼吸器に激しい中毒症状を起こさせるから危険なガスである。しかし、二酸化炭素の方はそういうことはない。私たちが呼吸している空気の中に酸素と共にたくさん入っている。

なぜ、二酸化炭素をこんなにまで危険な悪者扱いすることにしたのか。自動車の排気ガスＮＯx（窒素化合物）や重油から出る粒子状浮遊物を大気汚染の悪者（原因）とするのなら分かる。ところが、こんな小者《こもの》では具合が悪いということだろう。だが、もっと大きく象徴的なものに目を向けた。それが二酸化炭素（CO_2）だ。きっと除け者にすべき犠牲者（サクリファイス）が必要であったからだ。現代の魔女狩り《ウィッチ・ハント》は巧妙である。高級そうな数学や統計学《スタティスティックス》をたくさん使って高度な理屈にすりかえる。そうやって人々の思考力を煙に巻く。今回、見せしめの人柱《ひとばしら》にされて槍玉《やりだま》にあげられたのは二酸化炭素である。

二酸化炭素をこれほどの悪人、害毒に仕立て上げて、「地球が危ない。環境が危ない」と騒ぐ本当の狙いは、原発をもっともっと地球上に作りたいからだ。原子力発電所（原子炉）を、これから地球上に、一千施設も二千施設も作る気だ。原発から発生する核廃棄物とプルトニウム汚染物が、人体に極めて危険な物質であることは明白である。それでも、原子力発電によって今や電力の四〇パーセントが供給されているという事実（実態）ですべてを押し切ろうとしている。

だから何と恐れ入ることに、原発のことを、〝クリーンなエネルギー〟などと急に言い出した。いや、言い出したいのである。そこまではっきりと言えない。言えるわけがない。核廃棄物は本当に危険なものだ。よくもまあ、〝原発はクリーンエネルギーだ〟などと厚かましくも、そこまで居直って言外で言って、世界人類を新たに騙くらかそうというのである。そのための目くらましとして、皆で石を投げる身近な悪者を作り出すことが必要だった。そこでかわいそうに二酸化炭素に白刃の矢が立った。原発が善（グッド）で、二酸化炭素の排出が悪（バッド）だということになった。二酸化炭素を人類にとっての悪者ということに仕組んだ。二酸化炭素がかわいそうだ。

環境ファッシズムの始まり

出発点は、京都で開催された環境問題の国際会議である。一九九二年五月に採択された京都議定書（キョウト・プロトコール）であった。ここから条約づくりが始まる。二国間で結ばれる条約《トリーティ》ではなくて国際的な多国間の条約《ラウンド・トリーティ》である。この各国政府間の取り決め（議定書《ぎていしょ》）で「二〇〇〇年までに先進諸国は二酸化炭素の排出量を一九九〇年の水準にまで戻すこと」と議決された。

京都議定書は、それから五年後の一九九七年には法律上の強制力を持つ「気候変動（に関する国際連合）枠組み条約」（略称、「枠組み条約」）となって世界環境会議で採択（承認、合意）された。日本国内では、この「枠組み条約」を受けて「地球温暖化対策推進法」（二〇〇四年にその改正法）が出来た。この法律の中で、「温室効果ガス（二酸化炭素等）の排出抑制のために、国、地方公共団体、事業者（企業）、そして国民ひとり頭のそれぞれの排出の抑制の数値」が決められた。これは、まさしく官製の〝上からの〟環境ファッシズム、エコ・ファッシズムの始まりである。

この数値目標の設定は、銀行業に対する「BIS《ビーアイエス》（国際決済銀行）基準」とそっくりである。現在、世界を揺るがせている「アメリカ発の世界金融恐慌」の制度要因のひとつである、BIS基準という、世界各国の銀行の自己資本比率を四％以上であること、と国際会議で勝手に密《ひそ》かに決めた時の動きと実によく似ている。国際会計基準（IAS《アイエイエス》、インターナショナル・アカウンティング・スタンダード）なる制度を世界中に強制しようとする動きにも似ている。私たちは、自分が毎日発生させている一人あたりの炭素の排出量まで測られ、それに応じて、税金を徴収されようとしているのである。今から五年後の二〇一三年が世界的な炭素税の導入の期日である。だから日本はそのまえに、どんどん法律を作って環境税、排出権（税）の名で、徴収を始めるだろう。だからそれらは、即ち、空気税である。

私たちが空気を吸うことにまで税金を掛けてきたということなのだ。国家や、それを超えたところの〝雲の上〟（アバブ・ザ・ラー above the law）にいる世界の最高支配者たちが考えることはいつもこのように恐ろしいものだ。

税金は、掛けようと思えば何にでも掛けられるのだ。たとえば、私たちが一番大事だと考えている観念《アイデア》の類いにもこれからは税金を掛けてくる。平和とか愛情とか幸福（幸せ）とか家族とか友情とか正直とか誠実とか、生命《いのち》とか、これら全てに課税しようと思えば課税できるのだ。いわく、「平和税」、「愛情税」、「幸せ税」、「家族税」、「友情税」、「正直税」、「誠実税」、「いのち税」と、何にでも課税できるのだ。国家が次々に課す税金というのはそれぐらい恐ろしいものなのだ。これまでの所得税や住民税や相続税だけでは済まないのだ。国家税金（徴税）官僚というのは、法律を作るという刀を振り回す。本当は官僚には立法権はない。国民の代表たる政治家（国会議員）たちにしか立法権はない。それなのに日本では、実質的に官僚（高級公務員）たちが法律を作っている。許しがたいことである。

ところが、新しい法律ができて新税が導入されると、ほとんどの人々は「社会の仕組みを維持するために税金を納めるのは仕方がない」と、打ちひしがれて、いやいやながら各種の納税をする。がしかし、全ての税金は悪《あく》なのである。絶対に悪である。なるべく税金を取らない、税金を減らす、税金を国民に返す、という政府の動きこそは、絶対的な善なのである。原理的に善である。何か素晴らしい公共事業《パブリック・ワーク》や福祉事業《ウエルフェア》をやると唱導して政府が私たちに課す税金は全て悪である。廃止し、無くすべきものである。

だから、排出権とか環境税という名でこれから私たちに押し寄せて来る新たな増税、新手の新税に対して、私たちは徹底的に警戒して、その制度導入（新法）に大反対する論陣を張らなければならないのである。

環境をお金に変える仕組み

これから導入される日本の環境税は、二〇〇四年にスイスで導入が決定された炭素税がお手本となるだろう。二〇〇五年に、環境省が、「家計（一世帯）あたりの環境税の税額を、一年で二一〇〇円」という数字をはじき出した。この金額の本当の根拠は、「これぐらいなら嫌がらないで払うだろう」という数字だ。国民のふところ具合（胆税力《たんぜいりょく》）を見ている。官僚の作文では、そんなに簡単には自分たちの本音《ほんね》の「国民から金《かね》を取りたい、集めたいからだ」とはさすがに言えない。だからむずかしい理屈に仕立てる。その理論的根拠は、「税率は、炭素トン相当分を二四〇〇円で割った数値」などというような、一体、何を言っているのか分からない、どこに根拠があるのか分からない、雲をつかむような算定である。本当の根拠などどこにもありはしない。「きっとこれぐらいなら、NHKの受信料と同じぐらいだから、払ってくれるだろう。だって環境を守るための美しい税金だもの」というハッタリをかませて金額を決めているのだ。

私たちは、この空気税（呼吸税）という新税による増税に断固として反対すべきである。日本政府と官僚たちは、「（消費税の導入のときと同じように）次第次第に国民の間に、環境税（炭素税）に対する理解が深まり、導入に賛成する人の数が増えている」と、じわじわと、いつものキャンペーンを張り、国民騙しの手口で、コソコソとスニーキー（狡猾《こうかつ》でずるがしこい）な手口に出ている。

二〇〇五年からは、京都議定書を締結した国々は、CO_2排出権（量）に取引市場を作って「マーケット・メカニズム」で排出権に値段をつける制度を導入することに決めた。京都議定書を承認した各々の国の政府は、その合意（議定書《プロトコール》）を自分の国の主権《しゅけん》（sovereighty, ソブリーンティ）を持つ国会（国民議会）で議論して批准《ラティフィケイション》しなければならない。政府間で合意されたものを議会（昔は国王）が批准しないと条約は有効とならない。ところが、主要先進国の中で、アメリカ合衆国とカナダはここから外れたのである。アメリカ合衆国とカナダは今も京都議定書と排出権取引案を議会が批准していない。放ったらかしである。そこでその他の締結国は、COP《シーオウピー》（気候変動枠組み条約締結国会議）なる会議を開いて、全てがヨーロッパ主導で、日本を上手に騙してお金（資金）だけはしっかり出させる企てが始まった。ここで、「クリーン・デベロップメント・メカニズム」（C《シー》

DM《ディーエム》）なる排出権を売買する仕組みがでっち上げられた。まさしく、これがデリバティブ（金融派生商品）並みの金融商品となったのだ。そして実際に金融先物《きんゆうさきもの》市場《しじょう》で取引されることが正式に決まったのだ。このCDM「クリーン・デベロップメント（開発）・メカニズム」とは、「京都メカニズム」とも呼ばれて（日本人の脳をくすぐっておいて）、温暖化ガスの排出権の取引《ビジネス》をする「環境をお金に変える仕組み」である。〝現代の錬金術《アルケミストリー》〟の一種である。高級で難解な数学（統計確率論の一種）を使って立てられている。このCDMは、まさしく金融工学《フィナンシャル・エンジニアリング》の産物である。その実体は誰にも分からない。そして、この算術は、アメリカの金融制度を目下《もっか》、大崩壊に至らせようとしている金融工学と全く同じものなのである。

だから、事実、昨年二〇〇七年八月一七日に勃発した〝サブプライムローン（始めからローンを全く返す気のない低収入の横着なアメリカ人たち二〇〇〇万人が手に入れた住宅ローン）崩れ〟の金融危機が起きたときに、この排出権取引市場という名のデリバティヴ（金融派生商品）も大きな痛手を受けた。CDMの根本の中心の部分は、あの時、すでにヨーロッパ本体の金融市場で崩壊したのである。ヨーロッパの先物《さきもの》市場（フューチャー・マーケット）の代表的な市場である「ICE《アイシイイー》フューチャーズ」と、「ユーレックス」の両方にこの排出権は上場されて、二〇〇五年頃から盛んに取引されていた。しかしこの排出権取引《ビジネス》は、これから、もっと打撃を受けて衰退してゆくだろう。

洞爺湖サミット、報道されなかった真実

それでもヨーロッパ諸国は、意地でもこの排出権（エミッション・ライト）の取引をやめない。

これからもズルズルと続けるだろう。なぜなら、国際条約で取り決められ各国の法律にまでなってしまっているからだ。

ところが、先進国の中の北米の二国であるカナダとアメリカ合衆国（衰退を始めた世界覇権国《ヘジェモティック・ステイト》）は、こんなものは相手にしない。「ヨーロッパ人が勝手にやっていろ、俺たちは知らない」という態度である。そして、中国とロシアとブラジルとインド（この四大国でBRICs《ブリックス》、新興国）は、先進国会議であるG7《ジーセブン》に入れてもらえない腹いせの感情もあって、冷ややかに見つめている。国際基準ではG8《エイト》（八番目）がロシアであり、G9《ナイン》（九番目）が中国なのだが、「民主国家《デモクラシー》でない独裁国家は先進国とは言えない」として今も差別されているのだ。だから、ロシアも中国も不愉快で機嫌が悪い。

ドイツとフランスは、EUの盟主であるから、自分たちが「アメリカ合衆国をまんまと騙そうとして」一九九〇年代の始めから企《たくら》んで仕掛けたのが、このCDMの排出権取引市場である。ところがCDMの化けの皮はすでに剥《は》がされて、アメリカはその手には乗らなかった。二〇〇〇年四月に成りたてのジョージ・ブッシュ大統領は、強硬な右翼（ネオコン派）であるディック・チェイニー副大統領と上院議員たちの助言を受け容れて急激にアメリカ政府の態度を変更して京都議定書に反対を表明し、かつ連邦議会もこれを批准しなかった。ここでヨーロッパ勢は動揺した。そして二〇〇七年八月一七日からの「サブプライム危機」から始まった金融大混乱（大銀行、大証券、大保険会社がばたばたと破綻、倒産、吸収合併されてゆく）が今も続いており、ヨーロッパの金融市場も打撃を受けて、この排出権取引《ビジネス》という、あざとい手法は、早くも魔法が切れて、馬脚を現しそうになっている。それでも、日本だけを上手に騙しながらヨーロッパ諸国主導で、これからも、「盛んにやる振り」だけはするだろう。あとに残るのは、環境税（炭素税）だけは何とか実現したいという税金官僚たちの焦《あせ》りである。

それでもやっぱり、世界のご時勢は、「アメリカ発の金融大恐慌」である。どこの大企業が一体、喜んで、アフリカや南米の低開発国（貧困国）のために、先進国が先にやった工業化・産業化のせいとされる「地球を汚してゴメンナサイ税」など、進んで払いたがるだろうか。もうすでに、ボロボロなのだ。日本の大企業が、業種間で、負担金の押し付け合いをやっている。「あなたたち（電力会社、鉄鋼会社）が、川上で空気をたくさん汚したのだからたくさん払え」「いや、川下（自動車会社、その他メーカー）の方が排気ガスをたくさん出しているから、たくさん払うべきだ」で、言い争いになっている。うまくゆくわけがない。二〇一三年までにどうにかする、と言ったって、世界大不況がこれから押し寄せるのに、日本の大企業群が進んで新税に応じるはずがないのだ。

だから、本当は、日本の受け皿である、環境官僚たちも大ガッカリなのだ。いくら日本基準の勉強秀才が世界の舞台に出て行ってキョロキョロしているだけの日本官僚たちと言えども、そろそろ、これは世界の支配者たちが、自分たち日本人を騙す手口なのだとハッと気づいたことだろう。この裏の真実をようやく知っただろうから、うんざりして、こんな排出権取引やら、炭素税やらやりたくはない。これが日本の環境官僚たちの（少なくともトップの連中の）本音であろう。

ところが、税金官僚（財務省、総務省、国税庁）たちはそうは考えない。新しい税目《ぜいもく》となって取れるものなら何でも取りたい。環境税という「新しい美しい名前の税金」にして取りたいのだ。

この事態は、今年の七月始めの「洞爺湖サミット」（G7）で如実に現れた。福田康夫前首相は、議長国の面子《めんつ》に掛けて、この地球温暖化問題での、先進主要国——繰り返すが、G7七カ国。その次がＧ８でロシア、Ｇ９が中国ということに国際社会では暗黙にそうなっている。しかし、大国間にも嫌がらせとイジメがあって、「お前たちのような独裁国家はＧ７には簡単には入れてやらない」ということである――での合意を何とか取り付けようとした。しかし、それは無理だった。洞爺湖サミットでは、なんと共同宣言のひとつさえも出せなかったのだ。各国の利害がぶつかり、首脳たちの間でも議論がワーワーと紛糾して、ついに共同声明は出なかった。それで、みっともないことに「議長国の総括（談話）」なる文書が、世界に向かっては出されたきりだ。世界は誰もこんな声明文を相手にしなかった。その中で、福田前首相が、「二〇五〇年までに現在の温暖化ガスの量を半減することが決議された」という人を喰ったような内容の、遠い先の空《から》手形を一枚切っただけだったのだ。これが洞爺湖サミット（別名、地球環境サミット）の真実である。

洞爺湖サミットでのＧ７の環境問題での話し合いが失敗した直接の原因は、新興国（ＢＲＩＣｓ《ブリックス》）であるブラジル、ロシア、インド、中国の四大国の首脳もこの場（本会議場ではない）に招待されていたのだが、彼らが、密かに会談して団結して、翌朝、Ｇ７（先進七カ国）に向かって、公然と、「温暖化ガスの排出の費用は、八〇％から九五％は、先進国で負担すべきだ。先進諸国が先に工業化して地球をさんざん汚したのだから」という決議書をＧ７に手渡した。これで洞爺湖サミットの会議は実質的に壊れて、このあとは首脳たちが大声で勝手なおしゃべりをするだけの場になった。これがあの場所の冷酷な真実だ。

日本の新聞、テレビは、この真実を報道しない。私たち日本国民は、今も飼い慣らされた家畜のままだ。

私が見破った「排出権取引」欺瞞の手法

「排出権（エミッション・ライト）の取引」などという欺瞞の手法は、そもそも誰が発案、開発し、実行に移したものなのか。ここからが本当の謎解きである。

地球上の人工炭素の排出権の取引（商品化）という考えの大元になったのは、「ゲームの理論」である。それはデリバティブ（金融派生商品）を作った理論と同根であり、兄弟分なのである。欧米の現代数学者たちの世界で、一九五〇年代から大人気となった「ゲームの理論」が、これらの抽象的な権利の売買の原型《アーキタイプ》の下敷きになっている。

「ゲームの理論」（Theory《セオリー》 of《オブ》 Games《ゲイムス》）は、現在の私たちが使っているコンピュータの原型をつくったフォン・ノイマン博士によって、第二次大戦中に作られた。ドイツからイギリスのロンドンに飛んでくるドイツ製のV−1《ヴィ・ワン》ロケット爆弾を撃ち落とすための、ミサイル（ロケットとも言う）の弾道と速度を計算する統計・確率（スタティスティックス）の高等数学（ヒルベルト空間での数学）から生まれたものだ。根拠と出発点はフォン・ノイマン（Johann Ludwig von Meumann, 1903−57）が書いた"*The Theory of Games and Economic Behaviour*, 1947"『ゲームの理論と経済行動』（一九四七年刊）である。フォン・ノイマンの「ゲームの理論」が、現在、騒がれている金融恐慌の元凶である、クレジット・デリバティブ（CD《シーディー》

フォン・ノイマン博士

S《エス》）というものの考え方の基本でもある。現在の複雑な金融商品は、コンピュータ数学系の数学者たちが、軍事目的に動員された数学研究からデリバティブ（派生）させて、一九八〇年代に「開発」してしまったモンスター（怪物あるいは怪獣）なのである。排出権取引という考えはクレジット・デリバティブと根っこが全く同じものなのである。

　このフォン・ノイマンの「ゲームの理論」の枠組みの上に乗って、第二次大戦後に、シカゴ大学の教授であったロナルド・コースという数理経済学者が、電波の利用についてのマーケット・メカニズムを数学的に発見した。コースは、電波（あるいは音波）には、人間世界の意思や成り立ちとは別個独立のものとして市場《マーケット》が独自に存在することを、発見して提唱した。その電波の帯《バンド》の市場なるものが、歴史上の権力者（国王）や個々の人間の意思とは別個に、実際に存在することを数理モデルにして、かつデモンストレーション（現実証明）してみせた。電波（エレクトリック・ウエイブ）の帯《バンド》は、確かに政府や権力者の所有物ではなかった。だから、その電波の帯の、利用権を売り買いする市場《マーケット》が存在してもいい、という観点から、ロナルド・コースが、提唱してこれを実現したのである。

　こうなると本当に、電波の帯を公開の競売《けいばい》にかけなければいけないのである。電波を美術品の競《オーク》売会社《ション・カンパニー》のたとえば、サザビーズ社の美術骨董品の競《せり》の場のように、オークショナーによって、公開の競売《けいばい》場で競を行い、入れ札が一番高値をつけた人にその帯の電波が、実際に競り落とされたのである。この理論はロナルド・コース（Ronald H. Coase, 1919－）の"*The Firm, the Market and the Law*, 1990"『企業・市場・法』（宮沢健一他訳、東洋経済新報社、一九九二年刊）で唱導された。彼は今も元気で発言している。コースはアメリカのシカゴ大学にいるが、彼はイギリス人である。

電波の帯をオークションにかけて取引する理論は証明されて、今も有効に働いている。そして世界各国で応用された。それが「市場の開放」、「市場競争の導入」、「第二電電（新電電）の育成」の政策導入と法制化であった。そしてこの電波の市場開放の理論が、温暖化ガスの取引市場でも通用すると考えられたのだ。ところが、電波でうまくいったものが、二酸化炭素の排出権でもうまくいくとは限らない。コースがやってみせた電波・音波の取引市場の成立の法則を、温暖化ガス（二酸化炭素）の排出権の取引の市場を作ることに応用したのはイギリスのオックスフォード大学の法学者たちであった。

「地球をきれいにしよう」に隠された世界支配の罠

警察用や軍事通信用の電波（周波数の帯）以外で、日本でも現在は、通信用の電波は、昔の電電公社が民営化（本当は私有化、プライヴェタイゼーション）されたＮＴＴと、新電電であるヤフー・ソフトバンクおよびＫＤＤＩ・ＡＵとの三つ巴の激しい競争となっている。電波と通信の利用の公開および自由化となって私たちの前に現れている。日本の場合は、これらはお上《かみ》である政府や電波・通信官僚たちからの、国家の権限（権力）の下げ渡し、国有財産の払い下げのようにしか、元々考えられていない。この点が残念である。私たち日本人は、欧米の近代人《モダンマン》とは成り立ちが違うので、これ以上は私は説明できない。

ロナルド・コース

ロナルド・コースは、この「電波の取引市場の存在の数理モデルによる証明」の業績と「コースの定理」と呼ばれる法則の発見者として一九九一年にノーベル経済学賞を受賞している。コースはもともとイギリス人であり、イギリス公共放送（ＢＢＣ）が、ラジオとテレビの放送電波を独占しコントロール（支配）していた事態を批判して、ここで電波利用に「マーケット・メカニズム」を制度（としての）思想として導入したのである。ＢＢＣは、長くロイヤル・チャーター（Royal Charter, 女王陛下からの特許状）によって電波の放送権を独占していた。日本のＮＨＫも似たような特権によって、始めから放送権を認められていた。

このコースの自然現象の制御を市場商品化するという制度設計の思想を、オックスフォード大学のロー・スクール（法律学大学院）教授たちが発展させて、それを二酸化炭素の排出権の取引に応用（アプライド・サイエンス）したものが、日本でも現在議論されている排出権取引の市場化の推進である。

ついには人間ひとりが、毎日どれぐらいの二酸化炭素排出という害悪《イーブル》を日常生活で行っているかを数値で表すことまでやり始めた。「罪悪感の強制」によって、まるで私たち人間が「地球を日々、汚している悪い（邪悪な）存在」であるかのように扱いだしている。だからその害悪に対して人類ひとりひとりがお金（料金）を払えという「自主的な贖罪《しょくざい》」をさせるという権力者たちの世界支配の罠《わな》がここにも仕掛けられたのである。

ロナルド・コースの「ゲーム理論」の悪用を、人類の工業化に基づく大気汚染に拡張してこれを金融商品にすることを考えついたオックスフォード大学の数理法学者たちは、世界人類支配のための悪の司祭《しさい》、あるいは神官《しんかん》たちである。彼らの「地球をきれいにしよう」という上からの宮廷革命キャンペーンが私たち日本国民に、新聞・テレビを使った「もう、既に決まっているのだ」という洗脳シャワーとなって押し寄せている。このことは、同時に、あまり思考力（深い知恵）のない人間たちを組織する下からのエコロジー運動を動員しての「環境（エコ）ファッシズム」の誕生である。現存するヨーロッパ宮廷ユダヤ人（金融貴族）たちの家臣であるオックスフォード大学の神官（司祭）たちが、私たち人間（平民、ピュブリス）に仕掛けてきた罠である。私たちはこの大きな策略を見抜いて、これに全力で反対しなければならない。

この温暖化ガス（二酸化炭素）の排出権取引のメカニズムのことを、「クリーン・デベロップメント・メカニズム（CDM, Clean Development Mechanism）」と言う。何度も前述したとおりだ。排出権取引という新たなる観念を扱う金融市場の創設を行った。このCO$_2$排出権取引市場という金融先物《さきもの》市場から司祭（神官）たち自身の商業利潤まで引き出した。そして結局は、各産業ごとの企業への割り当て税（冥加金《みょうがきん》）となって現れつつある。同時に国民に対しても人頭税《じんとうぜい》のような一世帯あたり年間二一〇〇〇円の環境税となって出現しつつある。まさしく「空気税」であり、前述したとおりの炭素税である。このCDMという複雑なハッタリ仕掛けを使うことはいちいち面倒《めんどう》だと思ったら、これを捨てて、日本の世界奴隷官僚たちは直接私たちから新税を取り立てようとする。それが環境税という悪魔の新税である。

サブプライム危機が一変させた排出権市場

ところが、ここからが重要だ。なんとこの「コースの定理」の提唱者で、「規制撤廃《デレギュレーション》、自由化、市場競争の導入」理論の生みの親のひとりである、ロナルド・コース自身が、温暖化ガスの排出権取引での「マーケット・メカニズム」の存在を否定したのである。コースは、次のように言い放った。「私が、マーケット・メカニズムが存在するとして証明し、かつ立派に市場取引が出来ることまで証明したのは、電波の場合である。それを、二酸化炭素の排出権にまで拡張して、拡大適用してうまくゆくとは私は思わない。排出権取引（エミッション・ライト・ビジネス）のＣＤＭ（クリーン・デベロップメント・メカニズム）を私は認めない」と発言したのである。これでＣＤＭは世界支配層の間でスキャンダルになってしまった。宮廷革命はその頂点のところではすでに地に堕《お》ちつつあるのだ。

だから、排出権取引の市場の自然な趨勢《すうせい》での成立の保証はもう無くなったのだ。あとは、世界の最高支配者たちと、その忠実なる子分、手下である、各国の環境官僚たちが、無理やり法律の力であれこれ強制して、取引市場が成立している振りを大袈裟にやり続けるだけである。アメリカ人とカナダ人は、この真実が一般国民レベルでも分かっていて、もうバレているから、こんなCO_2排出権問題などにはかかずり合う気は無い。

ＢＲＩＣｓ《ブリックス》の新興四大国の指導者たちは、初めから冷ややかに見ている。排出権で集めた金《かね》が、自分たち後進（大）国の方に、年間二兆円ぐらいころがり込んでくると言うから、黙って見ていたが、どうやら大仕掛けのハッタリであることが彼ら新興大国の指導者たちにも分かりつつある。

言いだしっぺのヨーロッパ人たちも、サブプライムローン危機からこっちの金融恐慌の騒乱の中で、全く乗り気なさそうに排出権ビジネスで市場取引を実施している。旗振り役の「環境問題先進国」のドイツがまだ推進しているから、いやいやながら他のヨーロッパ諸国も、排出権取引を、金融先物市場で、売り買いしている。それは、主にICE《アイシイイー》フューチャーズとユーレックスという新興の金融市場でである。

だが、これがこのままうまくいくとはヨーロッパ人たち自身ももう思っていない。それなのに、あとにひとり取り残された日本人だけが、環境官僚たちの主導の下で、経団連（日本の大企業経営者の代表団体）と馴れ合いながら、なんだかわけの分からないことを盛んにやり続けている。そのうちボロが出るだろう。

前述したとおり、アメリカ発で金融市場の大崩壊が、昨年の二〇〇七年の八月一七日から世界規模で始まってしまった。アメリカの全金融機関が、それこそ概算で総計八〇〇〇兆円（八〇兆ドル）もの巨額のデリバティブで証券化した金融商品を、世界中に売って、リスクを世界中にばら撒いたからである。

サブプライムローン危機の勃発で世界は全く一変した。本当はもう地球温暖化問題や排出権取引どころの騒ぎではないのだ。今、世界は、その逆で、経済的に冷え込みつつある。すなわち金融寒冷化だ。先物市場で、マーケット・メカニズムに従がって、スワップ取引やオプション取引という複雑な手法まで駆使して、CO_2の排出権を売り買いできるものだと勝手に思い込んだその構造全体が危機に直面して今にも崩壊しそうである。

それでも、日本官僚たちは、新制度の仕組みを遅れて理解して欧米の猿真似をすることが自分たちの使命《ミッション》だと信じている。ここで日本は「遅れてやって来て西洋人の真似をする頓馬《とんま》」の役割をまたしても演じる。自分たちが世界中から嗤《わら》い者にされていることにまだ気づいていない。日本政府は、国民に本当のことを言えず、言わず、言う気もない。いつものとおり、巨大広告会社・電通《でんつう》が支配するテレビ・新聞を使って、国民の環境洗脳を続けている。

　日本政府は、自分ではお仲間だと思っていたヨーロッパ官僚たちに騙されて、たったひとり取り残された面子もあって、どうしてもこのあと、この排出権の取引相手の国を見つけなければならない。だから、おそらくブラジル、アルゼンチン、チリなどの南米諸国あるいは、東南アジアのどこかの小国に裏金の開発援助金を払って、密かに根回しして、なんとか、「サザビーズのオークション」のような国際的な公開の取引市場を作って、そこで、排出権のイカサマ的な売買をコソコソと、自由市場での公正な取引の振りをしてやるしかない。そういう状況に追い込まれているのである。愚かきわまりない、としか言いようがない。

　あとに残るのは、私たち国民向けの排出権（税）と環境税（炭素税）の導入だけである。そのときに、私たちが、この世界規模での人騙しの、国際条約を作ってまでのイカサマ八百長《やおちょう》制度に対してどこまで、皆で真実を知り合い、そして、敢然と対決できるか、である。


（了）

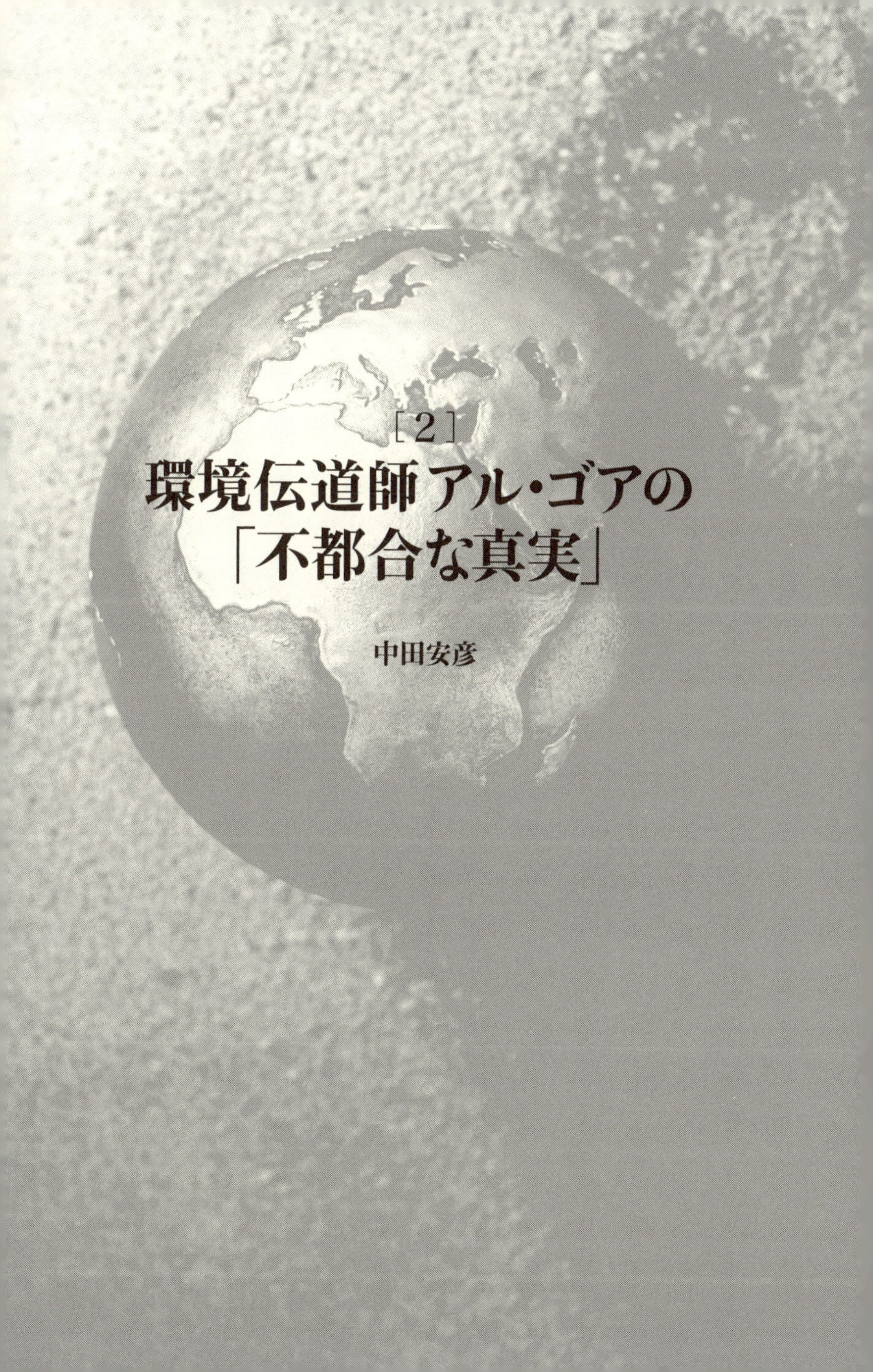

［2］

環境伝道師アル・ゴアの「不都合な真実」

中田安彦

エコという錬金術、発案者は誰か

少しカンのいい人ならもう既に気がついているはずだ。

この数年間続いてきた地球温暖化問題をめぐるキャンペーンは、「人類がいかに地球環境に負荷をかけないようにするか」という問題に取り組む「環境保護運動」であると同時に、自由主義と市場経済だけではもう世界の発展は望めない、ここらでドカーンと一発、巨大な有効需要の創出が必要だ……そんな思惑によって、突然、二酸化炭素（CO_2）が悪者にされたのだ。

地球温暖化問題を解決するとして派生してきた排出権ビジネス、マスコミを総動員しての「エコ・ブーム」といった新しいビジネスによって、確かに日本の企業も潤っている。例えば、レジ袋削減運動や割《わ》り箸《ばし》撲滅運動は、実際のところ、企業側の「体《てい》のいい経費削減（コストの消費者への転嫁）」でしかない。

また、途上国に環境負荷の少ない（この場合は、温暖化ガスを排出しないという意味だが）新しい工場を建設する見返りに、先進国の企業が、二酸化炭素を排出してもよい権利（＝排出権）を獲得することは、事実上、新しい設備投資資金を獲得したのと同じ意味を持つ。

わが国企業はこの「CDM（クリーン開発メカニズム）」と呼ばれる仕組みを大いに活用して、すでに中国の現地企業との合弁事業をすすめている。

確かに、最初に無償で中国側に工場を建設するということは、中国側にだけ有利で、日本側は完全な〝持ち出し〟のようにも見える。しかし、この工場を建設するためのプロジェクトの過程で築かれた人脈や信頼関係は、日本の企業の今後の進出戦略を考えるうえでは明らかに有利に働く〝無形資産〟である。同時に、工場のメンテナンスや今後の現地企業との取引関係の構築など、実際的なメリットも得られる。日本経団連などの日本の財界グループが、当初は排出権取引などの温暖化対策に慎重だったのが、「世界の趨勢《すうせい》ならばやむを得ない」として、近年、賛同する側に回ったのは、このことに気づいたからだろう。

そして、これらの仕組みのもとを作ったのは、一九九七年に行われた「地球温暖化防止・京都会議」であることは一般にも知られている。この国際会議で決まった温暖化対策の全てが、エコをキーワードにした「新しいビジネスの創出」と言い切るのは乱暴であるにせよ、京都会議で発言した先進国の首脳陣や財界人の間には、「地球環境の保護を、自分たちのビジネスにつなげよう」とする発想があったことは疑いない。このことは後で述べるが、温暖化対策の枠組みを作ったモーリス・ストロング（京都会議・国連事務総長特別代表）という人物が重要なのだ。彼はもともとは石油ビジネスに携わっていた人間で、金融界にも幅広い人脈があった。そして同時に、アル・ゴアの師匠でもある。

実は「エコがビジネスに結びつく」という発想は、もはや当然の前提になっている。問題は、誰がその発想を思いついたのか、ということだ。これは官僚の発想ではなく、いわゆる「金融ユダヤ人」の発想である。だとすれば、彼らはどういう人たちなのか。日本は彼らが描いた二一世紀の青写真を受けて、どのように戦略を立てて

「ミスター環境」モーリス・ストロング

いくべきか。

本稿では、これらの点に絞って論を進める。

「持続可能な発展」と「新しい植民地主義」

地球環境の保全と経済活動の進展を両立させる思想は「持続可能な発展（サスティナブル・デヴェロップメント）」という言葉で表される。この考えは、国際自然保護連合（IUCN）、国連環境計画（UNEP）などが一九八〇年にとりまとめた「世界保全戦略」に初めて登場したといわれる。その後、一九九二年の国連主導の「地球サミット」では、これが中心的な考え方として採用されており、「環境と開発に関するリオ宣言」や「アジェンダ21」に具体化されるなど、今日の地球環境問題に関する世界的な取り組みに大きな影響を与える理念となった。この理念は、地球サミットの翌年に制定された日本の環境関連法でも、第四条等において、循環型社会の考え方の基礎となっている。

この「持続可能な発展」という考え方は、資本主義社会が打ち出した強烈なメッセージである。公害問題を見れば分かるように、公害を引き起こす工場が稼働を続ければ、やがて公害病の犠牲者など多くの被害が生じる。つまり、公害問題が環境問題の主流だった日本の高度経済成長期には、「環境」と「開発」は矛盾する考えだった。資本主義社会は、この相反する考え方の矛盾を弁証法《べんしょうほう》的に解決してきたと主張する。

先進国主導で行われてきた近代文明は、「自然」を対象化して切り開き、利用することで発展してきた。近代とは、自然を人間が征服する過程であった。自然を開発することがなければ近代文明は発展しない。

ここで重要なのは、CDM（クリーン開発メカニズム）などの温暖化対策は、西側（先進国）から途上国への技術の供与という枠組みであるという点だ。水が高いところから低いところに流れるように、西欧文明が生み出した技術がまず途上国に流れ出す。途上国の暮らしは文明化によって確かに改善するのだが、あくまでそのイニシアチブは先進国が握っている。前出のCDMなどのプロジェクトによってもたらされた排出権（あるいは排出枠）をお金に換えることによって、先進国はエネルギーを消費する権利や設備投資を行い、途上国に供与した技術よりも優れた省エネルギー技術を生み出すチャンスを得ることになる。これを仕組み化するきっかけを作ったのが、「京都議定書」に記された仕組みである。

この仕組み（あるいは仕掛け）が必要になった背景には、先進国が帝国主義時代に行ってきた苛烈な植民地政策が、先進国の間でも問題視されてきたという大きな流れがある。

一九六〇年の「アフリカの年」を手始めにして、かつての植民地だった国々は次々と独立を始めた。これらの国には自活するだけの資源と自然が豊富にある。これらの国が石油資源を使って経済的に勃興《ぼっこう》してきたら、先進国はいよいよ自分たちの存立基盤を侵されると思ったのかも知れない。そこで、自分たちは、二〇世紀の前半に石油資源を使って文明の発展を経験したことを棚に上げて、石油資

第１回「地球サミット」は1992年、リオで開催

源を擁《よう》して途上国であるアフリカ諸国が国際関係における地位を高めようとしたまさにその時に、新しい戦略を打ち出したわけだ。

すなわち、「炭素資源の使用で増加する大気中の二酸化炭素と地球温暖化の関係」を持ち出して、途上国の経済発展を牽制することを思いついたのである。

そればかりではない。途上国からみれば進んではいるが、先進国レベルでは当たり前に普及した「省エネ技術」（西側では既に陳腐化した技術）を移転することを思いついた。その一方で、欧米は独自の新技術を開発すればいい。二〇〇九年からのアメリカの次期政権は、新エネルギー投資と低石油依存型の発電への投資をうながす政策を採用するといわれる。そのことで、途上国と先進国のヒエラルキーを温存することが出来ると考えた。途上国が世界秩序の主導権を握ることは、どうしても容認できなかったのである。

だから「持続可能な発展」というのは、「先進国が途上国を隷属させるのを持続可能にさせる政策」のことではないか。そのように論じる学者もいる。『エコ・インペリアリズム』という本を書いたアメリカの学者、ポール・ドリエッセンはその一人で、地球温暖化問題の危機をあおり続けたアル・ゴアをはじめとする「環境保護運動」の人々を強く批判している。

むろん、「帝国主義」という言葉は激しすぎるかも知れない。持続可能な発展は、確かに途上国の生活も底上げするのは事実だからだ。

ただ、欧米先進国（日本も隅っこに加わっている）は、自分たちが「アジェンダ」（政治課題）を事前に設定することで、大国ゲームの主導権を握る。そして、自分たちの得意分野（＝技術開発）でそのゲームをプレーすることで、自分たち先進国が、途上国に対する「優位」（エッジ、抜きん出ている部分）を確保し続けようとしている。

二〇一〇年前後に実用化され、販売が開始されるともいわれる電気自動車だが、これなども、実はアメリカでは既に一九一四年には実用化されていたのだ。ところが、アメリカの財界は電気自動車の開発を意図的に遅らせていた。

このことは、アメリカのユダヤ人作家、エドウィン・ブラックの『インターナル・コンバッション』（未邦訳、「内燃エンジン」という意味）という本に詳しく書かれている。

電池を搭載するこのタイプの電気自動車を開発したのは、トーマス・エジソンと自動車王のヘンリー・フォードだった。ところが、この一九一四年に不幸にも起こった第一次世界大戦の結果、世界の大国は中東やロシアにある石油油田を押さえることを目的にして世界中に進出し、覇権争いを繰り広げていった。アメリカの当時の支配的な財閥であったのがロックフェラー一族だが、同家はドル紙幣と石油によって金融とエネルギーを支配するかたちでの世界秩序を構想した。そのシナリオに沿ってアメリカの世界進出が行われたので、石油やガソリンを使わない電気自動車の開発はアメリカの巨大資本の利益に合致しなかった。

これまでにもアメリカでは何度となく電気自動車の開発計画が発表されたが、そのたびに適当な理由をつけて潰されている。一九九〇年代末にもビッグ3の一つであるGM（ゼネラル・モーターズ）社が充電式の電気自動車（EV1）をカリフォルニア州などで実験的にリース販売したが、好評を得ていたにもかかわらず、二〇〇三年に強制的にユーザーから回収されるという騒動があった。この顛末《てんまつ》は、『誰が電気自動車を殺したのか』（クリス・ペイン監督）によってドキュメンタリー映画化されている。

だから、今になって電気自動車を切り札のようにして打ち出しているアメリカの大手自動車会社の姿勢はもっと批判的に検証されるべきである。なぜもっと電気自動車を本気になって開発しなかったのか。彼らは開発出来なかったのではなく、出来たにもかかわらず、やらなかったのだ。だが、打ち切られてきた研究開発の成果は自動車メーカーの書類庫の奥深くに保存されていたはずだ。そうして、途上国の発展と軌を一にするように始まった「地球温暖化防止キャンペーン」が浸透した絶妙のタイミングで、欧米企業の技術面における「優位」を今後も保障する電気自動車が登場してきた。だから、全ての動きは仕組まれていると見なければならないのだ。

近代というのは、そのようにして「西側の発展→それの周縁諸国への『流出』」という枠組みで動いてきたのだ。

「恐怖の演出」が説得を容易にする

ところが、そのような戦略を実現するための障害物は、日々の生活に満足している私たち「一般大衆」である。なぜなら、途上国の勃興に対抗する「エネルギー政策の転換」によって痛みを伴うのはこのような普通の大衆だからだ。そこで、彼らが欧米財界の戦略に従うように導く「説得者」が必要になってくる。

そこで登場したのが、「地球温暖化問題の伝道師」アルバート・ゴア・ジュニア（Albert Gore, Jr.）元米副大統領だった。彼が出演・プロデュースした〝ドキュメンタリー〟映画『不都合な真実』は、その説得工作の代表例である。この映画は二〇〇六年に公開され、ゴアはこの映画での啓発活動が評価されてノーベル平和賞を受賞している。

実はこの作品は、イラク戦争の開戦理由を大量破壊兵器にあるとしたブッシュ大統領の戦争推進政策と同じようなロジックで出来上がっている巧妙なプロパガンダ映画だ。たしかに真実は含まれているのだろうが、かなりセンセーショナルに誇張して描いているという点において、大いに問題のある作品なのである。

私は何度か、環境派の人が集まるSNS（ソーシャル・ネットワーク・システム）のコミュニティでそのように発言してきた。ところが、そういう事実を書くと決まって、「アル・ゴアさんの映画はすばらしいじゃないか。プロパガンダだなんてとんでもない。そんな発言は許さない」という感情的な反発を受けた。「あなたにはこの地球に生きる資格はない」とまで言われたことさえある。

その際には、私はアメリカの政治・言語学者のノーム・チョムスキーの言論を持ち出して彼らを説得するようにしている。それは、「まず恐怖をつくりだすことで、大衆の間で合意を形成するという政策が実行しやすくなる」というものである。

権力側の行うプロパガンダの研究者であるチョムスキー教授は、アメリカでは第一次世界大戦以降今日までの長きにわたって、広告業界と政府・ビジネスがガチガチに結びつき、利益のために大衆を騙《だま》してきたと繰り返し批判している。

ブッシュ政権やそのお先棒を担ぐジャーナリストたちは、イラク（や「ならず者国家」）が開発した核兵器がアメリカ国内で使用されたらどうする、という「きのこ雲」のイメージを使って、大衆の意見をイラク戦争容認に意図どおりに誘導することに成功した。このことは記憶に新しい。実際、イラクの大量破壊兵器開発の事実はなかった。ブッシュのやったことは、まぎれもなく「戦争プロパガンダ」である。

そして、ゴアの『不都合な真実』もこれに近いことをやっているのである。アル・ゴアは、地球温暖化問題と二酸化炭素の関係を大きなスクリーンのグラフを使って説明し、二酸化炭素の排出を止めないと、海岸に面した都市が、海水面の上昇により水没し、人類は滅亡するという警告を発し、地球温暖化対策に緊急の世界的対策が必要であると力説した。

ところが、この映画で描かれていることも、過剰なセンセーショナリズムだということが徐々に白日のもとに曝されつつある。映画の主張に対する批判も強まっている。例えば、この映画を学校の教材として使うことに対して、イギリスの父兄が差し止めを求める訴えを起こすという一件があった。その裁判の判決では、英国高等法院は、このゴアの映画には事実の誇張があると指摘している。判決では、極部での氷床が近い将来解けて海面が二〇フィート（七メートル）も上昇することについて、次のように述べている。

「グリーンランドが実際に融解すれば、これに相当する水量が放出されることは共通認識であるが、これが起こるのは何千年も先の話であり、ゴア氏が予言するハルマゲドン的シナリオは、七メートルもの海面上昇が直近の未来で起こると述べる限りにおいて、科学的コンセンサスに沿っていないと言える」（傍点引用者）。そしてこの判決では他にも合計で九つの誤りを指摘している。

もちろん、温暖化が本当に地球規模で起きているのか、あるいは起きているとして本当にその主要な原因が二酸化炭素であるのかは、私も正直なところ判断がつかない。だが、『不都合な真実』が取り上げたセンセーショナルで黙示録的な結果は、仮に起きるとしてもかなり長期のスパンでの出来事であるということは明らかだ。

長期的な課題を、アメリカの沿岸部を襲ったハリケーン、カトリーナのような直近の出来事と暗黙のうちに結びつけることで、地球温暖化の脅威をアピールしたゴアの手法は、「プロパガンダ的」であるというそしりは免れないと思う。

預言者から投資家へ——アル・ゴアの変身

そこで重要なのは、ブッシュ政権がイラクの大量破壊兵器の脅威という、必ずしも直近のものではない脅威を宣伝してイラクに侵攻したときと同じような「裏の意図」（＝軍需産業への利益供与）が、温暖化防止を訴えるアル・ゴアにもあったのかどうか、ということである。そこで、ノーベル平和賞受賞後の彼の行動を調べてみよう。すると、実に興味深い事実が浮かび上がる。それは、ゴアは、自分の役割を「預言者」から「投資家」のそれに少しずつ変化させているということだ。

まず、ゴアは自分を、二〇〇〇年の大統領選挙で共和党のブッシュに勝利をかすめ取られた「善良な政治家」として提示した。次に彼は、温暖化問題に警鐘を鳴らす「預言者」としてPRした。『不都合な真実』では、息子アルバートの交通事故が自身の心理に与えた影響、そして二〇〇〇年の大統領選挙での敗北のエピソードが、本来ならば科学として論じられるはずの温暖化問題へのアピールの途中に挿入される。そして、ブッシュ政権とイラク戦争の関係。単独主義外交を強行したブッシュ政権によって悪化したアメリカのイメージ。これらの事実が、映画を見る人の脳裏には既に刷り込まれてしまっている。ブッシュは共和党、ゴアは民主党だ。

これでゴアに対するイメージ効果が抜群に上がる。ゴアに対する印象をよくすることで、彼の発するメッセージに対する信頼度も上がる、という計算や演出が行われている。実は、本来この二つの相関関係（悪者ブッシュを批判するゴアは正しい）ははなはだ怪しいのだが、そのように映画は印象操作を行っているのである。

そこで次に、映画では描かれない部分について見てみよう。今、私はゴアは「投資家」として活躍していると述べた。端的に言うと、ゴアは地球温暖化を抑える画期的な新技術の開発を行うベンチャー企業や大企業に投資するファンドを設立している。ある新聞が報じたところでは、ゴアがこのファンドを運営する投資会社を設立したのは二〇〇四年のことである。『不都合な真実』を世に問うなんと二年前のことだ。

この投資会社、名前を「ジェネレーション・インヴェストメント・マネジメント」（GI）という。この会社は、元ゴールドマン・サックス・アセットマネジメントのトレーダー、デイヴィッド・ブラッドら数人と共同で設立された（公式サイト http://www.generationim.com/）。

そして、このGI社だが、今年（二〇〇八年）四月にイギリスの『フィナンシャル・タイムズ』他が報じたところでは、新たに募集した環境ファンドが六億八三〇〇万ドル（約六八三億円）の投資資金を既に集めたという話だ。原子力企業のGEにも投資していたことも明らかになった。この事実が何を意味するかはもうお分かりだろう。

もう一度書くが、この投資会社をゴアが設立したのは映画公開よりも前だ。もちろん、彼はこれ以前から温暖化については発言を繰り返していた。だとしても、この映画をかなりセンセーショナルなかたちでプロデュースしたことは、彼の投資活動を有利に進めるための「意図的な演出」だった可能性はぬぐえない。

その証拠として、ゴアは、映画公開当時はそんなことをおくびにも出さなかったのに、ノーベル平和賞受賞後は、積極的に「投資家」の姿をアピールしている。

一例を挙げよう。ゴアが序文を寄せた『未来をつくる資本主義』（英治出版）という本がある。日本語版は二〇〇八年初頭に刊行されている。ここで彼は次のように書いている。少し長い引用になるが、彼の頭の中身を理解する上で重要な文章なので引用してみよう。

私やジェネレーション・インベストメント・マネジメント社の同僚たちも、これからの五十年、持続可能性（サステナビリティ）がグローバル経済を変える主要因になると信じている。さらに、企業が、「持続可能な発展」の針路をとり、これに貢献することによって、利益を生み出す空前のチャンスが訪れているという見方も共有している。（中略）

気候変動対策の一役を担う企業は、収益力を高め、優秀な人材を引きつけ、ブランドを向上させるだろう。そのすべてが最終的に利益の最大化につながる。今日、気候危機に対して行動を起こすことは、企業の評判やリスク管理の面だけでなく、企業収益や市場で優位な地位を得るという点でも有意義だ。気候問題を戦略、文化、オペレーションに完全に組み込んだ企業やその投資家は、利益を創造する最良の立場にある。（中略）

二〇〇六年に二五〇億ドルに上ったヨーロッパの炭素市場は、価格シグナル（この場合、二酸化炭素一トンあたりの価格）を設けることで、資本主義がいかに効果的な環境対策になりうるかを示した模範例である。市場がその外部性に価格をつける能力を備えて初めて、資本がより効果的に持続可能な開発に割り当てられるようになる。このシフトには、まさに一八〇度の意識改革が必要だ。
われわれは地球を、破産する企業ではなく、長期投資の対象として見るべきなのである。
（『未来をつくる資本主義』スチュアート・L・ハート著、「序文」P3－P5、傍点は引用者）

この引用文が示すように、「（先進国の）気候変動対策の一役を担う企業」にとって、気候変動に対応することは、「持続可能な発展」を持続させることで、大きな利益に繋がっていく。これは、先進国の環境大企業が儲かるということを意味している。だが、同時に、このゴアの投資活動は、既に述べた「先進国主導の途上国封じ込め計画」の一環でもあるのだ。

エコ・ビジネスで恩恵を受ける先進国の一つである日本に住む私たちは、このロジックを肯定するにせよ否定するにせよ、真剣に受け止めるべきである。ナイーブに、「ゴアさんは地球のことを考えているんだから正しいんだ！」というレベルから私たちは思考をもう少し先に進めるべきだ。

「環境問題は儲かる」という真の意味

それでは次に、「環境問題は金《かね》になる」「環境をキーワードにしてお金儲けができる」というのは究極的にはどういうことなのだろうか、これを考えてみよう。それは、「環境／エコ」と名の付くところにお金が集まることである。そして、この「お金」は、資本主義経済が動かすこの世界にあっては、最終的には「**エネルギー**」と「**金融**」の問題に還元できる。経済活動を行う際には、物資を移動する運搬技術、物品を製造するための電力などのエネルギー、そして、製品の交換をスムーズに行う、金融の仕組みが不可欠である。いくらモノがあってもそれを加工して付加価値をつけ、それを小売店や消費地にまで運ぶエネルギーがなければ、宝の持ち腐れであるし、大昔のような「物々交換《バーター》経済」を行うのでなければ、近代的なユダヤ人が編み出した金融制度に頼る以外は経済を動かす方法はない。

　つまり、エネルギーと金融の仕組みや枠組みを構築した人が、「世界秩序のシステム構築」を行う際に主導権を得るということだ。そして、アル・ゴアや京都議定書でも推奨している「排出権取引」（ETS、エミッション・トレーディング・システム）の仕組みは、

炭素（＝空気）に値段を付けるやり方

＝

炭素の排出権（エミッション、排出量）を、お金（クレジット、排出権）に変化させるやり方

なのである。

　これは、つまり、炭素というエネルギー資源を構成する物質が、経済活動の単位や規模を決めるという「新世界秩序」なのである。炭素やそれから派生した金融商品である排出権を中心にした経済に、枠組みを構造から作り換えようとする。これが、地球温暖化問題の環境問題以外での側面における意味である。

　だから、地球温暖化問題は、そもそも、どうしても「地球全体を巻き込むものでなければならなかった」のだ。本書でも、他の論者（廣瀬哲雄氏など）が詳述しているが、環境問題といえば、公

害問題など「地域限定（ローカル）」のものがこれまでの定番だった。

そもそも、地球に住む私たちは、二酸化炭素を排出しながら生きている。二酸化炭素というのは、窒素などに比べて、そもそも空気中の含有割合も圧倒的に少ない。そして、二酸化炭素は私たちが普通に呼吸している限りは無害な物質である。公害をもたらす「化学物質」ではないのだ。「日本人は、水と空気だけはタダだと思っている」とはよく言われることだ。日本人だけではなく、世界中でも「水はともかく、空気はタダだ」というのが当たり前の認識だろう。その発想を逆手にとって、**空気に値段を付けようとしたのが、地球温暖化問題の本質である。**

この「そもそも人畜無害なもの」を媒介にして、金融政策、エネルギー政策までを一気に転換するとは、よくも考えたものだ。ゴアさん、あなたはすごい。金儲けの才能がある。正直、感心してしまう。

先進国は、技術力ではより進んでいるので、当然優位に立っているわけだ。先進国はこれまで、欧米の石油メジャーが主導するかたちで、石油という炭素資源に依存して展開してきた。先進国はグローバリゼーションの最大の恩恵を受けた側でありながら、いざ先進国以外がその同じ炭素資源を武器に自国の戦略的地位を高めようとすると、テーブルをひっくり返して、それに待ったを掛けてきた。地球環境の保全というだれにも反論できないメッセージにくるんで……。

共産主義の消滅の後、地球全体に資本主義経済が波及し、それがグローバリゼーションというかたちで展開されていくなか、先進国が、資源をテコに勃興する新興国（かつての途上国）に対する戦略上の「優位」を確保していくには、地球温暖化問題を利用して、炭素をお金に換算する「新しい通貨制度」の導入が不可欠だった。

この通貨の仕組みとエネルギーの仕組みの大転換の意図が、「(先進国にとって!)持続可能な発展」に含まれている。

これは、極端に言えば、「空気がお金に変わる錬金術」に他ならない。先進国は、既存のクリーンな煤煙回収装置などの技術を途上国の工場に技術移転するだけで、お金(マネーあるいはクレジット)が得られる。

そして、この仕組みを、「CO_2本位制」と簡潔に表現したのが、末吉竹二郎《すえよしたけじろう》という人物だ。この人の掲げる「CO_2本位制」というキーワードを通じて地球温暖化問題を見ると、また違った現実が見えてくる。それを次に見ていこう。

CO_2本位制と炭素銀行の出現

「地球温暖化問題」は、要素ごとに因数分解すると、「エネルギー問題」「金融問題」、そして「環境問題」となる。

環境問題としてこの問題を取り上げたのが『不都合な真実』である。しかし、残りの重要な二つの問題ではなく、環境問題の面だけが最初のうちはクローズアップされてきた。ここが問題なのである。では、他の二つの要素について考えてみよう。

温暖化問題が「エネルギー問題」であるのは、石油を使った代表的な〝製品〟であるガソリンが、温暖化に反対する運動家の批判のやり玉に挙がっている事実によく表れている。「エコ・ビジネス」の〝売り〟は、出来るだけ石油を使わない、新エネルギー(あるいは再生可能なエネルギー)の開発であることにも注目してほしい。先に述べたように、アメリカの自動車メーカー（GM、フォード、クライスラー）は、意図的に電気自動車の開発を遅らせてきた。産油国を封じ込めるために、ようやく一〇〇年遅れで、エコ・カーを売り出している。

また、次に「金融問題」であるというのは、二酸化炭素を代表とする「温暖化ガス」から派生した排出権（カーボン・クレジット）が、既に金融商品として欧米で取り引きされているという事実による。日本では前出の末吉竹二郎氏が、「CO_2本位制」という概念を打ち出している。彼は、わが国の温暖化問題懇談会のメンバーの一人であり、国連環境計画・金融イニシアチブ特別顧問でもある。元々は大手銀行や大手証券会社にいた金融マンだ。

末吉氏が指摘する「CO_2本位制（炭素本位制）」とは、一九世紀の「金本位制」からのアナロジー（類推）に基づく発想である。彼は日本経済新聞に書いた論考で次のように述べている。

> かつては金本位制の下では金保有量が発行通貨高の大きさ、ひいては経済そのものの大きさを決めていた。これからは地球環境が許すだけのCO_2排出量の枠が経済活動の大きさを決めてしまう。いわばCO_2本位制の始まりである。厳しい枠のもと、どんないいビジネスチャンスがあっても、排出枠の余裕がなければ逃してしまい、枠さえあれば果敢に打って出られる。そんな時代になってしまうのだ。
>
> （「『CO_2本位制』に備えよ」末吉竹二郎
> 「日本経済新聞」経済教室、二〇〇七年二月二八日、傍点は引用者）

ここの論考の中で末吉氏は、さらに「ETS〔注：排出権取引〕の下では、（排出権は）他のコモディディーと同じく、コストにもなり価格にもなるのである」としている。

末吉は、「炭素本位制」が二一世紀のスタンダードになると予測している。これを私なりに整理すると、一九世紀にイギリスの世界覇権とともに隆盛を極めた「金本位制」が一九三一年に崩壊した後、過渡期を経て、一九七一年からは石油の決済通貨となったドル、すなわちアメリカという覇権国の信用の上に築かれた、金《きん》に依存しない「不換紙幣体制（フィアット・マネー）」による金融体制が続いている。これが、二〇世紀の通貨制度という金融の主要な枠組みの変遷《へんせん》である。

そして、その後にやってくるのが、末吉氏によれば、炭素の排出枠（やそれを証明する証書）によって経済規模が決められてしまう体制であるというのである。

つまり、その炭素本位制の出現こそが、二〇世紀という「石油とドルの時代」という秩序に取って代わる「新世界秩序（ニュー・ワールド・オーダー）」になる。これが欧米先進国が打ち出した新世界戦略のイメージなのだ。これで欧米社会は「あと一〇〇年メシを食おう」と思っているわけだ。

ただ、この体制はまだその姿を完全には見せてはおらず、戦略そのものもいまだ発展途上の段階にある。それに反発するロシアの台頭という不安定要因もある。ただ、この流れ通りにいけば、欧米先進国はエネルギーと金融で重要な枠組みの支配を確立するだろう。

炭素本位制の陰に潜む重要問題

ただし、この新秩序には問題も多い。例えば、金融面で懸念すべき重要な問題は、一度、排出権が取引可能な金融商品になってしまうと、それが投機的な、実体経済から遊離したマネーゲームを生むというものである。

ＩＴ化が進んだ現在の世界では、さまざまな金融商品は他のコモディティー（石油、銅、金など）や通貨（ドル、ユーロ、円、元）と相互に金融市場の場で取引が可能となっている。これが「排出権」に拡大したらどうなるか。日経新聞（二〇〇八年一月二一日付）によると、欧州連合が運営する排出権取引市場は既に急速に拡大し、中心的な取引市場であるアムステルダムの欧州気候取引所の取引高は二〇〇七年に一〇億ドルを突破したという。

この排出権取引は、事業所ごとに排出枠の上限を割り当てるキャップ・アンド・トレード方式を採用しており、銀行の自己資本と同じように、健全な割合を下回った場合には、不足分を企業は取引所なり、企業どうしの取引で購入することを迫られる。

そして、金融市場という〝カジノ〟の中で、排出権を使った金融商品が増殖を続けていくだろう。その一方で、その排出権（やその裏付けとなる事業）に、公的な「お墨付き」（サーティフィケーション）を与える中央銀行のような国際機関が出現してくるはずである。これが、炭素銀行とか炭素基金と呼ばれる存在である。元世界銀行エコノミストで、温暖化に関する有名なレポートを書いたイギリス人のスターン卿は、二〇〇八年になって、「排出権取引」の格付けを、ムーディーズやＳ＆Ｐのように行うビジネスを始めた。そうやって、排出権ビジネスは拡大されている。

これが既存の各国や欧州の中央銀行（セントラル・バンク）組織とどのような関係をつくるのかは分かっていないが、イギリスは既に各国政府から独立性の高い「炭素銀行」（カーボン・バンク）の設立という具体的なプランを打ち出して行動を開始しているという（「日本経済新聞」二〇〇八年二月二二日付)。

そして、排出権取引は、CDMなどの技術移転の枠組みと連動して、先進国が途上国を支援するという名目で、一大ビジネスになっていくだろう。この仕組みは既に先進国の間で具体的な議論に入っていて、わが国は、米英と共同で世界銀行内に設立する「温暖化対策国際基金」に一〇〇〇億円、総額で五〇〇〇億円を出資すると伝えられている(「日本経済新聞」二〇〇八年三月二八日付)。

この基金を通じて、欧米の大企業はクリーンな発電所や工場の建設を行い、途上国の発展を支援することになる。ちょうど旧ソ連地域の支援を支えた「欧州復興開発銀行(EBRD)」のような役割を果たし、先進国企業が途上国の支援を通じて、新しいビジネスを共同で展開することになる。

金融と産業が密接に結びついた経済体制は、まさに西洋近代の十八番《おはこ》である。

そうすることで、先進国側が発展途上国をリードしていく構造を二一世紀においても温存する。繰り返すが、それが地球温暖化問題という政治イシューに隠された本当の狙いだったのである。

地球温暖化対策を訴える人々と石油産業、その浅からぬ関係

それでは、この「持続可能な発展」というシステムは誰によって考案されたものなのであろうか。当然のことながら、あらゆるシステムはそれを作った制度設計者たちの思惑や合理性にとって都合が良いようにできている。それゆえに「持続可能な発展」のアイデアを育てていった人々が誰なのかを私たちは知ることが不可欠である。そこでもう一度、アル・ゴアの主張に戻ってみよう。きっと何かが見えてくるはずだ。

アル・ゴアが本格的に地球温暖化問題の解決を訴えたのは、彼が一九九二年に書いた『地球の掟』という本が最初である。この本は、まるで現在を予想しているかのように書かれている。彼は「持続可能な発展」を実行可能にする計画を「グローバル・マーシャル・プラン」と呼んでいる。だが、このアイデアは彼の独創《オリジナル》ではない。この発想を本にまとめるにあたり、彼はいろいろな人からのインプットを受けていた。

その中の一人が、地球サミットの事務局長を務めたモーリス・ストロング（Maurice F. Strong）である。彼は、財界人と国連官僚の両方を経験した人物で、地球環境問題を論じる上で欠かせない人物だ。別名を「ミスター環境」という。

ストロングは、『地球の掟』の執筆の際にゴアをサポートした〝チーム〟のメンバーではなかったが、彼自身、そのチームのメンバーとは、密接な関係にあった。ストロング自身が、ジャーナリストからインタビューを受けた際にそのことを話しているのでそれは間違いない。

つまり、この「ミスター環境」ことモーリス・ストロングは、ゴアの著作を間接的に支援したということである。彼はチームからの情報提供を受けたが、本を完成させたのは彼自身の力によるものだ、とストロングは語っている（彼とアル・ゴアの関係については、詳しく述べる紙幅がないが、P64－65の図のような相関関係がある）。

この図について単純化してまとめると、ストロングがゴアのメンター（先生）であり、弟子であるゴアがストロングの事業を受け継いだという関係にある。しかも、相関図で分かるように、ストロングは、アメリカ金融界のドンというべき、デイヴィッド・ロックフェラーや、イギリスのNMロスチャイルド銀行のエドマンド・ロスチャイルドとは、ともに密接な関係にある。

モーリスとロックフェラー、ロスチャイルドは、一九八七年に、アメリカ・コロラド州の山中で開かれた「第四回世界原生自然会議（ワールド・ウィルダーネス・コングレス、WWC4）という会合に出席していた。このとき、銀行家のロスチャイルドは、「我々は、世界システムのどのような問題でも解決できる。もちろん、環境問題もそれに含まれる。我々に必要なのは技術の進歩（イノヴェーション）のみである」と発言している（この録音テープは、解説付きで「動画共有サイト」の「グーグルビデオ」に投稿されている。この内容は私たちも今でも自由に見ることが出来る）。

つまり、エネルギーと金融の人脈ネットワークが一堂に会するのが、モーリス・ストロングという人物なのである。そして、ロックフェラー（石油財閥の子孫）とロスチャイルド（欧米随一の金融家）の存在がある。

そうしたエネルギーと金融の重要人物が結びつくと、どのような化学反応が生まれるか。それは前述したとおり、新しいビジネスが生まれる。火を見るよりも明らかだろう。そのようにして、エネルギー戦略と金融戦略の双方の面で欧米財界に有利な戦略提言が生まれたのである。それが最終的にストロングの指導の下に書かれたゴアの主著、『地球の掟』となって結実したというわけである。

グローバル・マーシャル・プランに結実した財界人の思惑

この『地球の掟』は、日本では同年に小杉隆・衆議院議員（当時）の翻訳によって紹介されているが、ゴアがノーベル平和賞を受賞したのを受けて、二〇〇七年暮れに新装版が刊行されている。

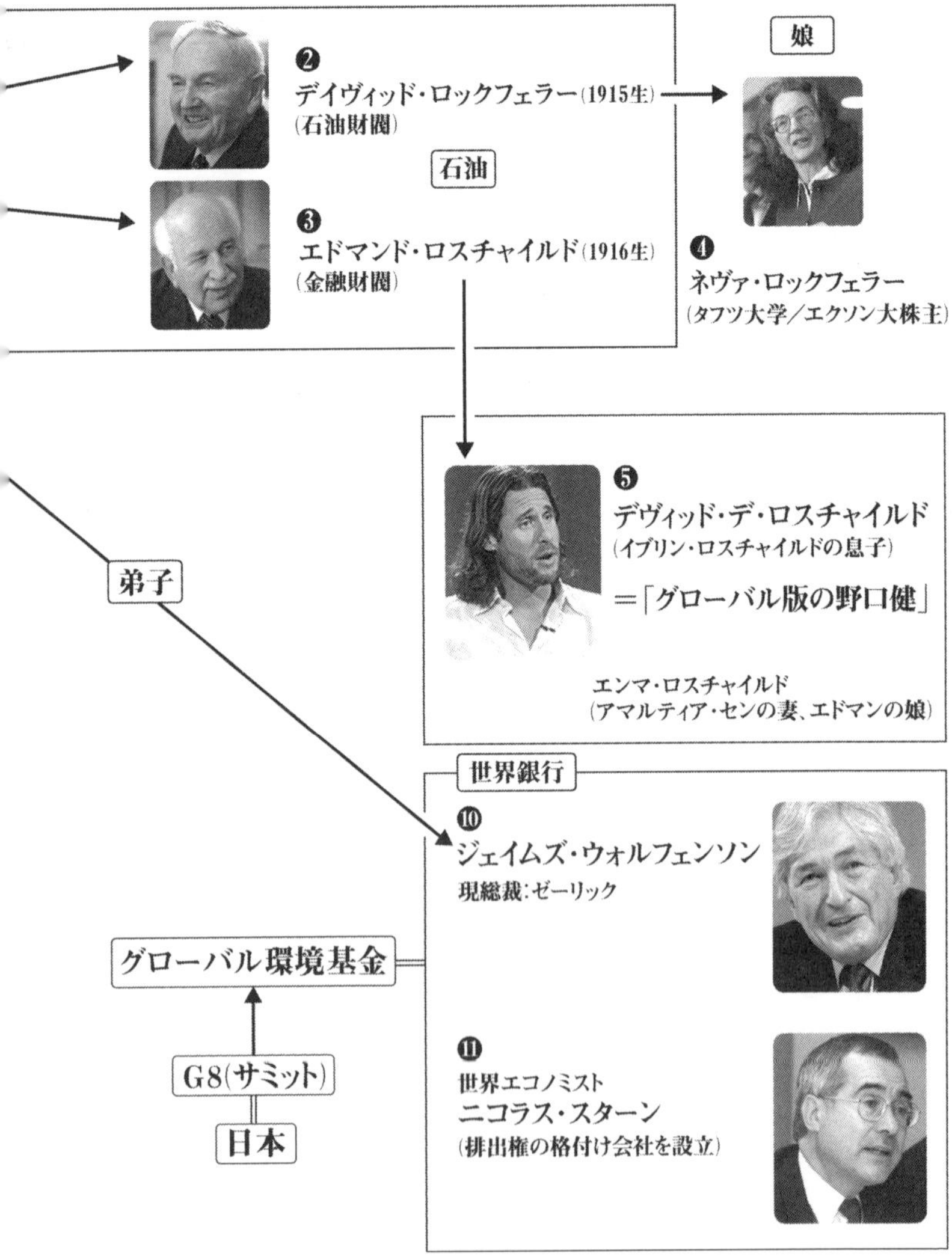
❷
デイヴィッド・ロックフェラー(1915生)
(石油財閥)
石油
❸
エドマンド・ロスチャイルド(1916生)
(金融財閥)
娘
❹
ネヴァ・ロックフェラー
(タフツ大学/エクソン大株主)
❺
デヴィッド・デ・ロスチャイルド
(イブリン・ロスチャイルドの息子)
=「グローバル版の野口健」
エンマ・ロスチャイルド
(アマルティア・センの妻、エドマンの娘)
弟子
世界銀行
❿
ジェイムズ・ウォルフェンソン
現総裁:ゼーリック
グローバル環境基金
G8(サミット)
日本
⓫
世界エコノミスト
ニコラス・スターン
(排出権の格付け会社を設立)

環境人脈ネットワーク相関図

1987（WWC4 出席）

❶
「ミスター環境」こと
モーリス・ストロング（1929生）
（1992年 地球サミット事務局長）

「地球の掟」の執筆支援

地球環境保護同盟

❻
アルバート・ゴア・ジュニア
（ジェネレーションインベストメント代表）
（2007年 ノーベル平和賞）

❼
セオドア・ルーズヴェルト4世
（リーマン・ブラザーズ地球環境担当）
＝「排出権ビジネスのモデル設計」

❽
ブレント・スコウクロフト
（元・米国家安全保障担当補佐官）

❾
ラジェドラ・パチャウリ
（インド）
（IPCC議長／タタ・エネ研所長）

（訳者前書きが加わった以外には、内容は変わっていないので、以下では『地球の掟』を紹介する場合にはこの新装版を使用する）。

ゴアは、地球温暖化問題に対する世界の読者の注意を喚起するべく、全部で一五章あるこの著作の大半を、これまでの人類と環境との関わり、西洋近代の生んだ技術革新とその歪《ひず》みについて説明している。彼が具体的な政策提言に割いているのは、第一四章と第一五章の二つの章である。

この中で、彼は、第二次世界大戦後の反共政策と欧州の社会基盤の再構築と復興支援の目的のもとで、アメリカの資本をヨーロッパに大量に投下する役割を果たした「マーシャル・プラン」を例に引きながら、「地球環境版マーシャル・プラン（グローバル・マーシャル・プラン）」を実行する必要性について述べている。

マーシャル・プランをきっかけに米欧の政治・経済の面での協調関係が進展した。いわゆる「大西洋同盟」が共産主義ソ連と並ぶ、世界の二大勢力として出現したのである。

この事例をふまえて、彼は温暖化問題の解決には、冷戦時代と同様に、大西洋を越えた、地球規模での協調が必要であると『地球の掟』の第一五章で次のように書いている。

> この危機にいったいどのように対応すればいいのだろうか。全く違う環境で暮らす人々を一つにまとめ、現実に活動できる関係をつくるにはどうしたらいいのだろうか。最終的に、異なる国の民族のエネルギーを一つの意思にまとめるにはどうすればいいだろうか。環境保護を行動原理とする具体的な活動を実現するにはどうしたらいいだろうか。
>
> （『地球の掟』アルバート・ゴア・ジュニア、小杉隆訳、ダイヤモンド社、Ｐ３３１、傍点は引用者）

環境人脈ネットワークの人物紹介

❶モーリス・ストロング(*Maurice F. Strong*)
1929年カナダ生まれ。1947年、18歳でニューヨーク国連本部の保安部の助手に雇われ、会計係ノア・モノドの家に寄宿。モノドという人物を通じて、スタンダード石油創業者の末孫のデイヴィッド・ロックフェラーと知り合う。「ストロングの行くところ、常にロックフェラーの資金がついて回った」という評もある。国連でわずか二カ月の勤務を経て、ロックフェラー系の石油企業のカルテックス(現・シェブロン)に雇われ、アフリカで鉱脈探査に従事する。ロックフェラーの人脈からカナダの政財界へも触手を伸ばし、歴代首相の資金源ともなった「パワー・コーポレーション」社長に就任。1972年にストックホルムで開催された、ロックフェラー財団の資金で運営の「国連人間環境会議」の事務局長を務める頃から環境問題への関与を始める。1992年リオデジャネイロで開催された「地球サミット」の事務局長、97年の「地球温暖化防止京都会議」の事務総長代表を務めた。アル・ゴアを高く評価し、ゴアの『地球の掟』では非公式にアドバイザーも務めた。1987年のWWC4(第4回世界原生自然会議)出席メンバー。

❷デイヴィッド・ロックフェラー(*David Rockefeller*)
1915年生まれ。アメリカの巨大石油企業、スタンダード石油の創業者から数えて三代目になる一族。フォーブス誌の「もっとも裕福な400人のアメリカ人」のランキングには毎年登場する。石油企業ではなく金融家として有名でチェイス・マンハッタン銀行の頭取を務めたほか、株主として新生銀行社外取締役も務めた。アメリカの政財界に大きな影響を持つシンクタンク、外交問題評議会の理事長を務めるなど、パワー・エリートとしての名は世界中に知れ渡っている。WWC4出席メンバー。

❸エドマンド・ロスチャイルド(*Edmund de Rothschild*)
1916年生まれ。ロンドンの歴史ある名門NMロスチャイルド銀行の頭取を務めた金融家。戦後、カナダの水力発電プロジェクトに参加することでカナダ財界、とりわけモーリス・ストロングとの関係を深める。WWC4出席メンバー。ストロングの紹介で同会議で「環境保全と技術開発」について演説し、「環境問題を金儲けにする」という今日まで続くアイデアを提唱した。

❹ネヴァ・ロックフェラー・グッドウィン(*Neva Rockefeller Goodwin*)
1944年生まれ。デイヴィッド・ロックフェラーを父に持つ女性経済学者。現在、タフツ大学地球開発・環境研究所(GDAE)の共同責任者を務める。地球環境変動について経済学者の立場で研究している。2008年5月、スタンダード石油の後身である巨大石油企業エクソン・モービルの株主の立場から、同社に「非石油代替エネルギー開発への投資」を強く主張して話題になった。この提案は父親であるデイヴィッドの賛同を得たとも報じられた。

❺デヴィッド・デ・ロスチャイルド(*David de Rothschild*)
1978年生まれ。探検家として知られる。NMロスチャイルド銀行頭取を務めたイヴリン・ロスチャイルドの息子で、エドマンドの娘であるエンマ・ロスチャイルド女史(経済学者アマルティア・センの妻)とともに同家きっての環境派。地球温暖化問題に対して警鐘を鳴らす活動家としても知られる。著書『地球温暖化サバイバルハンドブック 』。

❻アルバート・ゴア・ジュニア(*Albert Gore, Jr.*)
1948年生まれ。アメリカ合衆国元副大統領。父親は同名のゴア・シニアで、「セブンシスターズ」と言われる巨大石油メジャーに次ぐ規模の米オキシデンタル石油のCEOを務めた実業家のアーマンド・ハマーと関係が深く、父ゴアは1970年に上院議員を隠退した後は、オキシデンタルに雇われている。その後も株主であったと言われ、ゴア家と石油企業の関係は有名である。ゴアは、1992年の合衆国上院議員時代に『地球の掟』(原題:*"Earth in the Balance"*)という本を刊行したが、これは「地球サミット」と期を同じくしている。クリントン政権の副大統領を務めた後、2000年には大統領選挙に打って出るが、共和党のジョージ・ブッシュに敗れる。2006年、映画『不都合な真実』を発表。人類の排出する二酸化炭素が原因で起こる「地球温暖化問題」が地球環境に破滅的な危機をもたらすと訴え、一躍世界の注目を浴びる。その前の2004年には、環境関連企業に投資する金融会社「ジェネレーション・インベストメント」を、ゴールドマン・サックスのトレーダーらと設立している。2007年ノーベル平和賞受賞。現在、「地球環境保護同盟」(Alliance for Climate Protection)の理事長、「世界資源研究所」(World Resources Institute)の理事会メンバーを務める。

❼セオドア・ルーズヴェルト4世(*Theodore Roosevelt IV*)
1942年生まれ。2008年9月に経営破綻した米投資銀行リーマン・ブラザーズ取締役で、同社の温暖化対策部門の責任者でもあった。セオドア・ルーズヴェルト大統領のひ孫。息子は俳優の同5世。ゴアの「地球環境保護同盟」メンバー。石油資本であるサン・オイルの流れをくむ「ピュー・グローバル気候変動センター」の理事長、「世界資源研究所」(World Resources Institute)の理事会メンバーでもある。

❾ラジェンドラ・パチャウリ博士(*Dr.Rajendra Pachauri*)
1940年インド生まれ。アメリカ・ノースカロライナ大学で産業工学や経済学の博士号を取得。1999年インドに戻り、資源・環境分野の研究やコンサルティングに従事。2001年から、インドのタタ財閥の資金で設立された、エネルギー研究所の所長を務める。熱心な原子力発電の推進者でもある。

❿ジェイムズ・ウォルフェンソン(*James Wolfensohn*)
1933年生まれ。元世界銀行総裁(1995−2005在任)。世銀総裁への就任はモーリス・ストロングの推薦とも言われる。就任前は金融家として活躍。ロンドンのヘンリー・シュローダー銀行や米証券会社ソロモン・ブラザーズに勤務する。その後、カーター政権でFRB議長となったポール・ヴォルカーやロスチャイルド家のジェイコブ・ロスチャイルドと一緒に投資会社を経営した。世銀総裁退任後も投資家として活躍。

⓫ニコラス・スターン卿(*Lord Nicholas Stern*)
1946年英国生まれ。男爵。経済学者として世界銀行の世界銀行チーフエコノミスト兼上級副総裁を務めた後、英国大蔵省(財務省)次官、経済顧問を歴任。2006年10月30日にイギリス政府のために地球温暖化(気候変動)に関する報告書である「スターン報告」を公表。「気候変動に対する早期かつ強力な対策の利益は、そのコストを超える」として、各国や企業の早急の温暖化対策を訴える。現在は、IDEAglobal という金融調査会社の副会長を続ける傍ら、「排出権を生み出す事業へのレーティング」を行う民間の格付会社を設立して、「金融商品としての排出権取引ビジネス」の普及に取り組んでいる。

そして、ゴアは、自分の主張する「環境版マーシャル・プラン」についてを述べていく。彼は次のように述べている。

たとえば、地球環境版マーシャル・プランはそのモデルと同じように、地球規模の健全な経済活動を継続しつつ弱点を克服するような行動やプログラムを強調し、戦略的な目標を立てなければならない。新しい地球規模の経済は、現在の経済システムがアフリカやラテンアメリカを置き去りにしたような、ある地域をなおざりにするようなものであってはならない。たとえば、新しい地球規模の経済では、革命の緊張が強まるほど貧しい国民に対する圧迫を増大させてまでも、第三世界の国は古い債務の利息を全て返済しろというような主張を、先進諸国に許してはならない。

マーシャル・プランではヨーロッパの問題をできるだけ広い視点からみつめ、人間の要求を満たし経済的発展を促すような戦略を立てた。我々はそれと同じことを、今度は地球レベルで実行することになる。

（『地球の掟』Ｐ３３４、傍点は引用者）

このように、ゴアは、第三世界を置き去りにすることには異論を唱える。ただ、彼は、欧米主導の枠組みをこれまで通り維持しつつ、近代化の恩恵を途上国に流していくことを主張している。彼は次のように述べる。

地球環境版マーシャル・プランでは、環境保全のための第三世界への技術移転を促進し、貧しい国々の人口の安定を推進し、確実な経済発展を促すために予算を割り当てるよう先進国に要求することになる。しかし、これらがうまくいくようにするには、まず先進諸国そのものが政策や制度を変革していくことが必要になる。（『地球の掟』P336-337、傍点は引用者）

ゴアはここで、「欧米先進国がまずイニシアチブをとれ！」と明確に主張している。このグローバル・マーシャル・プランでは、まず先進国が自らモデルになって世界をリードしていく。その成果が他の周辺世界に流出していく。そうやって途上国を上から管理する――というイメージである。

こうしてみていくと、程度の問題はあれ、**地球環境問題の解決という「共通善」の仮面には、欧米財界主導の世界経済の統合という思惑の姿が見え隠れする。**

この新秩序のもとでは、民間の企業家は独自に完全な自由な経済活動を行うわけではなく、大きな共通善の目標に規定・制約されたなかでの経済活動を行う。つまり、個々の企業や、個人は日々の経済活動を行うが、それは新しい秩序という「グローバル・ガヴァナンス」の枠を逸脱しない枠の中で行うように求められる。

既に指摘したように、このガヴァナンス（経営や統制というニュアンスを含む考え方）の基準を決めてきたのが、京都会議であり、地球サミットであるのだが、同時にその舞台裏で動いていたのが、「持続可能な発展」を求めるロックフェラーやロスチャイルドに代表される金融家人脈だった。これらの金融家人脈は相関図にあるように、温暖化対策の枠組みで重要な位置を占める、国連の下部組織である世界銀行の総裁を生み出す母体になっている。

ここにおいて、一握りのエリート金融家たちが、国連や世銀の秩序や枠組みをビジネスベースで、自分たちだけに利益が流れ込むように巧妙に設計していることが分かるだろう。

同時に、それは、共通の利益、共通善という大義をふりたて、一つの目標にむけて人類を統合・管理していこうとする思想でもある。言い換えれば、「集団の目標に従え、さもなくば罰を科す」という思想である。

このペナルティについても、ゴアは『地球の掟』の中で意見を表明している。彼は、グローバル・ガヴァナンスの手段としての「世界政府」(ワールド・ガヴァメント)は、実現不可能だとして否定するが同時に次のように書いている。

> 世界政府が実現不可能なだけでなく、民主主義にとってこのましくないとすれば、環境を救うための地球全体の枠組みをどのように考えればいいのだろうか。答えは一つ。地球規模の強制力をもつと同時に、あくまで任意の国際的な協定を確立することである。もちろん、努力に対する報奨金と、従わない場合の法的なペナルティが制度に組み込まれることが必須の条件である。現在ある最も重要な超国家的組織である「国際連合」には、(中略)確かに一定の果たすべき役割がある。たとえば、国連の中に地球規模の協定を監視する「地球管理理事会」を設ける必要がある。
>
> (『地球の掟』P338、傍点は引用者)

このように、ゴアはグローバル・ガヴァナンスの必要性を明らかに認めている。

そして、彼は地球環境保全を目的にした世界規模の行動計画を実行するための計画の骨子を書いている。それが「世界人口の安定化」「環境に優しい技術開発と技術移転」「経済的ルールの見直し」「新しい国際協定の交渉と承認」「地球環境に関する教育プログラムの確立」の五つなのである。この行動計画を彼は、ノーベル平和賞受賞の実に一五年前に既に打ち出していたのだ。

これは、とりもなおさず、ゴアとモーリス・ストロングの人脈に繋がる金融家たちの思想がこの一冊の本（そして一本の映画）に結実したことをも意味している。

そして、京都議定書の採択と参加国の急増、排出権取引と炭素税の導入論議などが、その具体的な「成果」である。このビジネスモデルを宣伝してくれた褒美として、ゴアは「ノーベル平和賞」を受賞したのである。ノーベル財団はロスチャイルド家と関係が深い、ワーレンベン家というスウェーデンの金融財閥によって動かされている。つまり、一連の金融家ネットワークに組み込まれているのだ。

最初の「人口の安定化」の点をのぞいては、四つの行動計画は全て既に実行段階に入っている。これは人類史上において全く未曾有《みぞう》の事態である。

それでは日本がとるべき針路とは

アル・ゴアの言うように、地球温暖化問題が本当に二酸化炭素に代表される温室効果ガスのみが原因で起こっているのかどうかは、私には判断できない。ただ、ゴアの映画『不都合な真実』に対する批判は世界でも、そして日本でも高まっていて、健全な議論の土台が生まれつつある。

しかし、いずれが真実であるにせよ、アル・ゴアとその周辺の金融家人脈が作り上げてきた、

「グローバル・ガヴァナンス」の枠組みは、二〇〇八年の洞爺湖サミットを経過した後も、ますます深化し拡大していくだろう。この「新世界秩序」は、地球規模で人類をまとめあげる大きな装置として機能していく。

世界の秩序の組み替えが、低炭素社会の出現と地球規模での産業技術移転と先進国におけるイノヴェーションと「環境産業」の出現によって、大きく変わるのだとすれば、これは一〇〇年に一度の「大転換」である。

卑近に言えば、それが二一世紀のお金儲けのやり方である。そして、これが地球温暖化問題を取り巻く思想と人脈によって設計された「二一世紀の世界像」である。

そして、日本も京都議定書を批准してしまっている以上、このガヴァナンスの下で生き残っていくための国家戦略を立てなければならないのである――これだけが重たい現実である。

ヨーロッパ近代が生みだした秩序は実に堅牢《けんろう》にできている。それを徹底的に研究することが、その「西洋近代の秩序」と「東アジアの前近代的秩序」の中でアイデンティティのバランスを取って生き残っている我が国日本の国家戦略を考える上でのヒントになるはずである。

日本だけでなく、世界各国も「温暖化による破局的災害」という「世界規模での思いこみ」を既に織り込んだ形で戦略を打ち出している。例えば、インドはゴアと一緒にノーベル平和賞を受賞した、ＩＰＣＣのパチャウリ議長の出身国だが、温暖化対策による原子力発電などの技術移転により、祖国のインド経済を飛躍させていこうとしている。また、ロシアは温暖化によって、北極海の氷が解けるという仮説を前提に、北極海に埋蔵する天然資源を確保し、パイプラインを支配して、欧米、とりわけヨーロッパに圧力をかけるべく動きだしている。

そして、日本の福田康夫前首相は、洞爺湖サミット前の二〇〇八年六月上旬に今後の温暖化対策の工程表となる「福田ビジョン」を公表した。その中では、福田前首相は、排出権取引がマネーゲーム化しないようにすべきだとした上で、日本は国内だけで試験的に排出量取引の実験を行うとの方針を掲げた。ただ、これに対して、グローバルな規模での排出権取引を主張し、志向する国連側の識者である前出の末吉竹二郎氏は批判を加えている。しかし、排出権取引をグローバルに展開することは、国際金融ネットワークの思うつぼである。その点で一定の抑制が利いたのだと思われる。その点は評価できる。

わが国はいたずらなマネーゲームに陥らず、日本が誇る省エネ技術を売っていけばいい。独自に日本の商社などを通じて、世界に向けて日本の技術力を売り込めばいい。そうやって、世界に対して省エネ技術の普及の面で貢献できるとするならば、これは率直に評価すべきだろう。金融家の思惑で動く国連や世銀の枠組みに取り込まれないで、日本が独自に出来ることはたくさんある。

そして、日本はそのサイクルを維持することで、今後一〇〇年は飯が食っていける。

排出権取引の主導役だったリーマン・ブラザーズが（ウォール街の）信用危機の影響で二〇〇八年九月に経営破綻した。もともとリーマンは近年、「金融バクチ」に近い投機的取引で利益をあげていた。ある意味では、そういう投資銀行が手がける排出権ビジネスというものの胡散臭《うさんくさ》さがこれで一層明らかになったとも言える。欧米金融の排出権金融取引ビジネスの実用化にも遅れが出るはずだ。生命の母なる地球を「金融投機」の材料にする勢力など無視して、日本は堅実に実需を生み出す事業に取り組めばいい。

【主要な参照・引用文献・映像資料】

＊地球温暖化関係◉『地球の掟〔新装版〕』アルバート・ゴア・ジュニア著／小杉隆訳／ダイヤモンド社／二〇〇七年◉映画『不都合な真実』（An Inconvenient Truth）監督：デイビス・グッゲンハイム／二〇〇六年劇場公開◉TVドキュメンタリー『地球温暖化という大いなるペテン』（The Great Global Warming Swindle）監督：マーティン・ダーキン／二〇〇七年全英チャンネル4放映◉『地球温暖化サバイバルハンドブック』デヴィッド・デ・ロスチャイルド著／枝廣淳子＋特別翻訳チーム訳／ランダムハウス講談社／二〇〇七年

＊環境ビジネス関係◉『カーボン・リスク』末吉竹二郎・井田徹治共著／北星堂／二〇〇六年◉『「温暖化」がカネになる』北沢慶著／PHP研究所／二〇〇七年◉『「炭素会計」入門』橋爪大三郎著／洋泉社／二〇〇八年◉『未来をつくる資本主義』スチュアート・L・ハート著／石原薫訳／英治出版／二〇〇八年（この本の序文をアルバート・ゴアが書いている）

＊文明論関係◉"*Tragedy and Hope*" by Carrol Quigley, the Macmillan Company, NewYork, 1966

＊エネルギー問題関係◉"*Internal Combustion:How Corporations and Goverments addicted the world to oil and derailed the Alternatives*" by Edwin Black, St. Martin's Griffin (paperback), 2006◉"*Who Killed the Electric Car?:A Lack of Consumer Confindence...or Conspiracy?*" directed by Chris Paine, 2006

＊地球環境保護運動関係◉『環境問題はなぜウソがまかり通るのか』武田邦彦著／洋泉社／二〇〇六年

＊記事◉"*Maurice Strong Discusses His Pal Alo Gore's Dark Age 'Cloak of Green'*" by Scott Thompson, "*Exective Intelligence Review (EIR)*", January 29, 1999 issue

＊ビデオ◉(google video, 08年5月25日アクセス）"*George Hunt:UN UNCED Earth Summit 1992 (Population reduction, Bank Scams etc..)36Minutes*"(URL:http://video.google.com/videoplay?docid=6642758020554799808&q=George+Hunt%3AUN+UNCED+Earth+Summit+1992+(Population+reduction%2C+Bank+Scams+etc..)+36+Minutes+&ei=eZo5SLqxCKXsqgO9hdHzAw)（WWC4会議のセッションの録音テープが実際に聴ける貴重な映像）、この動画に出演しているジョージ・ハントの主張を理解するため、以下のサイトも補助的に参照した。THE FOURTH WORLD WILDERNESS CONFERENCE:Beware the bankers bearing gifts:An interview with Mr. George Hunt, "*THE MONEY CHANGER*" (Vol.1, No.6, December, 1987) (URL:http://www.textfiles.com/conspiracy/owgart1.003)

＊その他、本文中に明示のある新聞記事も参照した。

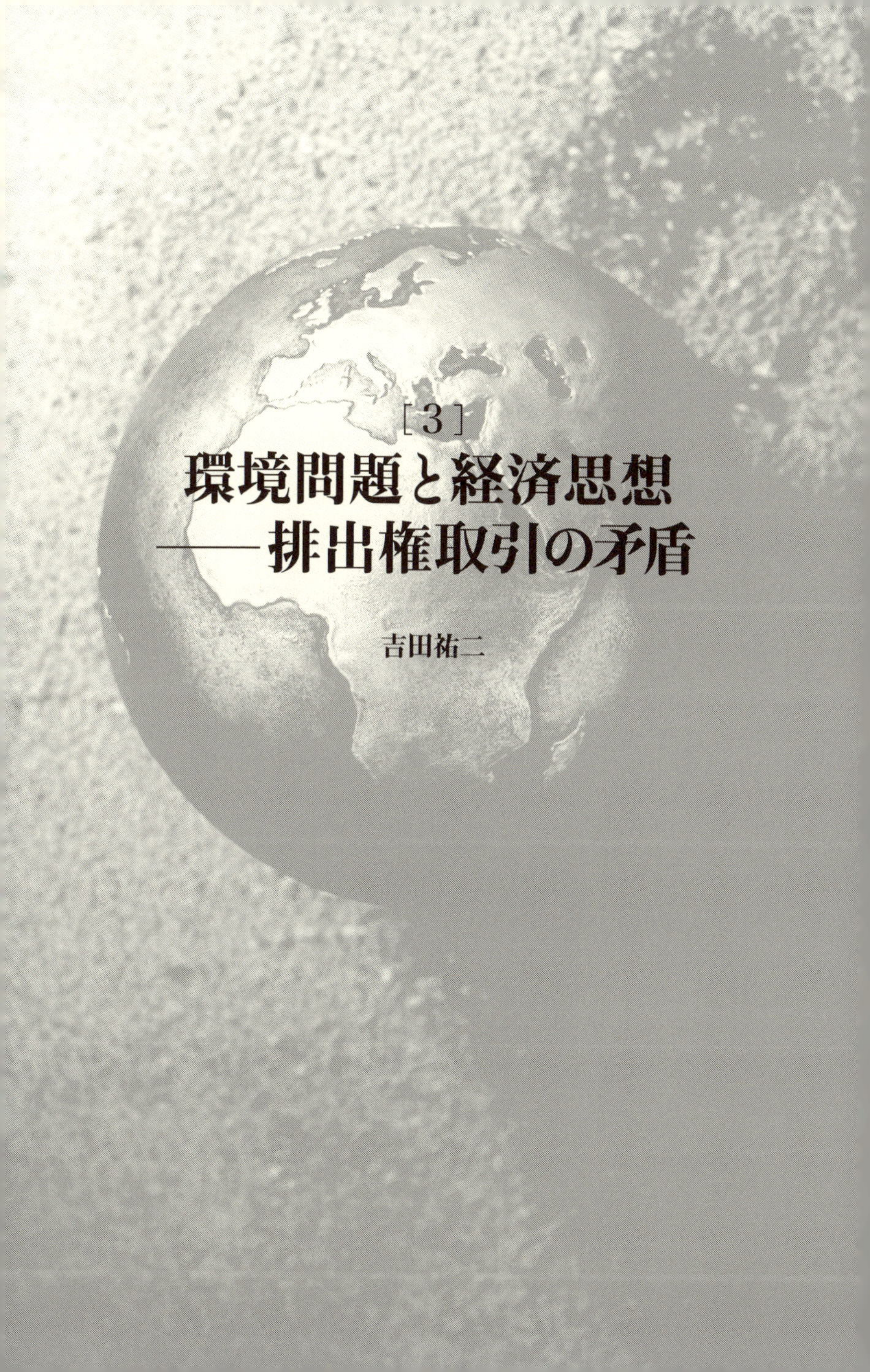

[3]

環境問題と経済思想
——排出権取引の矛盾

吉田祐二

ついに動きだした環境マネー

環境問題、とくに地球温暖化は現代において万人が関心をもつグローバル・イシューであり、その方策として「排出権取引」が脚光を浴び始めた。世間一般的に環境問題といえば、京都議定書をめぐるアメリカとヨーロッパ（および日本）の姿勢の違いが強調されているが、こと「排出権取引」については、両者は同じく支持している。

本稿では、地球温暖化とそれについての議論を、その思想的背景を含めて考察することにより、各国政府や各種民間団体から提示されているさまざまな仕組みおよび制度の問題点を指摘するものである。はじめに結論を述べると、地球温暖化の解決法として注目される「排出権取引」とは、市場メカニズムでは解決できない環境問題を、市場メカニズムで解決するという、根本的な矛盾を含んでいる。そのために、二酸化炭素量の削減には有効ではなく、ただ関連する金融機関や企業の利益に結びつくだけであり、地球環境が改善することはないのである。そして、その見せかけの市場主義の背後には、各国政府の政治的な思惑が見えるのである。

地球温暖化は「環境問題」のなかの一つの項目であるが、昨今では他の項目をさし措いても、一番重要な項目として扱われるようになっている。その理由は以下の二つにあるだろう。

一、特定地域だけではなく、地球全体が対象である

二、経済・金融にあたえる影響が大きい

「公害」問題は従来から存在したが、局地的な問題ではなく地球規模での危機が叫ばれ始めたのは、比較的新しい現象である。同様に、局地的な「公害」問題においては、個々の企業の責任問題、および国（政府）による被害者への補償問題が焦点であったが、環境問題においては、それが経済全般に影響を与えると見なされるようになったのも今までにない現象である。

また、本稿では地球温暖化がそもそも事実であるのか、そしてそれによる影響――海面が五〇センチ以上上昇するなど――については考慮していない。日本でも、武田邦彦《たけだくにひこ》氏らを中心として、環境問題を科学的に検討することにより、メディアなどで報道されている事態が必ずしも事実ではないとする論者も数多くいる。それならば、これから本稿で述べることは、科学的事実が明らかになったら無駄となるかというと、そうはならない。なぜなら、各国政府や関連する金融機関や企業はすでに温暖化を事実とみなして具体的な行動に移っているからである。つまり、地球温暖化が事実であろうがなかろうが、それらを基にして各種の決定事項やルールが定まれば、そもそもの原因はもはや問題ではないのである。

このことは、二〇〇一年以降はじまった、アメリカによるアフガニスタン戦争およびイラク戦争を思い起こせば分かるだろう。両方の戦争とも、戦争の原因が特定できないまま戦争は開始された。9・11のテロ事件とサダム・フセインはまったく関係がなかったとはのちに米議会でも承認されている。しかし、実際の戦争が開始されれば、大量の物資や武器が動き、関連する企業にとっては利益となり、そしてもちろん戦死者も出るのである。

繰り返すが、環境問題とくに地球温暖化においては、科学的事実がどうであろうとも、各国政府や企業はすでに経済的な枠組みのなかで行動を開始しており、実際にマネーが動いているのである。本稿はそうしたメカニズムを、それを生み出した思想について焦点をあて、解明することを目的としている。

「公害」から「環境問題」への変遷

「環境問題」という言葉は比較的最近のものである。「環境問題」にそのまま当てはまる言葉はひと昔前には存在していない。それにもっとも近い言葉として「公害問題」がある。筆者が中学生の頃の社会科の教科書には、イギリスの煤煙《ばいえん》問題（ロンドン・スモッグ、一九五二年）や、日本では水俣病（一九五六年）、四日市ぜんそく（一九六〇年頃）などの「四大公害病」が記載されていたと記憶する。

それでは「環境問題」と「公害問題」は何が違うのかといえば、「公害問題」は被害者と加害者、つまり汚染物質（汚染源、ポリュータント pollutant）を排出した者と、体内に取り込んでしまった者がはっきりとしていたのに対し――裁判上で加害者の認定が問題になる場合は別として――最近の「環境問題」は被害者と加害者がはっきりとしていない。とくに「二酸化炭素（CO_2）」などはあらゆる化石燃料を燃やせば排出されるし、人間が呼吸しただけでも排出される物質であり、とくに毒性のある物質というわけではない。また、具体的な被害についても今ひとつはっきりしない。

アメリカの元副大統領であるアル・ゴアの著書『地球の掟』やそれをもとにしたドキュメンタリ

ー映画『不都合な真実』では、地球温暖化によって北極の氷が解けて海水面が上昇して、台風やハリケーンも増大するという。それならば、それによって被害をこうむる者が被害者であり、それ以外の人間はすべて加害者ということになる。被害者が、加害者を訴え出てからはじめて裁判を開始するのが近代の法システムであるが、いまだにこの温暖化問題について被害者は名乗り出ていない。もちろん名乗り出たとしても、すべての人間を訴えることなど出来るわけがない。

環境問題、とくに地球温暖化の問題では、潜在的に加害者はすべての人間であり、そして場所も特定の地域ではなく、全地球的（グローバル）であると言われている。いったい、このようなことがそもそもあり得るのだろうか。われわれが、まず以《も》って疑ってかからなければならないのは、まさにこの点である。そしてこのことが、地球温暖化という問題を考えるときの基本的な条件であり、最も重要な点なのである。

環境問題の経済学

日本では、「環境問題」をまるで倫理道徳（エシック ethic）のように捉えているひとが多い。すなわち「環境にやさしい」ことは善いことであり、それを乱す者は悪者であると。たとえば、実際にあったことだが、職場で私がペットボトルを指定の場所以外のところに捨てようとすると周りから一斉に止められたりする。その理由は、政府の公報や、環境に優しいことを商品価値にした企業のCMなどによってイメージが醸成されたからであろう。しかし、環境問題は倫理道徳の問題ではなく、サイエンス（科学）および経済学における問題である。とりわけ、環境問題を総合的に研究しているのは経済学なのである。

たとえば、現在の代表的な経済学の教科書として、クルーグマンの『ミクロ経済学』を見てみると、第一九章に「外部性 Externalities」という項目があり、ここで環境問題の経済学を解説している。はじめに取りあげられているのは酸性雨の問題だ。一九六〇年代のアメリカ北東部で、火力発電所で石炭を燃焼することにより放出された二酸化硫黄（SO_2）と窒素酸化物（NO_x）が酸性雨の原因であった。それにより、湖の魚は死滅し、樹木や農作物を枯らし、石灰岩の建物を溶かし始めた。

酸性雨を防ぐには、硫黄分が少ないが高価な石炭を使用するか、煙突に洗浄装置を取り付けなければならない。しかし、発電所はそのようなことをすれば利益が減るのでそのようなことはしない。言い換えれば、ほんらい企業が負担しなければならない費用を企業が負担しないで周り（外部）に不便を押し付けているわけで、これを「外部費用」や「外部性」と呼ぶ。つまり、利益を追求する主体である企業が「市場メカニズム」に従って自由に行動すれば、公害が発生する場合がある。これが「市場の失敗」であり、古典的な経済学が賞賛してやまない「市場メカニズム」が機能しない、典型的な事例である。

現代の経済学では、企業側の利益追求行動に対して、「汚染の限界社会費用」という一項を立てることになっている。それは、汚染物質が増えるほど被害の額が多くなる側、つまり住民側の事情をあらわしたものである。

経済学でおなじみの、例のバツじるし（×）のグラフを描いて、汚染物質が増えるほど被害の額が多くなる方（住民）と、汚染物質が増えるほど（そのための対策をしなくていいので）製造費が減る方（企業）を示して、その交わる点、両者が一致した排出量を「最適」と見なすのが経済学の常道である（下図参照）。つまり、汚染物質が悪いからといって発電所を止めてしまえば電気が供給されなくなって住民には不便となり、かといって無制限に汚染物質を垂れ流せば公害となる。利害の反する両者が、交渉を重ねることにより、お互いにとっての妥協点を見い出す。これはまさしく「市場」の論理である。

理屈は以上だが、具体的に政策として排出量をその最適値になるように実現するにはどうすればよいのだろうか。すぐに思いつくのは「環境基準」である。政府なり当局が、煙突に洗浄装置を取り付けるのを義務化したり、企業などの汚染物質排出者に対して排出量の上限値を守らせたりするのである。

しかし、経済学者は「環境基準」よりももっと効率的な方法があると主張している。そのひとつが「排出税」である。「環境基準」だと企業の規模や製造方法に違いがあり、公平でなくなる場合がある。たとえば、汚染物質を除去する装置をすでに取り付けている企業

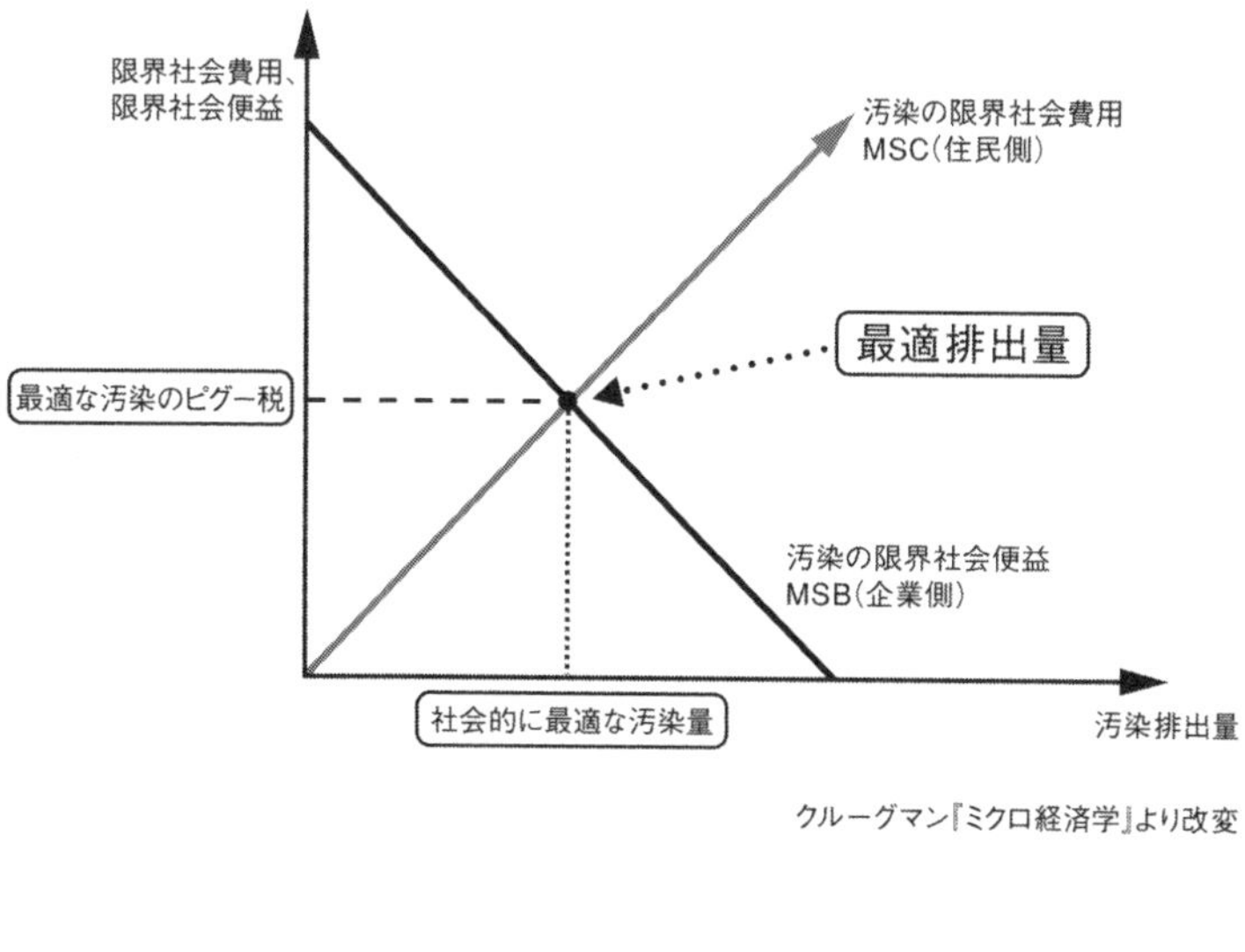

クルーグマン『ミクロ経済学』より改変

とそうでない企業に対して、一律に排出量を半減せよと基準を定めても公平ではない。だからといって、当局が個々の企業にそれぞれ排出量を定めるのも現実的に困難である。それよりも、排出量に応じて税金を掛けた方が効率的であるというのだ。理論的には、「最適」な排出量に対応する費用と同じ分だけ税金を掛けるのである。そうすれば、各企業はそれぞれが費用に応じて排出量を減らすことになり、全体として「最適」な排出量となる。

「排出税」は、イギリスの経済学者アーサー・ピグー（Arthur Cecil Pigou, 1877－1959）によって論じられたことから、これを「ピグー税」という。ピグーはケインズと同じくマーシャルに師事した、当時を代表する経済学者である。ケインズが古典派から離れて独自の理論をつくったのに対して、ピグーは師の古典派経済学に忠実であり、「古典派最後の経済学者」と呼ばれた。

取引可能な排出権

政府なり当局なりが直接汚染規制をする「環境基準」よりも、もっと効率的な方法があると経済学者は主張する。その一つが前項で述べた「排出税」であり、もう一つがここ最近注目されるようになった、「取引可能な排出権」という新しい考え方である。「取引可能な排出権」とは、その名のとおり、排出権を証券のように売買可能にすることである。

理論的には、排出税と同じように「最適」な排出量をまず計算し、その量を排出権として市場で各企業が売買できるようにするのである。そうすれば、排出量を容易に減らせる企業は余った量を「排出権」として売ることができる。逆に容易に減らせない企業は「排出権」を買い求めることになる。「排出権」の総量はすでにはじめから決まっているため、結局は全体として「最適」な排出量を実現することができるようになる。

「排出税」との関連でいえば、「取引可能な排出権」は排出量を直接コントロールする施策であるのに対して、「排出税」は排出量あたりの金額を直接コントロールする。そのため、「取引可能な排出権」は、量はコントロールできても価格が不確実になるのであり、逆に「排出税」は価格が決定できるが最終的に削減される排出量については不確実となる。

この「取引可能な排出権」という考え方こそが、地球温暖化対策として二酸化炭素削減のために用いられているスキーム（施策・企画）なのであり、一九九七年の気候変動枠組み条約で採択された議定書（いわゆる京都議定書）において、「柔軟性メカニズム」と言葉を変えて呼ばれているものである。

「取引可能な排出権」という考え方を発明したのはアメリカであり、世界にさきがけて実践された。科学ジャーナリストのさがら邦夫による『地球温暖化とアメリカの責任』によれば、アメリカでは一九九〇年代初めより、酸性雨対策としての二酸化硫黄（SO_2）削減のために排出権取引スキームを導入している。施行後一〇年で排出量は三割減少し、すでにその効果を実証したという。その成功をうけてスモッグの原因となる窒素酸化物（NO_x）など他の汚染物質に対しても排出権取引の導入を決定したという。京都議定書における「柔軟性メカ

「排出税」のアーサー・ピグー

ニズム」の導入も、アメリカにおけるこれらの成功事例をもとにしている。

ここで注意しなければならないのは、アメリカは政府として京都議定書の批准を拒否したが、二酸化炭素削減のための排出権取引スキームについては同意している、ということである。一般で報道されているように、欧州と日本は環境問題に熱心でありアメリカは産業界の利益のために環境問題を軽視している、というのは間違いである。むしろ、排出権取引スキームを「開発」して、民間機関で先駆けて実施しているのはアメリカの方なのである。排出権取引についてはアメリカも欧州も同じく推進派であり、つまりアメリカと欧州は「同じ穴のムジナ」なのである。メディアで報道されるような、表面上の違いを見ているだけだと気づきにくいが、実態はそうである。

排出権取引の先進国であるアメリカであるが、そのなかでも重要なのが、「シカゴ気候取引所（CCX）」という民間機関である。この民間機関について次に見ていこう。

シカゴ気候取引所（CCX）の創設と「シカゴ学派」

シカゴ気候取引所（CCX）は、リチャード・サンダー（Richard L. Sandor, 1941－）を中心として、シカゴ市のほか、ジョイス財団、デュポン社、BP社、フォード社など大企業の共同出資により二〇〇一年に設立された。リチャード・サンダーは、シカゴ商品取引所（Chicago Board of Trade, CBT）を中心として活躍した経済学者、トレーダーであり、「金融先物《さきもの》取引の父」とよばれる。現在はシカゴ気候取引所の会長兼CEOを務めている。

シカゴ気候取引所（CCX）の実質的な母体となった、リチャード・サンダーの出身会社であるシカゴ商品取引所（CBT）は、もうひとりの先物取引の大物であるレオ・メラメド（Leo Melamed, 1932－）が長年にわたって会長を務めたシカゴ・マーカンタイル取引所（Chicago Mercantile Exchange, CME）によって二〇〇二年に吸収された。この吸収合併により、シカゴ・マーカンタイル取引所は世界最大の金融先物、デリバティブの取引所となった。

　このリチャード・サンダーという人物が、排出権取引スキームを二酸化硫黄（SO_2）削減のためにはじめて実地に導入して、「排出権取引」という新たな「市場」を文字通り創設したのである。二酸化硫黄（SO_2）削減の成功をうけて、二酸化炭素においても排出権取引市場を設けたのは、この人物の手腕による。アメリカのニューズ誌タイム（TIME）では二〇〇七年一二月に特集で、彼を「炭素取引の父 Father of Carbon of Trading」と持ち上げ、「環境ヒーロー」のひとりとして表彰した記事を載せている。

　こうした人物の来歴から分かるように、排出権取引とは本質的に「商品先物取引」なのである。このことは、いくら強調してもし過ぎることはない。将来的に、商品の価格が不安定になるリスクを考慮して、事前に取引価格を決めて取引することを先物取引といい、本来は、価格変動の影響を避けるための手段（リスクヘッジ）として利用される。一方で、先物取引は投機のために利用されることは周知であろう。

「炭素取引の父」R・サンダー

　また、シカゴの先物取引の理論的背景には、「シカゴ学派」と呼ばれる、ミルトン・フリードマン（Milton Friedman, 1912－2006）を筆頭とした、シカゴ大学を中心とする自由主義経済学の影響が顕著である。シカゴ学派の基本的な考え方は、市場メカニズムこそが正しいのであり、政府や当局は市場の自由な働きに関与するべきではない、というものである。

実際に、ポーランド系ユダヤ人であり、ナチスから逃れてアメリカに亡命して金融先物市場を創設した、シカゴ・マーカンタイル取引所のレオ・メラメドは自伝のなかでフリードマンに変動相場制についてアドバイスを求めている記述がある（『エスケープ・トゥ・ザ・フューチャーズ』下巻、P２４９）。先物取引と、自由主義経済学とは相性が良いのである。

この、「先物取引」である「取引可能な排出権」の考え方が、政府当局が直接規制する「環境基準」や「排出税」と異なるところは、それが市場メカニズムを導入していることである。これが問題である。これまでに環境問題の経済学をみてきたが、公害をはじめとする環境問題とは、要するに市場メカニズムの枠外にある「外部性」によって引き起こされたものである。つまり、市場メカニズムでは解決できない問題こそが環境問題であったのである。しかし、「排出権取引」では再び問題解決の手段として市場メカニズムを導入しているのだ。これは論理的におかしい。

もちろん、経済学者たちは市場メカニズムを前提として考えるから、「取引可能な排出権」こそが合理的かつ効率的な方法であると確信している。また、彼らが提示する理論モデルは文句のつけようがない精巧なものである。これでは反論するのは難しいと思っても仕方がない。

しかし、ここで専門家に騙されてはいけない。私たちのような門外漢が専門家に勝つには、単純な基本原理のみを主張することである。ここでは、排出権の複雑な仕組みを私たちが理解する必要はない。ただ、「市場メカニズムでは解決できない問題こそが環境問題であり、市場メカニズムによる排出権取引は矛盾している」と主張するだけで十分なのである。

海外の情報を〝翻訳する〟ことが主な仕事である日本の経済学者たちは、だから判断を誤るのである。たとえば、日本で環境問題の経済学といえば、神戸大学の天野明弘《あまのあきひろ》などが代表であろう。天野はその著書『地球温暖化の経済学』のなかで、排出権取引を勧めている。比較的最近出版された、日引聡《ひびきあきら》と有村俊英《ありむらとしひで》による『入門　環境経済学』もまた留保つきながら排出権取引を勧めている。筆者が調べたなかでは唯一、宇沢弘文《うざわひろふみ》編著『地球温暖化の経済分析』のみが、曖昧な書き方ながらも「排出税」に軍配を上げている。

トム・ラヴジョイと「自然と債務のスワップ」

二酸化炭素の「排出権取引」については、いまやほぼ全ての経済学者が同意していると言っても過言ではない。シカゴ大学に代表される自由主義経済学はもちろんだが、通常は行き過ぎた市場主義に反対するはずのリベラル派の経済学者もまた「排出権取引」には賛成している。先に引用したポール・クルーグマンはプリンストン大学教授であり、『ニューヨーク・タイムズ』紙のコラムニストを務める典型的なリベラル派である。また、クリントン政権で経済担当スタッフとなり世界銀行の副総裁を務めたジョセフ・スティグリッツもリベラル派であるが、同様に「排出権取引」には賛成している。『スティグリッツ教授の経済教室』においてスティグリッツは、南側諸国が熱帯雨林や森林を保護するかわりに、それに見合った経済的恩恵を受けるべきだと主張している。この主張は、具体的にはトム・ラヴジョイの「自然と債務のスワップ」の考え方である。

トム・ラヴジョイ（Dr. Tom Lovejoy）は熱帯雨林を研究する生物学者であり、スミソニアン研究所や、世界銀行、国連といった機関で環境アドバイザーを務めた。現在はハインツ財団の環境政策機関に所属している。「自然と債務のスワップ」とは、発展途上国が環境破壊地域を保護する協定に調印することにより、途上国は先進国からの債務を免責されるという仕組みである。『地球の掟』のなかでアル・ゴアは、この考え方を「最近一〇年間に提案された中で最も理想的な開発のアイデア」（P381）と賞賛している。しかし、この「自然と債務のスワップ」もまた、排出権を「クレジット」として金銭に換算して、取り引きできるような仕組みである点ではまったく同じなのである。このように、「排出権」の考え方は際限なく拡大される傾向があることが見てとれるのである。

「自然と債務のスワップ」ラヴジョイ

コースの定理

「市場メカニズムでは解決できない問題こそが環境問題であり、市場メカニズムによる排出権取引は矛盾している」と本稿の筆者のように反論した場合、世の経済学者は「取引可能な排出権」が優れている論拠として「コースの定理 Coase Theorem」を持ち出してくることになっている。「コースの定理」とは、これまたシカゴ大学教授を務め、一九九一年にノーベル経済学賞を受賞したロナルド・コース（Ronald H. Coase, 1910－）による理論である。この定理により、民間部門は、政府の介入がなくても外部性の問題を解決できる根拠が与えられたのである。

コースの理論は、要するに「取引費用」（transaction costs, トランザクション・コスト）の理論である。市場が成立して人びとが取引を行うとき、そこには費用がかかる。費用が取引による利益より低ければ取引を行うし、そうでなければ取引しない。このように、「取引費用」を中心にして、企業理論や組織理論を組み立てたのがコースの業績である。「排出権取引」についていえば、取引がうまくいくかどうかは「取引費用」次第ということになる。

「市場原理主義」批判

ここまで見てきて、ようやく「排出権取引」の正体が分かってきただろう。温暖化問題における二酸化炭素の「排出権取引」とは、全地球的（グローバル）な規模の二酸化炭素という商品先物市場の創設ということを意味するのである。なぜならば、ある国で排出された二酸化炭素はその国だけでは完結せず、他の全ての国に影響するからである。なんと手の込んだ、よく出来た理屈であろう。

それを理論的に擁護する、御用経済学者たちの主張の根拠は明らかだ。あい変わらずの、ゆき過ぎた「市場原理主義」である。「市場原理主義」とは、政府や当局は民間の市場には口出しをせず、自由放任（レッセフェール laissez-faire）にまかせるというものである。日本では郵政民営化に代表される、小泉政権下（二〇〇一－〇六年）での各種政策が「市場原理主義」に則った政策だといわれている。もっとはっきりいえば、金持ち優遇政策のことである。

たとえば「民営化」ひとつを取っても、これは英語ではプライヴァタイゼーション（privatization）

であり、正確に翻訳すれば「私有化」なのである。郵政事業のような、昨日まで国家が運営していた組織が、突然少数の資本家によって私有されるということである。「私有化」の問題点は、それが一般市民からのコントロールが不可能になるということである。公共事業ならば、国民はその事業の内容について、政治家を通じたコントロールが可能となるが、民営化されたあとは個人の「私有物」あるいは「所有物」となるので、一般市民からのコントロールが不可能になる。

また、市場メカニズムの導入についても、たいていの場合は「市場の失敗」となることも指摘されていない。たとえば、労働法の規制を一部撤廃することによる、労働力の流動化は市場メカニズムの導入という観点からは良いことである。しかし、実際に起こったことはといえば、正規社員が減少して、派遣社員ばかりが増えて雇用が流動化して社会が不安定となった。また新卒の社会人、とくに学歴が低い場合は、一度も正規社員となる機会を得ない状態が長期にわたって続くという事態である。その実態はジャーナリスト斎藤貴男《さいとうたかお》による『機会不平等』に詳しい。

以上のことから、紙の上では正しい市場メカニズムに基づいた「排出権取引」は、実際にはうまく機能しない可能性が高い。単純に考えても、コースの定理に謳《うた》われた「取引費用」が、ゼロになるわけはない。さまざまな証券会社や投資銀行、信託会社がすでに市場に参入し始めている。彼らの懐《ふところ》に入る手数料だけでも馬鹿にならない。それでも、全体の取引のなかでは見合う費用であったら機能すると思うかもしれない。しかしながら、すでに各国政府が、削減目標をなかば「強制」されているに等しい状況では、そもそも「自由な市場」という前提条件自体が崩れているのだ。『「温暖化」がカネになる』という本の著者、北村慶《きたむらけい》が指摘していることだが、日本が排出権を購入せざるを得ない状況であることを見越して相場はすでに動いているのであり、それは自由な取引のできる市場ではなくなっている。

一番起こり得る事態としては、各国政府および企業は、この有効性もあやしい二酸化炭素削減のために大量のカネを払い続け、そこに群がる排出権を売買する金融機関が潤うという構図であろう。企業のなかでも、金融機関から優先的に情報が流れる企業にとっては利益となるだろう。何のことはない、いま現在行われているマネー・ゲームをあいも変わらず繰り返すのである。

排出権についての「市場の失敗」については、後にもう一度みることにする。

ナイトの不確実性

ミルトン・フリードマンに代表される「シカゴ学派」の最大の理論的批判者が、ほかでもない「シカゴ学派」の創始者であるのは興味深い。その経済学者とは、フリードマンよりも一世代前から活躍していた、フランク・ナイト（Frank H. Knight, 1885 - 1972）である。

フランク・ナイトは主著『リスク・不確実性および利潤』（*Risk, Uncertainty and Profit*, 1921）のなかで、「不確実性」と「リスク」とを区別した。リスクはたとえば保険の利率のように予測でき計算可能であるのに対し、不確実性はそもそも予測がつかず当然計算もできない。しかし、だからこそ「利潤」は「不確実性」から生まれるのだ、ということをナイトは主張した。

ナイトの主張を近年日本でとり上げたのは、経済史家である竹森俊平《たけもりしゅんぺい》の『１９９７年――世界を変えた金融危機』である。同書で竹森は、ナイトと議論した若きミルトン・フリードマンの姿をつたえている。フリードマンは、ナイトの「不確実性」と「リスク」の区別を理解しながらも拒否した。わけの分からない不気味な「不確実性」は、すべて合理的で計算可能な「リスク」に還元されるものであるとフリードマンは主張したのだ。これは、すべての将来を計算して値段をつける、先物取引の考え方である。ここで、「シカゴ学派」はその基本思想を大きく切り替えたのである。

この、ナイトとフリードマンの議論は、そのまま現在の地球温暖化の問題にあてはまるのである。根拠もあいまいな「不確実性」以外の何ものでもない地球の温暖化というものを、まるでかなりの高い確率で到来する「リスク」であると見なすのは、まさにフリードマンの先物取引の思想なのである。

F・ナイトの「不確実性」

地球温暖化の危機をあおる、昨今のマスコミ報道で利益を得るのは誰か。それは、先物市場を動かす金融関係者にとって都合が良いのである。彼らにとっては、「リスク」はより具体的に、より多くの人に影響が出るような仕方で報道される方が良いのである。ゴア元副大統領による「地球温暖化キャンペーン」およびそれに続くノーベル賞受賞は、メディアによる最大のキャンペーン効果をあげたはずである。

しかし、実は彼らは地球温暖化という、本来「不確実性」であるものから利益を得ているのである。つまり、フリードマンを総帥《そうすい》とする金融先物論者らは、利益は「不確実性」から生まれるという、ナイトの理論が正しいことを逆説的に実証してしまっているのである。

排出権取引の失敗事例

「排出権取引」においては、アメリカでの成功事例ばかりが喧伝されている。しかし、これらも巧みなメディア操作なのであって、実際はそうした成功事例ばかりではない。南北問題を研究する環境ＮＧＯ（民間機関）のラリー・ローマン（Larry Lohmann）による『炭素取引 *Carbon Trading*』（未邦訳）という著作では、「排出権取引」はむしろ逆効果であると論じている。以下に同書にしたがって、その内容を見ていこう。

ラリー・ローマンが始めに指摘するのは、「財産権」の問題である。すべての取引のためには財産権が設定されなければならないが、排出権の取引ではそもそもこの「財産権」の設定が問題であるという。

現状では、アメリカの排出権取引や京都議定書、ＥＵ排出権取引システム、いずれも排出権という財産権を、割当量（アラウアンス allowance）というかたちで、北側諸国の大規模な汚染者である大企業に、アメリカの二酸化硫黄（SO_2）排出取引の例でいえばイリノイ電力会社やコモンウエルス・エジソン社などに対して、無料で与えている。それらは「仮の」「一時的な」措置であると主張されているが、歴史的に、あらゆる一時的な権利は、結局は恒久的な権利となるのである。反対に、南側諸国には何も与えられていない。これは著しく不公平である。

こうした政治的な権利の分配は、補助金のばらまきである「ポークバレル」と同じであり、実際の汚染物質排出には結びつかない。一例を挙げると、アメリカの南海岸空気浄化管理地域（SCAQMD）という行政機関は三七〇もの汚染排出企業に、排出量が最大の時に計算した割り当てを設定したために、排出削減にはまったく結びつかなかった。

ラリー・ローマンはまた、排出権取引によって、温暖化対策に必要な社会的、技術的な変化がかえって遅れてしまうことを論じている。たとえばA国とB国で二酸化炭素排出を削減しようとする場合、両国では本来その減らし方には差があるはずだ。経済的には両者にとっての排出量は同じであるというかもしれない。しかし、アプローチの違いにより、たとえばB国では太陽光利用による、化石燃料を使用しない方向への技術や社会的変化が進むかもしれない。排出権取引では、こうした多様な考え方を一元化してしまい、社会的、技術的な変化を結果として遅らせてしまう。

その根拠は、技術の固定化（locked-in）である。たとえば、コンピュータのキーボードが左上からQ・W・E・R・T・Yと並んでいるのは、初期のタイプライターの構造上の理由から、タイプ速度を遅くしようとしたからだ。現在のコンピュータはもちろんそんなことはないが、みな依然としておなじ配列のキーボードを使っている。一般的にテクノロジーはひとつの方向に固定されやすく、多様な選択肢を縮めてしまう可能性が高い。

あまり知られていないが、自動車産業の黎明期《れいめいき》には、電気自動車とガソリン自動車がともに技術開発されていた。しかし、その後主流となったのはガソリン自動車であり、電気自動車は昨今にいたって「新技術」として再び登場した。

また、経済史家カール・ポラニーの「土地や労働力、水、薬などといった重要な物資は、完全には〝商品〟となることはできない」という考えを援用して、これが炭素量取引にも該当すると論を進めている。人間社会にとって、本当に重要なものを商品として市場にゆだねてしまうと社会は存立できない。そのために、歴史的にどの社会もそうした重要物資の商品化に対しては規制など何らかの制限を設けている。地球上のいかなる場所で排出しても地球的には同じ、とは必ずしもいえないのである。

ビョルン・ロンボルグによる温暖化コスト批判

行き過ぎた市場主義やアメリカの政策については、前掲のラリー・ローマンやさがら邦夫のような環境左翼の立場からの批判がある。しかし、環境左翼は地球温暖化問題そのものについては素朴な信奉者であり、炭素量の削減は何としても実現しなければならない問題であると認識している。この点についていては、環境問題をビジネスに生かそうとする金融業者たちと同じである。

それに対して、温暖化そのものを疑うのが、前出の日本では武田邦彦や、池田清彦《いけだきよひこ》といった論者たちである。彼らはおもに大学で科学を職業とする学者であり、科学的立場からの批判を展開している。そこでは、温暖化がはたして事実であるのかどうかが最大の関心となる。

本稿では、温暖化が事実であるかどうかについては言及しない。事実かどうかはもはや二次的な問題であると考えるからである。経済学者のなかでも、温暖化が事実であるかどうかはとりあえず置いて、対策をしない場合に比べて対策をした場合が純粋に割りに合うのかどうか、つまり費用対効果を問題にした学者がいる。それがビョルン・ロンボルグ（Bjørn Lomborg）というデンマークの統計学者である。

ビョルン・ロンボルグは、みずからを「グリーンピース支持」とする環境左翼の立場であったが、地球環境についての批判的記事を読み、それに反論しようとしてデータを集めたところ、自らの考えが間違っていたことに気づき、『懐疑的な環境主義者』（*The Skeptical Environmentalist*, 邦訳『環境危機をあおってはいけない』）という本を書いてベストセラーとなった。

ロンボルグによれば、何の対策もせずにこのまま温暖化が進んだとして、気候変化によるコストは〝たったの〟五兆ドル（五〇〇兆円）であるという。なぜ〝たった〟なのかというと、京都議定書を遵守して炭素排出量を削減した場合、そのために本来得られたであろう生産量が失われることになり、その代償（機会損失という）はなんと一〇七兆ドル（一京円！）にものぼるという。

さらに、そもそも京都議定書を遵守して、排出量取引を市場に委ねて効率化したとしても、二一〇〇年で〇・一五度くらい温暖化を遅らせることができるだけであり、気候に与える影響はほとんど無いという。

このように、費用対効果から温暖化問題をとらえれば、明らかに地球の温暖化対策などは無駄なのである。しかし、各国政府が揃って温暖化対策を打ち出したのは「政治的判断」からであるとロンボルグは断じている。

『懐疑的な環境主義者』B・ロンボルグ

炭素クレジットの「信用創造」による二酸化炭素バブル

そうなると、この地球温暖化の問題とはすべてが「政治的判断」ということになる。ラリー・ローマンが指摘するように、各国政府による「裁量」が大きく、各国政府によって「削減目標」や「割り当て」が各企業に対して決められているのもむしろ当然のことなのである。

実はこれは、銀行による、企業に対する資金貸出と同じ構造なのであり、銀行による貨幣量（マネー）のコントロールと同じなのである。銀行は「信用創造」といって、手持ちの資金の何倍もの資金を恣意《しい》的に貸し出すことができるが、同様に、政府は各企業に対してもともとはタダであった排出量に対して信用を、まさに「クレジット」として貸与するのである。

この、政府から一方的に「割り当て」を行うということに注意しなければならない。これは、経済学的には「情報の非対称性」と呼ばれる現象である。

割り当てを行う際には、表向きには各企業の排出量実績をもとに考課が行われることになるはずだが、その数値が正確なものであるのかどうか、また割り当てられる数値が適切なものかどうかは明らかではない。ひとつひとつの企業を調べ上げるのも現実的ではない。そうすると、決定権を持つ側の「裁量」が大きくものを言うことになる。これは、銀行が企業に対して行う貸出を思い浮かべれば分かるだろう。銀行は会社の財務状況を調べたうえで貸出額を決定するが、そこにはどうしても「裁量」の余地が入ってくるのである。

つまり、政府はクレジットの設定を小さくすることで、企業に対して「貸し渋り」と同じように企業活動を妨害することも可能になるのであり、逆に、クレジットの設定を大きくすることで企業に利益を与えることができるのである。これなどは、まさに実体のないところからマネーを創造するので、「バブル」と言えるだろう。

今後、二酸化炭素の価値がさらに高騰し、経済に大きく影響するようになれば、「政府によるコントロール」はますます致命的な意味をもつことになるだろう。地球環境保護の美名のもとで、政府が「環境」によって経済をコントロールするようになるのである。

いずれにせよ、いままでは無料であった二酸化炭素に対して値が付くのであるから、割当量やクレジットといった形で「マネー」の総量が増えていることには変わりがない。この新しい、新種のマネーは世界中の通貨よりも地球的（グローバル）な普遍的な価値を持つマネーである。交換できることがマネーの本質であるから、ある論者が述べているように「CO_2本位制」が成立することになるかもしれない。

これからの世界——身分固定の低成長経済へ

この「CO_2本位制」のもとでの世界はどのような世界か。CO_2はこれ以上増やしてはいけないことになっているので、エネルギー消費と比例した高度成長経済はもはや世界に存在することはできない。世界全体で低成長の経済基調となるだろう。

そしてさらに重要なのが、炭素排出量の各国への「割り当て」による、経済成長の制限である。

つまり、現在の経済規模にあったそれぞれの国家、それぞれの企業が相応に炭素排出量を「クレジット」で受け取ることにより、現在の経済規模をそのまま維持するということである。なぜなら、新規参入者がいた場合に、排出できる炭素量はすでに決まっており増やすことができない以上、他の誰かから買わなければならない。それを売ることができるのは、すでにクレジットを取得している企業からのみとなる。要するに「既得権益」が拡大する世界なのである。

第二次大戦後の世界経済は、一貫して大量のエネルギー消費による高度経済成長を軸とした経済であった。その途中には、「エネルギー危機」のような今回のCO_2排出制限と似たような事態もあったが、その間も国家間および企業間の競争は自由とされていた。しかし、今後はすでにそれぞれの国家、それぞれの企業が排出量をクレジットとして事前に割り当てられることになるので、自由競争は既得権益に阻まれることになる。

つまり国家や企業が、現在のシェアを固定されることになるのである。「身分」の固定化といってよい。そうなると、この制度設計を推進しているのは誰かは明らかであろう。現在の「勝ち組」である国家や企業である。つまりCO_2排出制限とは、アメリカやEUによる、新興成長国であるロシアや中国の経済成長を抑止するための国家戦略なのである。

「CO_2本位制」を推進する彼らは、現在の体制を維持するため、そしてCO_2本位マネーの価値を引き続き保つために、あるいはこのマネーの価値をさらに高騰させるために、これからも地球環境の危機を、メディアを通じて煽りつづける必要があるのである。

［主要参考文献］

『地球の掟』アル・ゴア著／小杉隆訳／ダイヤモンド社／一九九二年
『ミクロ経済学』ポール・クルーグマン＋ロビン・ウェルス著／大山道弘ほか訳／東洋経済新報社／二〇〇七年（原著二〇〇六年）
『エスケープ・トゥ・ザ・フューチャーズ』レオ・メラメド著／可児滋訳／ときわ総合サービス／一九九七年（原著一九九六年）
『地球温暖化とアメリカの責任』さがら邦夫著／藤原書店／二〇〇二年
『地球温暖化の経済学』天野明弘著／日本経済新聞社／一九九七年
『環境問題の考え方』天野明弘著／関西学院大学出版会／二〇〇三年
『入門　環境経済学』日引聡＋有村俊英著／中公新書／二〇〇二年
『地球温暖化の経済分析』宇沢弘文編著／東京大学出版会／一九九三年
『機会不平等』斎藤貴男著／文春文庫／二〇〇四年
『１９９７年——世界を変えた金融危機』竹森俊平著／朝日新書／二〇〇七年
『*Carbon Trading*』Larry Lohmann／Dag Hammarskjold Foundation
『スティグリッツ教授の経済教室』ジョセフ・スティグリッツ著／藪下史郎監訳／ダイヤモンド社／二〇〇七年
『「温暖化」がカネになる』北村慶著／ＰＨＰ研究所／二〇〇七年
『環境危機をあおってはいけない』ビョルン・ロンボルグ著／山形浩生訳／文藝春秋／二〇〇三年

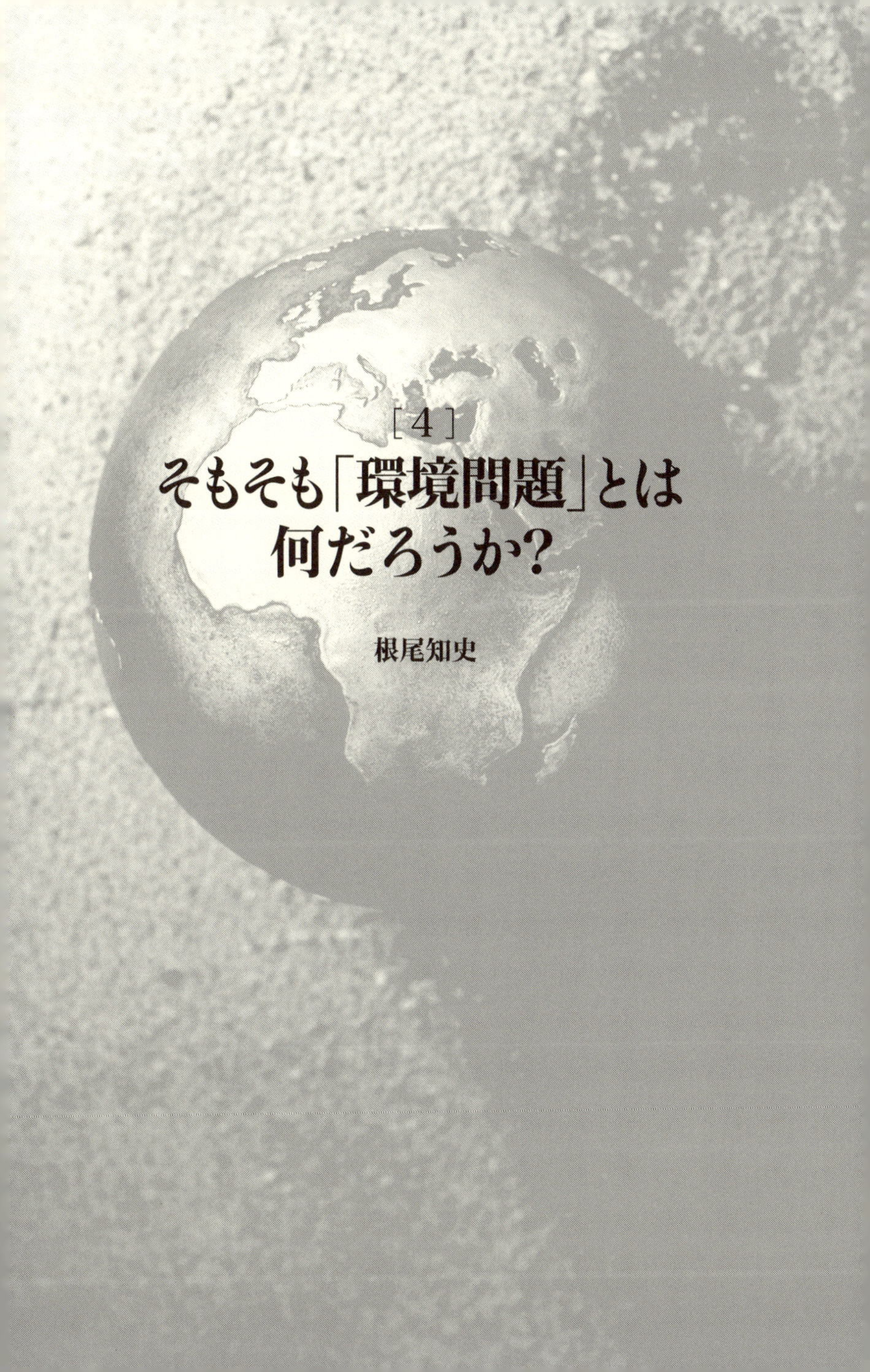

［4］

そもそも「環境問題」とは何だろうか?

根尾知史

誰もわかっていない「環境問題とは何か?」

「なぜ環境問題はウソがまかり通るのか?」――その答えは簡単である。このベストセラーの著者自身も答えていない問いに、ここで答えよう。それは、「誰も、環境問題とは何かを分かっていないから」である。

こう言うと、「いや、分かっているよ。人類による過剰な開発や大量のエネルギー消費で大気中の二酸化炭素が増えて、気候が温暖化している問題でしょ」と反論されるかもしれない。さらには、「地球温暖化で極地の氷が解けている。気温の上昇で砂漠化や海面の上昇が進んでいる。世界中で森林が破壊されている。工業施設の排水の垂れ流しで水質汚染は進み、中国からの排ガスや黄砂が日本の上空まで流れてきて大気を汚染している。乱開発で危機に瀕する生物種は後を絶たず、このままでは人類も滅びると言われている。その前に世界的な核戦争か、どこかの原子力発電所の大事故で放射能に汚染され、地球そのものが死滅してしまうともいわれている」などと、よく勉強している人たちは答えるかもしれない。

しかし、誰が言ったか、「分かる」とは「分ける」ことである。すなわち真の理解とは「学問(サイエンス science)」としてはっきりと証明できる客観的な事実(ファクツ facts)と理論(セオリー theory)を理解して分類し、その分野の思考の大きな枠組みを知ることである。

「環境問題」についても、この大枠が見えて初めて「分かった」というのだ。この最初の系統立てた理解が抜けたままで、環境にまつわる個々の事象や観測データ、自然に関する倫理や道徳を断片的に並べあげても、あるいは好き勝手な主張やイデオロギーを断片的に知っていても、それは、理解しているとは言わないのである。

この基本の理解が抜けたまま、メディアが垂れ流す情報をそのまま鵜呑《うの》みにするから、すぐに騙《だま》されるのである。「環境問題」の本質を分かっていないから、「ウソがまかり通る」のである。

それでは、世界中でどうしてこれほどまでに、「環境問題(environmental problem)」や「エコロジー(ecology)」などの「環境(保護)主義(エンヴァイラメンタリズム environmentalism)」が叫ばれているのか。それはひと言でいえば、環境問題があらゆる分野で取り上げられる「人類共通のテーマ」だからである。

環境問題は今に始まったことではない。人類が地球に登場したときから、人間は自分たちを取り囲む厳しい自然環境と闘ってきた。欧米では、自然環境と人間生活の対立は、長い歴史をかけた論争の的になり、現在も大きく議論が交わされ続けている。

まず「環境」とひと口に言っても幅広い。「環境問題」と言い換えたところで、変わらない。「公害(大気汚染、水質汚染、地質汚染)」「自然破壊(森林破壊からあらゆる自然景観の消失まで)」「希少動植物の絶滅」「人口の過剰増加」「天然資源の枯渇」「生態系(エコシステム)の崩壊」、そして「異常気象・地球温暖化」から「食糧危機」まで、すべてが「環境問題」である。

これだけ幅広いテーマを、「環境問題」とか「エコロジー」というひとくくりにして、生物学者から始まって、人類学者、哲学者、宗教家、政治家、社会学者、経済学者、考古学者や歴史家、そして、反グローバリズムの活動家からフェミニストや過激な動物愛護運動(アニマルライツ・ムーヴメント)や人権(ヒューマンライツ)保護団体、国連(UN)関連のあらゆる自然保護や人道的援助機構、そしてそこから派生する民間ＮＧＯ組織まで、さまざまな分野の人間がその主張や活動を展開している。

さらには、実際に環境破壊を起こしている元凶として常に非難の的となっている各国のグローバル企業も、「地球にやさしい」をキャッチフレーズに、何らかの形で「環境問題」に取り組んでいる姿勢を製品やサービスの中でアピールするようになった。

これだけ多くの立場から、それぞれの見解を主張しているのである。最近は「エコロジー」「エコ」という言葉をマスメディアで見かけない日がないほどだ。これは明らかに異常だ。一〇年前の「ダイオキシン」騒動を思い出させる。あるいは、昨今の石油価格高騰と食糧危機に関する報道は、二五年前の「オイルショック」とその後の「省エネ」ブームに重なってくる。

果たして「環境保護」イコール「エコロジー」だろうか

まずは最初に、この「エコ（eco）」という言葉を理解するべきである。これはギリシャ語の「オイコス（oikos）」からきていて、もとの意味は「家族、家庭、住処（すみか）」、つまり居住空間という意味だ。それについての学問（logy，ギリシャ語のロゴス logos）である。だから「エコロジー（ecology）」とは「生態学」と訳し、人間に限らず、生物とその生息地の「環境」との関係を研究する学問のことだ。

それが現在は、日本に限らず世界的に「エコロジー」は「環境を大切に考えること」というような意味で使われるようになった。ちなみに、地球をひとつの生命体とみなして「ガイア（Gaia）」

と呼ぶのもよく聞くが、これもギリシャ神話に出てくる「地球の神」の名前である。

古代ギリシャ医者のヒポクラテス（Hippokrats，紀元前四六〇頃－前三七五年頃）は、病気の原因が、食べ物や気候、職種（とくに銅鉱山の労働者）にあることを説明した。人類で最初に「エコロジー」を論じた学者と言われている。ギリシャの哲学者ピタゴラス（Pythagoras，紀元前五六〇頃－前四八〇年頃）は菜食主義（ベジタリアニズム vegetarianism）を指導していた。

同じくギリシャの哲学者プラトン（Plato，紀元前四二七－前三四七年頃）も、ギリシャの森林が激しく伐採され、川や海岸線が泥や岩で浸食されていく様子に警告を発していた。また、師匠の哲学者ソクラテス（Sokrates，紀元前四七〇－前三九九年頃）らの対談を記述した作品『ティマイオス』と『クリティアス』のなかでソクラテスによって語られている「失われた大陸・アトランティス（Atlantis）」の逸話も、津波、洪水、大地震、火山の大噴火など、自然の強大な力で発生した環境変動による災害で、その文明が瞬く間に消え去ってしまった事蹟を伝えるものだ。

繁栄しすぎた文明社会アトランティス王国の人間たちが、その威力で世界の覇権を狙い、自然をないがしろにした傲慢《ごうまん》な開発によって神（自然）の怒りに触れて自滅した、という警告のために語られたといわれる。

その昔、紀元前一三〇〇年頃に生まれた世界最古の宗教、ヒンズー教も、古代インダス文明が栄えたときに森林を開墾しすぎたため、森とともに繁栄を誇った文明も滅びたという歴史の事実を踏まえて、森林や動物を大切にすることをその重要な教義としていた。

他の宗教も必ず、自然の力と神とを結びつけ、自然を敬《うやま》い共生することを説いている。紀元前六〇〇－五〇〇年に仏陀《ブッダ》（釈迦《しゃか》の尊称）は、あらゆる生き物の命を尊ぶことを教え、肉食を禁ずる戒律を作った。イエス・キリストも菜食主義（ベジタリアニズム）を提唱し、動物を生贄《いけにえ》にする儀式に反対していた。人類の環境保護の訴えは、こうして宗教とともに素朴に始まったのだ。

世界最古のメソポタミア文明が生まれた現在のイラク周辺など中東地域は、今から六〇〇〇－七〇〇〇年前には豊かな森林地帯であったという。紀元前五〇〇〇年前後から人間による開墾と気候の変動で森林が少しずつ砂漠化し、豊かな文明を誇った人々は、北アフリカのエジプトや西アジアからインド方面への移住を余儀なくされた。だからそのときから、やはり同じように人間生活にとっての森林の重要性は、知恵のある者たちによって語り継がれ、神話や宗教の教えになっていった。

紀元前二七〇〇年頃にはすでに、メソポタミアの古代都市ウル（Ur）で、人類最初の「森林を保護する法律」が布告されていたそうだ。森林を切りつくして土地が砂漠化すると、その付近で栄えた文明も一緒に衰退し消滅するということを、この紀元前の数千年の間に、すでに人類は経験していたということである。

「環境問題」のもうひとつのテーマである「公害」も、古代ローマですでに大気や排水の汚染問題が記録されている。産業化されるはるか以前にも、人々は森林を燃やしたり、あらゆる職業の熟練工たちが炊き上げる煙による大気汚染や、排泄物や生ごみからの悪臭や下水の処理が、人口が密集する古代文明都市で大きな問題となっていたのだ。

古代ローマの歴史家では、プルターク（Plutarch, 46－120）の唱えた動物愛護や自然崇拝の哲学が、一八世紀のフランスの啓蒙期の思想家ジャン・ジャック・ルソー（Jean-Jacques Rousseau, 1712－1778）やロシアの小説家トルストイ（Lev Nikolaevich Tolstoi, 1879－1940）など著名な学者たちに、自然主義や菜食主義として継承されている。さらには、一九世紀アメリカの奴隷廃止論者（アボーリショニスト abolitionist）であるエマーソン（Ralph Waldo Emerson, 1803－1882）やソロー（Henry David Thoreau, 1817－1862）も、プルタークの菜食主義と自然主義的な思想から影響を受けている。

現代の私たちには、エイズや鳥インフルエンザのように発展途上国で、しかも人工的に作られたのではないかという噂が絶えない特殊な伝染病くらいしか実感として理解できないが、「疫病（プレイグ Plague）」も、ほんの一世紀前までは、世界各国で大きな「環境問題」であった。上下水道システムや衛生環境も整っていない中世（一四－一六世紀）のヨーロッパ諸都市では、ひとたびペストが流行すると、その地区の人口の三割から半分以上が死亡するというすさまじい時代だったのである。当時は、被差別民族であったユダヤ人が疫病の原因ではないかと言いがかりをつけられ、大量虐殺（ポグロム）される惨事も頻発した。

実際は、ヨーロッパ人のカトリック・キリスト教義勇軍である「十字軍」が、一〇九六年から二〇〇年間にわたって聖地エルサレムの奪還をめざす中東イスラム諸国に仕掛けた侵略戦争で、その遠征から帰還するときに、当時自国では免疫がなかった伝染病を自ら持ち帰ったのが大きな原因である。

中世に特徴的な「環境保護主義者（environmentalist）」の代表は、キリスト教のカトリック修道僧であった。中世イタリアはアッシジの聖フランチェスコ（Saint Francis of Assisi, 1182－1226）というカトリックのお坊様は熱心な動植物愛護者であった。彼のような、動物の虐待や肉食に反対するカトリック・キリスト教の宗教家たちが多かった。ここから、現在の欧米の環境活動家（environmental activist）やエコロジスト（ecologist）たちに、「ベジタリアン（vegetarian）」と呼ばれる菜食主義者が多いことも理解できるのである。単純に肉が嫌いだからとか、メタボを気にしてという理由だけではないのだ。

　したがって、環境保護主義者たちには動物にも生きる権利があるとする「人権（ヒューマン・ライツ human rights）」思想をさらに突き抜けた極端な左翼思想である「アニマル・ライツ（animal rights）」という政治理念を擁護する人が多い。だからもちろん、女性の権利を男性と同等の地位にと訴えるフェミニスト（feminist）たちにも、環境活動家やエコロジストが断然多い。

　環境保護主義者やその活動家とは、だから極端な動物愛護主義者でなおかつ菜食主義で、かつ女性であればフェミニストである、という人たちなのである。つまり、「エコロジー」という言葉を世界基準の政治思想で分類すると、反体制派（アンタイ・エスタブリッシュメント anti-establishment）であり極左翼（エクストリーム・レフティスト extream leftist）に位置づけられるのである。欧米の外国人に友人がいる方は、ぜひ質問してみたらいい。日本人と友達になるような外国人はリベラルな、より左寄りの人たちだろうから、案外エコロジストの人が多いのではないか。

　ちなみに、歴史上初めて「動物の権利（アニマル・ライツ）」の主張が登場するのは一六世紀のフランスである。バートロミュー・チャズネー（Bartholomew Chassenee）というフランス人が、捕らわれたネズミが裁判を受ける権利を擁護したという記録が残っているそうである。

本当は恐ろしい「エコロジー（生態学）」という学問

『*Guns, Germs, and Steel*（銃・病原菌・鉄）』（邦訳：草思社、二〇〇〇年）というタイトルのベストセラーがある。カリフォルニア大学ロサンゼルス校医学部教授ジャレド・ダイアモンド（Jared Diamond）という生物学者（biologist）、人間生理学者（human physiologist）の著作だ。ダイアモンド博士は、大航海時代に植民地を求めて侵略した未開の地で、西洋人と原住民とが遭遇する様子を描いている。

近代文明を知らない未開の地の人間には、西洋人によってもたらされたあらゆる近代技術の利器が、神の力に依るものに感じられた。大航海時代の当時は、銃などの近代的な武器装備やその他のあらゆる鉄製品が、近代産業化以降の文明を知らない現地住民には珍しく、また、恐怖の対象であった。さらには、西洋人には免疫があっても、現地の民族たちにはなかった病原菌がヨーロッパからもたらされて、植民地の多くの原住民は死滅させられた。そこへ大量の黒人奴隷をアフリカから連れ込んで、植民地経営を行ったのだ。

こうして、進んだ技術（テクノロジー）と大きな人口をかかえる巨大都市生活、組織化された労働力という文明化された社会だけが持つ近代国家の力は、同じ時代の地球上でも人種・民族間の不平等、格差を世界的に広げていった。

文明の格差（不平等）はどこから生まれたのか。この疑問の答えを見つけるのは、人文学の一分野である歴史家（historian）の仕事ではなく、あくまでも科学者（サイエンティスト scientist）によって、科学的証拠や理論に基づいて研究されるべきなのである。人類の生態を文学的で主観的な歴史の物語としてではなく、科学的（scientific）で客観的な研究対象とする学問領域こそが

『銃・病原菌・鉄』J・ダイアモンド

「生態学（エコロジー ecology）」である。

大航海時代のヨーロッパ列強各国が、植民地を経営した際に現地の森林や土地、天然資源をすぐに枯渇させてしまったことへの反省から、自然と上手に共生している現地人たちの「生態（Eco エコ）」を、より正確に捉えて、理解するための学問という側面もある。公害の垂れ流しや環境破壊は、結局は自分たちの植民地経営の効率や成果を妨げる、そのことに気づいたのである。

前述のダイアモンド氏も主張するとおり、文明の格差は民族の「生産性（product vity）」の差にもとづく。古代文明が生まれる以前の人類は、獲物を求めて移動を余儀なくされる狩猟生活を送っていた。食料の確保も偶然の要素が大きく、最低限の量の食料しか確保できなかったため、人口も食料のまかなえる範囲までしか増加することはなかった。

そのうち、天然の穀物類を自分たちで栽培することを試みるようになったときから、狩猟による移動生活をやめ、民族が一カ所に集まって生活できるようになった。村や集落を作って一カ所に定住して暮らすことができるようになったのは、農業の技術を身につけて、自分たちの食料を自分たちの「居住空間（eco, エコ）」のなかで、自らの力で育てるという能力を獲得したからである。

人類で最古の農耕跡は、中東のレバント（Levant）といわれる地域（レバノン、イスラエル、シリア、ヨルダンまでを囲んだ領域）にあり、紀元前九〇五〇年頃のものだといわれている。つまり、このときが人間が初めて自然環境に働きかけ、自らの知恵でその自然の状態を、自分たちの食料を育てるために人工的に手を加えた瞬間だったのである。だから「環境問題」を考えるならば、ここまでさかのぼるべきである。

ちなみに、エコロジストというと「生態学者」のことであるが、今は「環境保護論者」という意味としても使われるようになった。この生態学者（ecologist）と生物学者（biologist）、生理学者（Physiologist）との関係も把握するべきである。生物学（biology）は、人類学（anthropology）と出会って、現在の生態学（エコロジー）になったはずである。

人類学（アンスロポロジー anthropology）とは、近代化された欧米の帝国列強（パワーズ powers）が、世界中に領土を拡大する覇権争いのなかで、大航海時代に侵略した植民地の原住民の生態（＝eco エコ！）をできるだけ科学的に観察し、分析して、原住民の社会や文化を丸裸にする目的で始められた学問である。できるだけ効率的に現地人を配下に取り込んで、管理、統治するために、民族の生態（エコ）を観察、分析する学問だったのである。

これに、現代のバイオ・エンジニアリング（bioengineering）の驚異的な成果が加わって、「エコロジー（ecology）」という人間や動物の生態環境を科学的に分析する学問へと至ったのだ。もちろん、異民族を観察・保護するなどという生易《なまやさ》しいものではない。敵を民族ごと、一国の国民をまるごと効率的・効果的に征圧し、洗脳し、管理下におくという軍事的な目的が、この学問領域の急速な発展の理由である。

これは、他のあらゆる学問領域や最先端のテクノロジーが政府による手厚い保護と開発支援、指導を受けて急成長を遂げるのとまったく同じ構造である。「学問、科学は政治権力に従属する」という冷酷な歴史の真実を、つねに念頭におくべきだ。

文明、文化的に優位な位置にある人種（西洋白人）が、他のより素朴な昔ながらの前近代（プレ・モダン pre-modern）の生活を送っている民族を、上から見下ろすように観察して、その生活実態や社会構造を大人が子供を見るようにして把握し、巧みに管理、統治して隷属《れいぞく》させる。そのテクニックを研究する学問が「人類学」であり「生態学（エコロジー）」なのだ。

これは、心理学（サイコロジー psychology）の分野ではB・F・スキナー（B.F.Skinner, 1904－1990）による行動分析理論で、人間の意識的、無意識の行動が起きるメカニズムを研究する学問である「行動主義哲学（ビヘイビアリズム behaviorism）」という分野と同じ恐ろしさがある。人間の行動を科学の力でコントロールしようという学問だ。

これらは、社会学（ソシオロジー sociology）ではタルコット・パーソンズ（Talcott Persons, 1902－1979）らの人間の行為と社会構造の関係を研究する理論とあいまって、「社会工学（ソシアル・エンジニアリング social engineering）」という学問領域を構成する。個人の行動だけでなく、ある民族の社会全体や文化までも強制的に変えてしまおうという恐ろしいサイエンスである。

さらに、社会を一つの構造（システム）としてとらえて、そこに複数の構成要素となる変数を入力することで、そのシステムの機能をシミュレーションして予測するという物理学（フィジックス physics）の「システム・ダイナミクス（system dynamics）」という力学（dynamics）理論が加えられた。これを応用したのが、地球そのものを一つのシステムとしてとらえて、その環境や機能の成長から衰退までを予測しようとする「地球システム」という考え方だ。

これがなぜ恐ろしいのかというと、文明的・文化的に進んだ国（欧米列強）が、未開発または発展途上にある世界の各地域の植民地をより効率的に管理するために、そこに住む原住民（ネイティヴ native）たちを、自分たち西洋人と同じ生活や文化のレベルに上から文明化（シビライゼイション civilization）してしまおうという社会外科手術の学問領域だからである。それを「心理学」や「社会学」などの社会科学（ソシアル・サイエンス social science）の領域の見地から「生態学」や

「物理学」のより合理的な分析と研究方法まで応用して観察し、民族の社会全体まで変えてしまおうという試みが「社会工学（ソシアル・エンジニアリング）」なのである。

環境問題が「生活・宗教」から「政治・経済」の問題に変わった瞬間

現在「環境問題」として取り上げられている事象には「食糧問題」もある。食糧問題にも二通りの見方がある。ひとつは、金融市場の不安やインフレなどによって、食物の価格が高騰して貧しい途上国の人々が日々の食料を確保できなくなるという、現在、世界の発展途上国で起こっている問題である。もうひとつは、食糧の生産そのものが人口の増加に追いつかず、食糧不足になるという、いわゆる「マルサス人口理論」と呼ばれる人口爆発の問題である。

イギリスの経済学者トマス・マルサス（Thomas Robert Malthus, 1766－1834）は、その主著『人口論』（一七九八年刊）で、地球上の人口の累積的増加によって世界の人類は食糧不足に見舞われいずれ滅びる、という主張を展開した。

同時代のイギリスの経済学者で「功利主義（utilitarianism）」を唱えて社会主義政策の先駆けとなる社会改革プログラムを提唱したジェレミー・ベンサム（Jeremy Bentham, 1748－1832）も、政府の規制を嫌う自由主義経済の古典派経済学の提唱者であったアダム・スミス（Adam Smith, 1723－1790）も、あくまでも社会はより良い方向へ進歩していくものであるという楽観的な前提に立っていた。マルサスは彼らの影響を受けながらも、急激な産業革命と近代資本主義の急速な拡大が、いずれ人口の急増を引き起こして行き詰まるという悲観的な論理展開で、当時の急速な産業化に警鐘を鳴らしたのであった。

確かに、マルサスが生まれた一七〇〇年代中盤から一八〇〇年代初めまでの半世紀の間に、イギリスの人口は六〇〇万人から九〇〇万人へと増加している。さらに言うと、一八〇〇年から一九〇〇年までの一〇〇年間で、イギリスの人口は九〇〇万から三三〇〇万にまで急増している。一七世紀以前までの中世では、疫病が都市を襲えば市民の半数もが一斉に死亡するなどの急激な人口減少もあり、決してこれほどの勢いで人口が増加を続けることはありえなかったのだ。

それが、産業革命が当時マルサスがいたイギリスで急速に拡大し、人々が急激に豊かになると人口も増加し、貧しく子沢山の労働者層がさらに人口増加を加速させていくだろうというのが、マルサスのような上流階級の学者たちの一般的な考え方であった。だから、このままどんどん豊かになってますます人口が増えてしまうと、地球上での居住場所も食糧も不足して共倒れになるという悲観的な将来予測へと導いたのだ。それほど、当時のイギリスの産業革命による目覚ましい近代化と人口増加がすごかったということである。

下層階級の出生数をコントロールして人口を抑制するというマルサスの主張は、後世の自然科学者チャールズ・ダーウィン（Charles Robert Darwin, 1809－1882）が提唱した、環境に適応できたものだけが生き残るという自然選択説にもとづいた「進化論」に強い影響を与えたと、ダーウィンが自ら書き残している。

もともと人類にとっての「環境問題」とは、自然の猛威である「疫病」や「飢饉」、「災害」との戦いの歴史であった。ところが、五〇〇〇年前のメソポタミアを始めとして、文明が起こるところには必ず人口の急増が起き、自然環境への急激な働きかけによる急速な経済の発展と開発が伴ったことも事実である。これが、自然や自分たちの住む集落や都市（住処＝エコ）に対して人間が自ら引き起こすほうの環境問題のことであり、「公害」や「自然破壊」、「大気・水質汚染」「土壌や天然資源の枯渇」などがある。

環境問題論争の本質を見抜くポイントは、人間の活動によって引き起こされた「人為的な環境破壊」なのか、それとも、自然の活動の周期や宇宙の大きな流れのなかで変動している「自然な変動」なのか、この点である。

人類は五〇〇〇年も前から、国（王国）や社会を形成して独自の文明を構築してきた。わずか五〇〇年ほど前に始まった近代（モダン modern）の産業化（インダストリアライゼイション industrialization）がもたらした自然（他の近代化されていない世界各国の原住民族たちも含めて）に対する人類（西洋人、白人）の圧倒的な優位さは、まだ始まったばかりの歴史の浅い世界の潮流である。この状況がこれからどのように変貌していくのか、まだまだ実験段階に過ぎない。

「社会学の泰斗」と呼ばれたマックス・ウェーバー（Max Weber, 1864－1920）が提唱したプロテスタント・キリスト教の「禁欲的労働」という宗教的な動機付けと、宗教革命以後のヨーロッパ内に生まれた信仰への新たな目覚めのエネルギーが産業革命を引き起こし、「近代資本主義」を創り上げたという主張は、間違いであると近年指摘されるようになった。

そうではなくて本当は、ユダヤ人が「保険」と「株式会社（共同出資制度）」という金融の「合理主義（レイシオ ratio）」の思想を合法的なシステムにする方法を考え出して、おおやけに共同出資を募ることと、金利を稼ぐことをキリスト教義に認めさせたことが要因である。これによって、より大きな資本を効率的に集めて、大きく事業を展開できる資本主義経済の仕組みが整えられた。

巨大資本の効率的な投入と、不確定要素にお金をかけるという「保険」や「投資」という合法的で大っぴらな利殖行為が可能になって「産業革命」が起きたのだ。そしてイギリスの各都市に設立された大きな製造工場が、もうもうと煙を上げて、すさまじい勢いで毛織物やその他の製品の大量生産を始めた。そのために、またたく間にロンドンの空は真っ黒に汚れていったのである。

これに対して、マルサスを始め、ベンサムやリカード、アダム・スミスからそのひと世代前のジャンジャック・ルソーやヒュームなどのヨーロッパ知識人（インテレクチュアルズ intellectuals）たちが、怒った市民を代弁して抗議の声を上げた。公害から人口爆発の恐怖までを論じ、「環境問題」が政治・経済政策として議会で論じられるテーマになっていった。「環境保護運動」の近代もここから始まったのである。

そして、この近代文明化（モダン・シビライゼイション modern civilization）」が、自らその是とする「合理主義（reason, リーズン、レイシオ）」思想をつきつめて暴走した結果として、公害や戦争や人間の凶暴化、サブプライム問題に見られる金融システムのコンピューター・カジノ化という現代の自己矛盾と崩壊を生み出す結果となった。つまり、本来の目的であった人間の「環境」をより住みやすいものにするはずの「近代化（モダナイゼイション modernization）」が、いつの間にか、最先端の産業技術と合理化を利用した生産システムや金融システム、企業やビジネスの合理化のために、人間が、近代産業と企業システムから反対に「奴隷化」されているという、息苦しいストレスばかりの現代社会が出現してしまったのである。

それで、現代の人類は、欧米も日本も他の国々も、このガチガチの合理主義のやり方やペースに引きずられていく状況が、この一世紀以上続いてきたのだ。だから、現代人たちは疲れ果ててしまっているのである。そこで、その反動として、「もういい。自然に帰ろう。自然が一番だ。環境保護（つまり、人間保護）するべきだ」と世界中が言い出したのだ。

商業行為（金貸し業や金利を受け取ること、利益優先の合目的事業）を認めたプロテスタンティズム・キリスト教やユダヤ人の「合理（ラチオ）」の思想から、同じキリスト教でもカトリックの「愛（アガペー）」の思想や、自然と神を同一視して自然を敬い、人間と自然との平和な共生を説く根源的な思想へと、人類の思考の流れが大きく動いたのである。こうして始まった世界の時代の「空気（ニューマ）」と「行動様式（エートス）」の大転換は、もう誰にも止められない。

この世界的な密かな合意の現れのひとつが、昨今の、意味もわからずに使っている「エコ」ブームなのだ。人類は、自然や環境を守る口実で、合理主義一辺倒の近代に疲れきった自分たちを守ろうとしているのだ。だから、これこそが本当の世界的な「ポスト・モダン（post-modern, 近代の後という意味）」化と言うべきなのである。

だから「環境主義」「エコロジー」は宗教である

確かに環境保護団体には、狂信的な反産業化、反近代化を掲げるものが多い。彼らは、人間が行う開発や産業化、工業化、技術革新などいわゆる生活の「近代化」というものが大嫌いな人たちなのだ。だから彼らのモットーは「昔の自然の生活に戻ろう」である。

いずれにしても、こうした環境保護主義について、まずその思想やイデオロギーの変遷や大きな対立軸、学問（サイエンス）としての分類までを含めて、世界中でどのように発展し、それぞれの流派や系譜を作りながらどのように世界に浸透してきたのか、この基本を、世界基準の学問知識として知るべきである。そうして初めて、自分は環境問題に対してどういう立場（思想的、または実際の活動として）を取るべきなのかを考えられる。マスメディアに洗脳されて「何となく良いことそうだから」という理由ではなくて、自分の頭でしっかりと考えて価値判断をした上で態度を決めていくべきなのである。

現実の実態がつかめていないのに、「観念（ideology, アイデオロジー、イデオロギー）」ばかりを振りかざして、それを守り抜くことだけに汲々とする左翼活動家、左翼知識人のような一派が、過激派の環境活動家のなかにはいる。そういった自覚がないまま、ただ純粋な「自然を守りたい」などというナイーブ（naive,「純真な」という意味ではない。「無邪気で物を知らない単純馬鹿」という意味だ）な気持ちだけで、環境保護の国際団体やＮＰＯのボランティア活動にのめりこんでいく若者も数多くいるだろう。

自分が責任を持って引き受ける「現実」がないのに、「自然のエコシステムを守れ」などという正義の「観念」「信仰」「価値観」ばかりを押し付けようとするから、人間の発展や産業や経済活動とその成長に伴なう開発に反対することしかできないのである。

その行く末は、政治勢力か企業団体からの支援を受けて、彼らの利益や活動目的にかなう政策ばかりを取り上げて、「環境破壊」を口実にひたすら反対運動を展開する、圧力団体になるばかりである。自分たちのなかに、反対するだけではなく、その代わりになる具体的な対案をしっかりと持っていないから、このようにいつの間にか流されて利用されるだけの集団になってしまうのだ。

あるいは、新興宗教的な宗教団体と化している環境団体もある。エコロジー思想のなかにも、いくつかの宗派（流派）がある。上記のように、「環境保護主義」や「エコロジー」という主張や考え方、価値観は、それに基づいて人々が日々の習慣や、経済活動から政治活動までも判断をする基準となるならば、それはもう「宗教」とも呼べるものにまでなる。

これは前出のマックス・ウェーバーが、「宗教」の定義を、人々の「行動様式（エトス Ethos)」としたことからも言えることである。もし、世界の中で一定の割合の人たちが、「環境問題」や「エコ」というものを日常的に意識するようになって、自分たちのあらゆる行動を決める判断基準のなかに、「これは、環境にやさしいかどうか」とか「この行動が自然を破壊することになりはしないか」などと考えて行動するようになったとき、それは、ウェーバーの社会学の理論から判断すると立派な「宗教」の域に達しているのである。

繰り返すが、もともとエコロジーとは「生態学」のことである。しかし現在の「エコロジー」＝「節約して二酸化炭素を出さない、地球にやさしい生活をしよう」という、ものすごく偏ったキャンペーンは、間違った強引な意識付けである。しかし今日、日本だけでなく世界中で、この「CO_2排出削減キャンペーン」はブームになっているようだ。

人が一日にクーラーを何時間つけていようが、車に何時間乗ろうが、冷蔵庫をあけっぱしにして何を食べようか考える時間が長すぎるだとか、そんなことどうだっていいではないか。こういうことを真剣に、学者のような人に、そうした生活習慣を正すよう国民に訥々《とつとつ》と説明させているNHKの番組を見た。一体誰が個人の生活の一挙手一投足にまでケチをつけるような、まさに国民の「奴隷化」か「機械化」のような国家指導を始めたのか。誰に、人がどこでどれだけの時間何をしなければならないかまでを監視して管理統制する権力があるのか。

日本国民は、自分たちの収入や資産などのお金を自由に遣ったり、銀行から引き出したり、他人に寄付したり、親族に相続したりということも、国が監視してそのたびごとに税金（お金を右から左に動かしただけで取られる通行税）を徴収されている。その上さらに、個々人の生活の仕方まで政府は難癖をつけて統率して、意味のわからない「環境税」まででっち上げて、私たちからむしり取って、国民を国家の奴隷、人間の顔をした家畜にでもしてしまおうというつもりなのだろう。そのための下準備として、「環境問題」で大変だから、自然を大切にして温暖化を防いで地球の未来を守ろうという、誰にも逆らえないような道徳的に聞こえの良いお題目《だいもく》を国民に浸透させて、それが当たり前の価値観として国民の潜在意思に定着するまで、メディアを誘導して何度でもくりかえし習慣づけるのだ。まさしく「洗脳」である。

この環境保護、自然保護の「正義（justice）」の理屈を言われると、ふにゃふにゃと腰砕けになって、催眠状態にかかったように、誰も何も言わなくなり、相手の言うことに逆らわずに素直に聞くようになるという習慣付け（コンディショニング conditioning）をするのだ。まるで、ベルを鳴らされると餌があるわけでもないのにだらだらと涎《よだれ》を流すようになる実験台の犬と同じことが、今私たちに施されているのだ。これはまさに前述の心理学者B・F・スキナーが提唱して、アメリカ政府が手厚く保護支援をして始まった「行動主義（ビヘイヴィアリズム）」心理学である。人間をコントロールするための学問（サイエンス）である。皆さん早く気づいてください！

そもそも「正義」という言葉の本当の意味も、日本人には実感を込めて理解されていないだろう。「正義」とは、「道徳的に正しいこと」などではない。いつの時代も「支配者（権力者）が正しいと決めること」なのだ。そしてもっと言うと、物事のつり合う「均衡点」というのが、「ジャスティス（正義）」の本来の意味なのである。

「エコロジー」「環境主義」は反合理主義、反グローバリズムの萌芽

環境保護主義という一つの哲学、政治思想、イデオロギー、かつ社会運動は、もともとその根底に左翼的な、つまり、「反体制（アンチ・エスタブリッシュメント anti-establishment）」、さらには「反グローバリズム（anti-globalization）」という基本の立ち位置がある政治思想なのだと書いた。

世界経済のグローバリズム化にあわせて、情報や政治政策のグローバリズム化も当たり前になった。しかしだからといって、各国の政府が、お金や商品や資源や情報の流れを、自由市場やグローバル企業の手にゆだねるいうことはありえない。

ノーベル賞経済学者ミルトン・フリードマン（Milton Freedman, 1912－2006）が世界に広めた新古典派（ネオ・クラシカル）経済学思想のように、経済活動を規制のない自由なグローバル市場で取引されるがままにしておけば、現実には何が起きるか。投資家や企業家たちの理性によって、最もバランスがとれた資源配分が地球規模で行われるなどというのは幻想だ。実際には、一握りの大企業による独占が起きるのである。だから「レッセフェール、干渉せずに市場の自由にさせろ」という考えは、理論としては素晴らしいが、現実の世界では通用しない。

いっぽうで、政府の権力が強化されすぎて、国民の経済活動から生活の仕方、お金の遣い方や、挙げ句の果てては寿命まで、政府によって厳しく管理・統制されてしまうのは、まさに、人間の奴隷化である。常にそのバランスの間で、国際的にも国内的にも、政府の政策が実施されているのだ。

現在の世界に普及している政治思想やイデオロギーの数々が、世界覇権国（帝国）であるアメリカを中心に作られたものである以上、その大きな思考の枠組みを崩すのは難しいだろう。しかし、そのアメリカの経済力が今まさに、その根底から崩れ始めている。そのために、アメリカ中心だった人類の思考回路も、これから少しずつ崩れていくのだ。これは、分かりやすい当たり前の真実だが、世界規模で大きくゆっくりと起こる動きなので、私たち一人ひとりの毎日の生活の中では、これといって変化を感じられないかもしれない。

アメリカには、一九世紀の終わりから二〇世紀初頭（一八九〇年頃〜一九二〇年頃）に「進歩・革新主義時代（プログレッシブ・エラ progressive era)」と呼ばれる時期があった。このときに、科学の力で世界を良くすることができるという強力な「進歩・革新的」な思想が、アメリカのあらゆる学問領域、社会自由主義的な政治政党や政策として大きな影響を与えて浸透した。ヨーロッパから大量の移民が流れ込んでいたこの時代には、当然、過剰な移民の流入に対するアメリカ市民からの反発も増加して、こうした新たな思想の広まりが、当時の社会的な空気までを大きく転換させたのである。

この「進歩・革新主義（プログレッシブ）思想」の根底には、いわゆるワスプ（WASP 白人＝アングロ・サクソン＝プロテスタント）至上主義があった。大部分がカトリックであったヨーロッパ移民を制限し、米国内でもワスプ以外のカトリック白人や有色人種の出産を制限して人口を抑制し、人種的に優れているワスプだけの社会を実現させようとする思想がある。一九世紀後半にイギリスで生まれた「優生学（ユージェニックス eugenics)」という恐ろしい社会哲学を受け継ぐ。これがナチスの民族浄化や、現代の遺伝子工学（ジェネティック・エンジニアリング genetic engineering）まで連綿とつらなるのだ。

そして、この二〇世紀最初の二〇年間は、それまで「個人の権利（インディヴィデュアル・ライツ Individual Rights）」と「所有権（プロパティー・ライツ property rights）」を中心にした自由市場経済、小さな政府による、社会や個人の自由、経済力主体的な政治・経済政策を標榜してきたアメリカ政府の政策が、政府主導による統制の強化と政府の計画による社会主義的、共産主義的な政策方針へと大きく転換した時期でもあった。

進歩主義の根底に流れるのは、優秀な白色人種による優れた近代社会を実現するために、「進歩的（プログレッシブ）」な政治家や学者、知識人、事業家が、政府主導による最先端の科学や技術の活用でより素晴らしい社会へと導いていくという思想である。「環境問題」について言うと、政府主導による「国立公園（ナショナル・パーク national parks）」の設立や「公共保健制度（public heath policy）」といった環境問題に対する政府政策に反映されたのだ。

この「進歩・革新主義」の政治家や学者には政治家には、セオドア・ルーズベルト（Theodore Roosevelt, 1858－1919）やウッドロー・ウイルソン（Woodrow Wilson, 1856－1924）など当時の歴代大統領から、学者では、ジョン・デューイ（John Dewey, 1859－1952）やアービング・フィッシャー（Irving Fisher, 1867－1947）、ウォルター・リップマン（Walter Lippmann, 1889－1974）、自然（保護）主義者（ナチュラリスト Naturalist）でアメリカで環境保護団体のさきがけとなり現在も高度な活動を続ける「シアラ・クラブ（Sierra Club）」を創設し、米ヨセミテ国立公園設立にも貢献したジョン・ミュール（John Muir, 1838-1914）などがいた。彼はもともとルーズベルト大統領の林務官（フォレスター forester）を勤めていた。

実業家では、アンドリュー・カーネギー（Andrew Carnegie, 1835-1919）、ヘンリー・フォード（Henry Ford, 1863－1947）、ジョン・ロックフェラーJr.（John D. Rockefeller, Jr., 1874－1960）などが挙げられる。

世界大戦が環境問題にあたえた影響

セオドア・ルーズベルト大統領は、森林や水源の保全のため、国有林や国営の野生動物保護区などを国家制度化したことで有名である。彼の愛称から来た「テディ・ベア」のぬいぐるみは、狩猟をしている彼が、若くてすぐに仕留められる小熊を撃つのを拒否したという逸話が、当時のワシントンポスト紙で大きく取り上げられ、国民の人気を博したことによるものである。政治家として環境・自然保護の国家的なイニシャチヴを取った先駆けであろう。

さらに、政府権力の強化と中央集権化による「集産主義（コレクティヴィズム collectivism）」の社会主義的な政策の実施へとつながって、セオドア・ルーズベルトの孫にあたるフランクリン・ルーズベルト（Franklin Delano Roosevelt, 1882－1945）大統領による国家総動員の経済復興政策、隠れ共産主義とも言われた「ニューディール政策」へと引き継がれていくのである。

一九〇五年には、米マサチューセッツ州政府が、天然痘の予防注射をすべての成人州民に義務付けようとしたことに対し、こうした国家権力と統制の強化に対してそれを拒否した市民が裁判を起こしている。そして裁判官は「政府は公共の利益（コモン・グッド common good）のためであれば、個人の自由（individual freedom）を制限する権利を保有する」という判断をくだしたのである。このときの判決がその後のアメリカ政府権力の強大化を示唆していたと言えるだろう。

「環境問題」を政治的に扱う際には、個人の自由や権利（individual freedom, individual rights）をどこまで制限するべきかが重要な論点になる。市民全体の生活環境という「公共の利益」のために「個人の権利」をどこまで抑制するべきか、ということで大いに議論になるのである。

とくに、それを政府が行うときに、その統制力があまりに強力になるとそれは国家管理体制の強化による国民の自由の剥奪《はくだつ》と締め付け、政府権力の肥大化という恐ろしい結果を生む。これが「全体主義（トータリタリアニズム totalitarianism）」である。そもそも国民の権利と自由を保護するためにつくられたはずの政府や法律が、国民の個人の自由や権利を奪い取ってしまうという本末転倒の事態が常に起こりうるのである。

数世紀におよぶ王権や政府権力との戦いで勝ち取った市民の「個人の権利（インディヴィデュアル・ライツ）」を、自然を守るために、環境を守るためにという口実で、そう簡単にまた政府の手に返上してよいものだろうか。民主主義政体（デモクラシー democracy）を生み出した欧米諸国では「環境問題」を語るときにつねに、このバランスが争点となるのである。

一九二〇年代からは、「環境問題」は政府主導でその対策が進められるようになっていく。これはアメリカに限らず、世界的に政府権力の拡大がおこった時期とも重なる。政府の経済計画にもとづいて国民と国家政策そのものも動かしていこうという社会主義、共産主義的な思想が、各国の政府政策に強力な影響力を持ち

セオドア・ルーズベルト大統領

始めた時代だ。第一次世界大戦、第二次世界大戦のはざまで、全体主義政策による強力な国家総動員体制が必要な時代であった。こうした時代背景があった上での「環境保護政策」なのである。

たとえばアメリカでは、連邦政府の水力発電計画のために河川の利用を規制する「水力法令」や、自然保護の名目で政府が管理する膨大な国有地内の「天然資源」を民間に開放するための「鉱物リース法令」などが一九二〇年に立て続けに制定されている。この時点から振り返ると、柔和な自然保護主義者ぶりを売りものにして国民の人気を博した「テディ」ルーズベルト大統領は、実は、北アメリカ大陸に眠る広大な天然資源と森林資源を「環境保全」を口実にして一挙に国有化し、政府の資産としてまんまとせしめた、したたかな戦略家であったことに気づくのである。

同時に一九二〇年代は、自動車のフォードやGM、鉄鋼のカーネギー、石油のスタンダードオイルのロックフェラーなど、一九世紀末に「金メッキ時代（ギルディド・エイジ Gilded Age）」と呼ばれるアメリカ産業勃興のバブル時代を創出した彼ら「ロバー・バロン（Robber Barons, 泥棒男爵）」たちが率いる大企業が、いずれもその生産量を急拡大させて、深刻な公害問題を引き起こしたり、過酷な労働環境によって労働災害を増加させた時期でもあった。

しかしこれらの大企業は、つねに米政府との協同をはかり、世界に向けたアメリカの経済力や軍事力の強化という国益とも強力に結びつくことで生き残りを図っていく。国民から環境破壊、公害への怒りの声が多数上がっていたにもかかわらず、政府は、公害を引き起こした企業活動への規制に抜け道を残して、その巨大独占化による事業の拡大を支援し続けたのである。

「環境問題」を政治的に利用した事例としては、ドイツ・ナチ（Nazi）政党がある。一九三〇年代当時、ドイツ国内で起こった環境保護主義運動が、ナチ政党の登場によってドイツ国民の「国家

（民族）主義（ナショナリズム nationalism）」高揚のために政治的に利用された。「血と国土と（Blood and Soil）」というスローガンを掲げて、ドイツ国民の大部分を占める農民たちへ、「産業化、近代化の浸透による経済的侵略に対抗して国土とその自然を守ろう」と呼びかけて、戦意高揚のプロパガンダに利用したのである。

その後、第二次世界大戦に突入した世界は、戦争という最大の環境破壊に巻き込まれていくことになる。

「沈黙の春」という新しい視点

世界大戦という人類による巨大な環境破壊活動は終焉《しゅうえん》したものの、ヨーロッパ各国や日本で復興が本格化する一九五〇年代には、今度は新たな「環境問題」の脅威が告知される。ひとつは、新たに始まった米ソの冷戦による核実験や核戦争の脅威と、この核燃料を石油に代わる代替エネルギーとして利用することを目指した原子力発電所の開発、その事故によって起こる放射能汚染の問題である。

もうひとつの恐怖は、レイチェル・カーソン（Rachel Louise Carson, 1907－1964）が『沈黙の春』（一九六二年）で訴えた、ＤＤＴという農薬（殺虫剤）が人体や、さらには地球の生態系（エコシステム）に与える悪影響である。

この書籍が世界的なベストセラーになった六〇年代に初めて、人類は地球の自然環境全体をひとつの大きなシステムとして眺める「エコロジー（生態学）」の視点に気づかされたのである。それまでは「環境問題」といえば、自分たちが暮らす生活圏や自分たちが飲む水、そして、人々の生活環境にもたらされた公害が個人の生活に直接の害を与えたり、身体に病気をもたらしたりというときに、それを「環境問題」と呼んだのである。つまり、レイチェル・カーソンの『沈黙の春』が、その後の「環境問題」に対する世界の定義を大きく変えたのだ。これが、何者かによって、大きく仕組まれていたものであるかどうかは分からない。

『沈黙の春』を手にするカーソン女史

カーソン女史の語り口は非常に冷静で、DDTという毒性が高く人体への悪影響も心配される化学物質を含む殺虫剤が当時どのように使用され、どのような実害を引き起こしていたかを書き綴っている。彼女は動物学（zoology）や遺伝学（genetics）を専攻し、商務省や内務省に一六年間勤め、主に海洋、野生生物の研究部署に従事してきた。

同じアメリカ政府の農務省が、モンサント（Monsanto）社などの大手農業メーカー（農薬と種苗で大きく成長した企業）が開発した殺虫剤DDTを、当時、米国内の農家に推奨してさんざん売りつけて、それによって人体への悪影響が騒がれ始めたときの著作である。『沈黙の春』は、著者のカーソン女史が政府の役人だったにもかかわらず、米政府が大手企業の利益を優先する態度に、静かに批判を投げかけている良書である。

『沈黙の春』には、反文明化、反近代化、反資本主義などの偏った左翼的イデオロギーはない。人間など地球の生態系から消えてなくなるべきだという過激な自然保護思想や、人類は自然破壊によって滅びるから現代の科学的進歩の成果を否定して原始的な生活に戻れという「終末論」的な暗さもない。私はカーソン女史が一九六二年の時点でこの書籍を書いた意味は大きいと思う。

そもそも戦後の「環境保護主義」の特徴のひとつは、政府や企業によって隠されてきた、あらゆる科学技術の「人体への悪影響」の真実を大衆に知らせ、そうした政府権力や大企業などの体制（エスタブリッシュメント）側から国民に対して密かに行われてきた見えない公害や環境破壊という、組織的な犯罪行為とその揉み消しに対する批判なのである。これが、戦前までの自然保護や公害対策としての「環境問題」との大きな違いである。さらには、「環境を守る」という美名のもとに行われてきた政府と大企業の権力拡大の危険性について、市民への警鐘を鳴らすという動機が根底にあったはずなのである。

ところが一九七〇年代に入って、人類の「環境問題」についての認識はもう一度、その様相を大きく転換させられる。一言でいうと、二度の世界大戦を経て作りあげられた政府と大企業の「開発独裁（コーポラティズム corporatism）」が隠し続けてきた、一般市民への汚染物質の垂れ流しや、もっと言うと、「戦争」という真の「環境問題」に論点が行くことを上手にかわしたのだと、私ははっきりと見抜いた。だから、レイチェル・カーソン以降のあらゆる地球環境問題の警告本は、すべて『沈黙の春』のマネ本であると断言する。しかし、「政府」や「戦争」に対する批判の要素だけが、きれいさっぱり取り除かれてしまっているのだ。いっぽうでは、政府や国際機関が環境問題に対応するためのイニシャチヴをとることが、最初から疑問も呈しない

モンサント社の種苗の危険性を批判する風刺画

大前提となっているのである。

さらにはカーソン女史が何気なく持ち出した「自然界の均衡」という、地球全体としての環境破壊への懸念を取り上げて、個々の人間が直接かかわることができないような課題、地球温暖化やオゾン層の破壊、砂漠化や森林破壊、稀少動植物の絶滅、大気汚染や酸性雨やダイオキシン、エネルギー資源の枯渇まで、個人が何かをしてそれですぐに解決されることのない「エコロジー(生態学)」としての「環境問題」に、テーマを大きくすり替えたのである。これを「マクロ環境問題(macro-environment problem)」と呼ぶそうである。その反対の、個々人の生活環境の悪化、つまり公害や水質汚染、疫病の蔓延、さらには住まいの生活環境の悪化などの問題を「ミクロ環境問題(micro-environment problem)」と呼ぶ。まるで経済学のような分類までされてしまったのである。

なぜこうも大きく私たちの考える「環境」の問題が変化したのか。これは明らかに、人類の環境問題に対する思考態度が転換させられたということである。これが二〇世紀後半に入った一九七〇年代からメディアと政府と大企業のコーポラティズムの洗脳政策によって起こったのである。一九七〇年代以降の「環境問題」で話題になった書籍のテーマを振り返ると、明らかに「マクロ」な環境問題ばかりになってしまっている。

ローマクラブの「成長の限界」理論

それでは、最初にこのマクロ環境問題を言い出したのは誰か。国連か? はたまたアメリカ政府か?

実は、これには明確な宣言組織がある。それは、一九七〇年にスイスで設立された「ローマクラブ（Roma Club）」という民間研究組織である。世界二五カ国から約七〇名の民間の科学者や経済学者、経営者が集まって開催された、いわゆる地球レベルでの環境問題の解決を模索するための国際組織であった。日本からは大来佐武郎《おおきたさぶろう》元外相らが参加している。設立のきっかけは一九七三年のオイルショック（石油危機）かと思われるが、そのほんの三年前に先に設立されていた。このローマクラブでの数回にわたる会合と研究をまとめて出版されたのが『成長の限界（*The Limits to Growth*）』という当時ベストセラーになった環境本である。四名の著者のうち中心は、この研究作業の中心となったデニス・L・メドウズとその元妻で、デイヴィッド・ロックフェラーとの愛人関係も噂されたドネラ・H・メドウズ女史である。

彼らの理論の根底には、物理の力学の数式モデルを応用して世の中のあらゆるシステムについてシミュレーションを行う「システム・ダイナミクス（system dynamics）」の学問理論がある。これを、企業や都市の成長から衰退までの変動をシステムとして捉えて社会学に応用する。そしてついには、地球全体をひとつのシステムとみなして、その成長から衰退までの構造的な変化を予測しようとしたのが、ローマクラブがかかげた「地球システム」という地球環境の構造モデルであった。

ローマクラブの「成長の限界」の根本理論とは、地球には「定員」があり、食糧も、資源も、自然環境も、大気（二酸化炭素許容量）にも限界があるのだから、人類の経済活動から人口まですべてが抑制、コントロールされるべきだというイデオロギー

「ローマクラブ」参加の大来佐武郎

(「新マルサス主義」とも呼ばれる)である。これが二〇世紀後半以降現在まで、世界で「環境問題」と呼ばれるものに変わったのである。

これですっかり世界中の科学者や政治家、企業経営者たちの頭が洗脳されてしまったようなのだ。つまり、いままで二〇世紀前半の「環境問題」といえば「公害問題」、または、自分たちが住む地域の「自然保護」の問題であったものが、いつの間にか地球全体の資源の活用や循環(リサイクル)、その枯渇を防ぐために人口増加と経済活動(化石エネルギーの消費)をどう管理するかという、まったく私たちの日常とは関係のない、つかみどころのないテーマに大きくすりかえられてしまったのである。

そして、このつかみどころのなさを、より身近なものとして実感させるための戦術として利用されているのが「二酸化炭素(CO_2)=地球温暖化の原因」という〝仮説〟なのである。

つまり、私たち世界各国の一般市民が生活の中で排出するCO_2が、実は地球温暖化の原因となっており、地球の温暖化がこれまで正常に機能してきた自然の「地球システム」を狂わせ気候変動を引き起こし、それによって南極の氷が解けて海面が上昇し、最終的に私たちの住む都市や国土までもが水没してしまう。そうなっては大変だから、二酸化炭素を出さない生活を心がけましょう。石油をエネルギー源にしている生活用品や電化製品から車まで、その利用を減らしましょう、とやるのだ。いったい何段論法までめぐれば私たちのところまでたどりつくのかと呆《あき》れるような論理で、現在の「環境問題」は出来上がっているのである。「風が吹けば桶屋が儲かる」の比ではない。

そして一九八〇年にすぐさま、こうしたおかしな「環境問題」の定義づけによって、各国政府と国際大企業が画策する「開発独裁(コーポラティズム)」を推し進めるための世界管理の思想である「グローバリズム（globalizm）」という考え方が生み出された。

こうして現在の環境問題も、世界的に人類が直面する地球規模（グローバル）の危機として煽られて、なぜか世界共通で人類ひとりひとりが皆一緒に対応しなければならない「環境問題」としていつの間にかキャンペーンが張られ、メディアで喧伝されて現在にいたるのである。それが二一世紀に入った現在の「地球温暖化」「自然生物の絶滅」「エコロジー」「リサイクル」というテーマに凝縮されているのだ。

やっぱり環境ロビイストの戦略的プロパガンダなのだ

近年、『不都合な真実』（二〇〇七年）、『地球の掟』（一九九二年）で「テディ」ルーズベルト大統領よろしく、自然保護主義者の看板を掲げてメディアに登場したアル・ゴアは、あくまでも政治家である。つまり、ヨーロッパ勢にも、アメリカ・ロックフェラー陣営にも、世界中の環境（エコ）学者たちにも良い顔をするのだ。そして、巧みにプロパガンダを使い、世界中の人々の恐怖感を煽り、同時にその良心に訴えかける演出が非常に上手い。

そして、根拠がまだまだ不明瞭で科学的な解析が完了していない「CO_2が地球温暖化を引き起こしている」という主張を口実にして、CO_2が出ない「クリーンなエネルギー」ということになっている原子力発電を売り歩く「環境ロビイスト」でもある。

国際環境（人道・人権保護）組織の正体も暴いておこう。彼らのパトロンはずばり、巨大グローバル企業である。グリーンピースには大手石油会社の多数が支援金を贈っているという事実はあまりにも有名だろう。環境破壊、人類滅亡の恐怖を煽るレトリック戦略によって、メディアを巻き込み世界中の世論を、実際は石油などのエネルギー企業に有利な方向へと導く役割を果たしているのだ。さらに、WWF（世界自然保護基金）、IUCN（国際自然保護連合）、IPCC（気候変動に関する政府間パネル）などが、どういう人間たちによって、どのような経緯で設立された組織なのかも知っておくべきだ。

実際は、「環境問題」と呼ばれる現象の大部分が、人為的な理由によるものなのか、自然現象として生じている地球レベルでの環境変動であるのかを科学的に検証することすらできないのが実態である。たとえば地球温暖化は、二酸化炭素の排出量増加だけでは、本当は説明ができない自然現象である。「温室効果ガス」とは、メタン、笑気ガス、フロンガス、そして、大部分は空気中の水蒸気、つまり雲である。二酸化炭素は、そうした温室効果ガスの中のマイナーな一要素に過ぎない。それを、いつの間にか「CO_2＝温暖化」という公式（キャッチフレーズ、ステレオタイプ、短絡化）によって、CO_2が現在の温暖化を引き起こしている、悪いのはCO_2を大量に排出している人類（の産業活動や大量の化石エネルギー消費）である、という論説（学説、決め付け）が恣意的に行われている。

これによって政治的な「正義（つまり、CO_2排出＝悪）」が作られ、政府や国際官僚機構は、自らの利権、権力拡大のために、環境問題への対策を口実にして国民への規制を強化したり、新たな「課税」を仕掛けたり、ビジネスの「利益」追求にも利用されていく。何もないところに勝手に「価値」を定義して金融取引の材料に仕立て上げる「金融工学（ファイナンシャル・エンジニアリング financial engineerlig)」の理屈で、CO_2排出権の取引が金融商品にまで仕立て上げられている。

さらに、原子力を中心とする代替燃料企業は、化石燃料を悪者にすることでその商業機会を追求するためのマーケティング戦略として使う。これは、より大きくは世界的なエネルギー覇権の争奪という動きの中で行われていることも見抜くべきである。

つまり、すべての環境危機を煽る論説、記事、学説は、政府または企業が作り上げるフィクション（物語）、幻想である。しかし本当は、最大の環境問題は「戦争」なのである。

現在の世界的な「エコロジー」ブームは、環境サミットも含めて、世界中の人々を「環境問題」とくに「CO_2排出規制」というひとつのテーマに向かって一斉に誘導しようとする、これまでにない壮大な実験である。しかしながら「環境保護」とは、人間にとって、個々人の生活レベルに合わせて清潔で健康な環境を維持するためだけに行われるべきものであって、それ以上の気候の変動や自然の動植物の保護とか、エネルギーをどれくらい使うかなどは、各自の価値観や思想の問題であり、政府の政策や法令として、国民全員に押し付けることは無理なのである。

法律とは、本来、つねに国民の権利と安全を守るために制定される、国民のための制度である。とりわけ、国家権力が肥大化して政府が国民の権利や自由を奪おうとすることから守るために、民主主義（デモクラシー democracy）の法律は生み出されたのである。私たち日本人は、戦前はお上《かみ》や天皇から、戦後はアメリカから憲法を与えられてきたために、法律は国民が自分たちの利益のために自分たちで決めて制定するものであるという「法治主義（コンスティテューショナリジム constitutionalism）」の当たり前の意味を理解していないのだ。「個人の権利（individual rights）」がまず最優先して守られること、これが法治国家の制度の目的である。これを抜きにしては、いかなる環境論議も無意味である。

【主要参照文献】

レイチェル・カーソン『沈黙の春』（原書一九六二年刊）／日本語版（新潮文庫）一九七四年
アル・ゴア『不都合な真実』ランダムハウス講談社／二〇〇七年
小室直樹『日本人のための宗教言論』徳間書店／二〇〇〇年
ジョエル・E・コーエン『新「人口論」』農山漁村文化協会／一九九八年
シーア・コルボーン、ダイアン・ダマノスキ他『奪われし未来』翔泳社／一九九七年
ジャレド・ダイアモンド『銃・病原菌・鉄（上・下）』草思社／二〇〇〇年
武田邦彦『環境問題はなぜウソがまかり通るのか』洋泉社／二〇〇七年
ラーシュ・ボンデスタム、スタファン・ベリストローム『新人口論入門』新泉社／一九八二年
トーマス・マルサス『人口論』（原書一七九八年刊）／日本語版（中公文庫）／一九七三年
デニス・L・メドウズ、ドネラ・H・メドウズ他『成長の限界』ダイヤモンド社／一九七二年
薬師院仁志『地球温暖化論への挑戦』八千代出版／二〇〇二年
湯浅赳男『環境と文明』新評論／一九九三年
ビョルン・ロンボルグ『環境問題を煽ってはいけない』文藝春秋／二〇〇三年
Alan Bullock, "*Norton Dictionary of Modern Thought*", W W Norton & Co Inc, 1999
Andrew Heywood, "*Political Theory: An Introduction*", Palgrave Macmillan, 2004
William Kovarik, "*Environmental History Timeline*", 2008 (http://www.runet.edu/~wkovarik/envhist/)
George Reisman, "*The Toxicity of Environmentalism*", The Ludwig von Mises Institute, 2005 (http://mises.org/story/1927)
J. M. Roberts, "*The New Penguin History of the World*", Penguin USA, 2007
Murray N. Rothbard, "*The Progressive Era and the Family*", LewRockwell.com, 2003 (http://www.lewrockwell.com/rothbard/rothbard28.html)
"environmentalism",Encyclopedia Britannica Online, 2008 (http://www.britannica.com/EBchecked/topic/189205/environmentalism)
"ecology", Encyclopedia Britannica Online, 2008 (http://www.britannica.com/EBchecked/topic/178273/ecology)
"Environmentalism", Wikipedia, 2008 (http://en.wikipedia.org/wiki/Environmentalism
"Ecology", Wikipedia, 2008 (http://en.wikipedia.org/wiki/Ecology)
"Progressivism", Wikipedia, 2008 (http://en.wikipedia.org/wiki/Progressivism)
"Progressive Era", Wikipedia, 2008 (http://en.wikipedia.org/wiki/Progressive_Era#cite_note-3)

［5］

「地球温暖化でサンゴ絶滅」は大ウソ！真実はこうして隠される

廣瀬哲雄

環境問題における加害者の手口

この論考は、日本の公害反対運動が得た経験から、地球環境問題を考えるものである。筆者は、もし「地球環境問題」というものが存在するならば、それは「地域環境問題」の集合であると考えている。

よく考えてみれば「地球環境問題」とは、本来、「地域環境問題」の集合のはずだ。このような考え方は、昭和三〇～四〇年代の、いわゆる公害反対運動のころから環境問題に関わる者には、半ば常識であるようだ。しかし、現在の、いわゆる「地球環境問題」を論ずる意見の多くは、「地球」と「地域」が分断されている。

日本の公害問題の第一人者である宇井純《ういじゅん》によれば、公害に「第三者」は存在しない。存在するのは「加害者」と「被害者」のどちらかだけである。実際に、地域（＝地方）環境問題には、必ず「被害者」と「加害者」がいる。具体的な被害と加害がある。対立する両者の顔が見える。

だが、現在流布している「地球環境問題」は、被害者も加害者も、どちらもいない。顔が見えない。具体的な被害も加害もない。どこにも対立がない。いるのは、第三者だけだ。そして「第三者」とは、「中立」ではなく、現時点における「強者」の味方にさせられてしまうのだ。

被害者も、加害者も、対立もないものは、もはや「問題」ではない。それはもう解決しているか、もとから存在していないかの、どちらかである。解決していたり、もとから存在しない問題を、ことさらに持ち上げるとき、そこには必ず「騙《だま》し」が存在する。私は、現在の「CO_2による温暖化」

という「地球環境問題」とは、世界規模で行われている、その大きな「騙し」のひとつであると考えている。

この稿では、宇井純をテキストとして、まず公害反対運動が経験した「加害者の手口」をもう一度確認する。そして「地球温暖化」が人々を騙す一例として、筆者の関わった、沖縄の典型的な地域環境問題である「サンゴ絶滅問題」を取り上げる。これまでの公害反対運動の経験は、地球環境問題、特に現在の地球温暖化を考えるとき、何を示すだろうか。

私の環境問題との関わり

筆者は、経済合理性＝公共選択論《こうきょうせんたくろん》を使った官僚制分析が専門である。副島学でいうところの「レイシオ」による官僚制分析である。特に、官僚が、一般常識からかけかけ離れた、官僚によって都合のよい行動（これを官僚行動《かんりょうこうどう》という）を、なぜとることができるのか、を分析するのが専門である。筆者がこのような官僚制問題に興味を持ったのは、学生時代に、戦後の公害研究の第一人者である、宇井純に師事したからである。

宇井純は、一九三二年に生まれ、東京大学から日本ゼオンに就職後、あらためて東大大学院へ進学、一九六五年に東京大学工学部都市工学科の助手となった。

宇井の専門は下水道であるが、その前は樹脂の研究もしており、

故・宇井純教授

日本ゼオン勤務時代には工場で使用した水銀を、排水とともに放出していた経験があることから、水俣病《みなまたびょう》に関心をもった。その結果、水俣病の真相を独自の取材で究明、初めて雑誌で公表した。専門分野以外でも、新潟水俣病訴訟の補佐人《ほさにん》（弁護士以外の者が、法廷で活動するときの呼称）として活躍したほか、一九七〇年からは東京大学で、現在の大学市民講座の先駆けとなる「自主講座公害原論」を開設した。

この講座の開設には東大学内から妨害があったが、当時の学長である加藤一郎が東大工学部に圧力をかけ、開講にこぎつけたという。この公害原論は、宇井が東大を辞職する一九八五年まで行われていた。一九八六年に沖縄大学へ移り、沖縄の環境運動を指導、二〇〇三年に沖縄大学を定年退官。二〇〇六年に死去した。

筆者は一九九一年に沖縄大学へ進学し、一九九七年に沖縄を離れるまで、宇井純に師事した。その間、沖縄の環境運動や宇井純に直接関わってきた。そのことが、私の見方、考え方に大きく影響している。

公害問題、そのごまかされ方

公害問題の「起承転結」

宇井純は、公害問題を社会問題として考えれば、いくつかの経験則があるとしている。その中で、特に『公害問題の「起承転結」』として次のような項目を挙げている。

「**起**」―**公害の発見**―被害の存在に気がついて、だいぶ時間と手間をかけて、
「**承**」―**反論の提出**―という第二段階にいたる。しかしこれで解決するかと思うとけっしてそうはならず、
「**転**」―**反論の提出**―ということで加害者やそれにつながる学者たちからいろんな反論が出てくる。これは本当の原因をわからなくすることが目的だから、質より量が大切で、しかも科学的第三者と称する人が主張する。その結果、
「**結**」―**中和の成立**―で本当の原因がわからなくなり、問題が忘れられてしまう。文学の起承転結とちがうところは、結できちんとまとまらず、しりぬけになる点である。

（宇井純『日本の水はよみがえるか』日本放送出版協会、一九九六年）

この宇井の発見は興味深い。

まず、「被害の存在」に気がつくまでに時間がかかるということである。真実は常に目の前にあるが、それが「公害」だと気がつくまでに、まず時間がかかるのである。水俣病も、はじめは「奇病」とされた。そして次第に原因もわかってくるが、それに対する、質の低い反論が多くなされ、最後はうやむやになるという。

こういった流れは、ある問題を隠蔽《いんぺい》したいとき、隠して通しておきたいときに有効となる。だから、こうした流れを感じるときは、何かの真実が隠蔽されている、わざと隠していると見た方がよいだろう。

「地球温暖化」という壮大な騙し

「公害の起承転結」を地球温暖化に当てはめる

ではこの法則を、「地球温暖化」に当てはめてみたらどうだろう。これまで、隠蔽される事実は、「公害が起きている」ということだった。それを「公害の起承転結」でうやむやにしてきた。それを、今回は発想を変えて、「地球温暖化はなかった」という真実を隠そうとしたと考えたらどうだろうか。

まず、「起」である。これは単純である。「地球温暖化への疑問」という事実は、出展を挙げるまでもない。今、この文章を読んでいる時点で、その嫌疑《けんぎ》があるということだ。

ついで「承」である。地球温暖化について反論はある。例えば、「温暖」とは、Aというある場所が、X年のX月X日から比べて、Y年のY月Y日が、どのくらい暖かくなったことを比較しなければならない。「今年はなんだか暑いよね」ではないのだ。だいたい温暖化の原因とされるCO_2だって、最初は、「CO_2が増えると地球が冷える」ということだったのではないか。言っていることが、突然変わってしまったではないか、といったものである。

それに対して「転」である。こういったことに関する反論よりも、地球温暖化は当たり前という情報が、広く大衆に訴えられている。現在は、CO_2削減のための宣伝が目白押しである。自動車や電化製品を、まだ使えるにもかかわらず、わざわざ買い換えを勧めるCMまである。極めつけは、この問題の旗振り役であるアル・ゴアらが、ノーベル平和賞という「権威」をもったことである。

そして「結」である。地球温暖化問題の疑問点は消し去られ、宇井が言うとおり、「問題が忘れられ」てしまい、「文学の起承転結とちがうところは、結できちんとまとまらず、しりぬけに」なっている。こうやって、「公害の起承転結」を地球温暖化に当てはめてみると、別な側面が見えてくる。それは「『地球温暖化問題』は、何かの真実を隠している」という可能性である。

宇井は「地球環境問題」をどう考えていたか

こうした、公害をごまかす手法を熟知していた宇井は、地球環境問題をどのように考えていたのだろうか。

筆者は宇井の発言を追っていったが、「地球温暖化問題」について言及した文献を見つけることはできなかった。しかし、「地球環境問題」についてはいくつか発言している。宇井の「地球環境問題」に対する考えをよく表す一文を引用しよう。

> この島国の日本において、かなり広く信じられているドクマがある。つまり、公害は終わった、これからは地球環境問題であるという考え方である。このことについて、日本人としては一番多く現場を見て歩いている石弘之《いしひろゆき》〔元税調会長の石弘光《ひろみつ》の弟：引用者注〕氏、次いで東京都立大学の飯島伸子《いいじまのぶこ》〔環境社会学者・故人：引用者注〕氏、そして私も、公害が多発して拡散し、それがついに地球規模にまでひろがって重なり合ったものが地球環境問題であると認識している。公害における加害者－被害者の関係は、南北問題や世代間の責任において依然として存在する。そのことを抜きにして、誰もが加害者であり被害者であるから、一人一人の心がけ

を改めなければならないと説くことは誤りである。特にこれまでの状況を放任し、作り上げてきた行政の発言などは論外である。

（佐々木毅・金泰昌編『地域環境と公共性』宇井純「はじめに」、東京大学出版会、二〇〇二年）

宇井は、わかりやすく地球環境問題について述べている。つまり、

①「地球環境問題」は「公害」という地域の具体的な問題の集合である。

②誰もが加害者であり被害者であるから、一人一人の心がけを改めなければならないと説くことは誤りである。

③これまでの状況を放任し、作り上げてきた行政の発言などは論外である。

ということである。

これを、現在の地球温暖化問題に当てはめるとどうだろうか。①「地球温暖化」というどこかの問題を、②「一人一人の心がけが大切」と、③行政が唱えている、のではないだろうか。だとしたら、日本の公害反対運動の経験は、現在の地球温暖化問題に関しては大きな疑念をもっていたと推測できる。それを裏付けるように、二〇〇三年一月二一日に沖縄大学で行われた宇井の最終講義では、地球環境問題に対して「一人一人が努力しなければならないという話のときには、十分眉《まゆ》につばを付けて聞かれることをお勧めします」と語っている。

宇井の感覚からすれば、これまでの公害問題の歴史からいって、日本の行政が主導して環境問題に取り組みことなど、「奇異の念を感じる」ことだった。ではなぜ、行政が地球環境問題に興味をもったのだろうか。宇井は晩年、二〇〇一年六月一五日の講演で、このことについて述べている。

八〇年代になって、自民党の中で「環境庁なんてうるさいのはつぶせ」という声がでてきたことがありました。それを、「地球環境問題というものがあります。これはゴビ砂漠を緑化するなど巨大な事業になります」と、誰かが竹下登と橋本龍太郎に知恵をつけた。そして、環境庁は生き残り、橋本龍太郎がこれを省に格上げしたのです。彼らのイメージは、ゴビ砂漠の緑化などの巨大工事です。日本の公害問題は全く別の問題だとすることにより環境庁は生き延びた。（中略）こういう経験から日本での地球環境の議論は、私は半分くらいしか信用しないことにしています。

ここまで、地域環境問題というバックボーンのない「地球温暖化問題」は、その存在が極めて怪しいという論を進めてきた。

では、「地域環境問題」とつながりがある「地球温暖化問題」ならば、信憑性が高いのだろうか。筆者は、それも怪しいと考えている。地域環境問題を地球温暖化という大風呂敷でごまかしている典型例として、沖縄のサンゴ絶滅問題を取り上げてみよう。

ケーススタディとしての「沖縄のサンゴ絶滅問題」

沖縄のサンゴ絶滅問題とは何か

沖縄のサンゴ絶滅問題とは、沖縄本島のサンゴ礁の約九五パーセントが死滅している問題である。

「地球温暖化」という「地球環境問題」を主張する人々は、サンゴ礁死滅の原因を、温暖化によるものだとしている。

この「沖縄のサンゴ礁は温暖化により死滅した」と主張する人々の典型的な主張を見てみよう。

【典型例1】産経新聞、二〇〇八年一月七日付

死滅危機のサンゴ、都会で再生／7月、沖縄の海に里帰り

「サンシャイン国際水族館」（豊島区）で育ったサンゴが7月、生まれ故郷の沖縄の海に里帰りする。温暖化で死滅の危機に瀕しているサンゴを救う試み。都会育ちのサンゴは再生とともに、都会の人に危機の実態を知らせる役目も果たしている。

試みは2年前、同水族館が沖縄県恩納村の漁協などと協力し、海水温の上昇などを受け、減少しているサンゴを再生させようと始められた。

同館は、サンゴを同村から借りて増殖させることに挑戦。水質管理が難しいなか、砂に生息する微生物の働きで水質を一定に保つ独自技術を活用し、昨年3月に移植したサンゴ（約10センチ）を1・5倍の大きさに成長させることに成功した。

また、その様子を一般に展示し、「危機に瀕したサンゴの実態を都会の人にも伝えようとした」（同館）という。

同館は順調に成長したことから、一部を沖縄の海に返還し、再生の一助にする予定。同館飼育スタッフの鶴橋梓さん（25）は「当初の予定よりは1年以上（返還が）遅れたが、やっとここまでたどり着いた」と胸をなで下ろした。

この記事では、次のことが主張されている。

①沖縄のサンゴは、温暖化で死滅の危機にある。
②沖縄のサンゴは、海水温の上昇で減少している。

どちらにしても、この記事からは、地球温暖化による海水温の上昇が、沖縄のサンゴ礁絶滅の原因だと読み取れる。

［典型例2］ FujiSankei Business i 二〇〇八年一月七日付

温暖化からサンゴ守れ／大手企業、積極支援

《今年はサンゴ礁年》

2008年は先進国に温室効果ガスの削減を義務づけた京都議定書の第1約束期間（12年まで）の最初の年であるとともに、各国がサンゴ礁保護に協力して取り組む「国際サンゴ礁年」でもある。これに沿って日本でも行政機関や自治体、企業、NPO（民間非営利団体）などで組織する推進委員会を中心に、今後、サンゴの保全活動が本格的に始まる。（中略）

《沖縄で植え付け》

サンゴの白化現象が問題化するのに連れ、このところ目立ってきたのは大手企業の保全活動への積極姿勢だ。国際サンゴ礁年の日本でのプロジェクトでも、企業が音頭を取って進めるケースが少なくない。
例えばＮＴＴレゾナントは、ネット上で運営するポータルサイト「ｇｏｏ」へのアクセスに応じて、沖縄の海にサンゴを植える仕組みを作り出し、支援を始めた。三菱商事も大学や環境ＮＧＯ（非政府組織）と一体となり、サンゴ礁保全プロジェクトに取り組んでいるほか、住友生命保険、沖縄電力、全日空（ＡＮＡ）なども支援活動を展開している。（後略）

これらの記事からわかるように、「地球温暖化＝地球環境猪問題」を主張する人々は、企業からの支援を受け、サンゴの植樹などを行い、沖縄のサンゴを復活させるという。もし地球温暖化が沖縄のサンゴを死滅させるのなら、特定の加害者はなく、対立もなく、だれもが善人として、「第三者」としてこの問題に関われる。さらに企業だけでなく、個人がこの問題に関われるように、このような商売もある（琉球新報、二〇〇八年二月一五日付）。

サンゴの移植に参加しませんか／オキネット・海の種がサイト

沖縄食材の通信販売を展開するオキネット（豊見城市、赤嶺直也社長）は13日、養殖サンゴの移植を手掛ける海の種（沖縄市、金城浩二社長）との提携で環境再生ポータルサイト「ｒｅｔｕｒｎ＊ｂｌｕｅ（リターンブルー）」を開設し、サンゴ再生プロジェクトを開始したと発表した。個人や企業が養殖サンゴの移植に気軽に参加できる上、企業のイメージアップや収益向上にもつながる仕組み。出産や結婚など人生の節目を記念して移植する企画が病院や結婚式場との間で具体化するなど、新たなビジネスモデルとして注目を集めそうだ。

同プロジェクトでは、個人や企業が養殖サンゴの移植（1本3500円）を申し込むと、海の種が移植を実施。「海からの感謝状」としてサンゴの海中写真と移植地点の緯度経度を記したネームプレートが申込者に届く。さらにリターンブルーの「カラーコード」シール100枚が贈られる。（後略）

沖縄のサンゴ礁はいつごろからなくなったのか

こうした活動に金銭を払う人たちは、お金を出した自分の善意が、サンゴの復活につながっていると信じているのだろう。

また、サンゴ移植に資金を提供する企業は、そのことによって、自社が自然保護活動に寄与しているというイメージを購入しているのだろう。

しかし、沖縄のサンゴ絶滅問題は、「地球温暖化問題」が発生するはるか前の、一九七〇年代初頭からすでに発生しているのである。原因も、一九九〇年代前半には、沖縄の地場の環境活動家によりほぼ特定されている。それは、大きくは、一九七二年（昭和四七年）、沖縄の日本復帰と前後して始まった、①大規模な農業基盤整備事業等の公共工事による、土砂の流出によるもの、②畜舎廃棄物の無処理放出によるもの、の二つである。沖縄在住の地場の環境運動活動家にとって、サンゴ問題とは、大規模な工事を発注する沖縄県や、補助金を出す日本政府、そして工事をする土木業者などと対立することでもあった。そのことを指摘した沖縄県議会の議事録を見てみよう（一九八

三＝昭和五八年三月五日、沖縄県議会本会議）。

　中根章君……赤土等による海の汚染、特に金武湾、大浦湾は、米軍の演習、戦車道の構築、国・県道の工事、加えて大規模の土地改良事業で、想像を絶するほどの土砂が流入し、いまなお雨のたびに大量の土砂が流れ、湾内は3メートルもの土砂が堆積しておるのであります。見た目にはきれいな海でございますが、砂浜から一歩入ればぶくぶくのどろの海であり、雨は降らなくとも海が少しでも時化《しけ》れば海底の土砂が濁って一面真っ赤な海となり、漁師の網も一日で真っ赤に染まるというのが現状であります。（中略）

　雨が降れば、土地改良現場から数10トンの土砂が川と海へと流れていくのであります。海へ流れ出た土砂は海を履い、サンゴを死に追いやっているのであります。サンゴは生き物であり、太陽の光を受けて呼吸をしているのであります。海面を土砂が履って光をさえぎり、土砂をかぶれば窒息をして死んでしまうのであります。（後略）

沖縄県議会でこの質問がされた「昭和五八年三月五日」という時期に注目していただきたい。これは一九八三年である。私が調べたところ、「地球温暖化」というキーワードが朝日新聞に初めて掲載されたのは、一九八八年八月二四日の夕刊である。地球温暖化などが騒がれる、そのずっと前に、「沖縄サンゴ絶滅問題」は発生しているのである。

沖縄の環境保護運動家たちの動き

先に、この「沖縄サンゴ絶滅問題」は、①地球温暖化問題が発生する以前に発生し、②地球温暖化問題以前から存在を認識されていた、ことを示した。それではこの問題について、沖縄の環境保護運動家たちは、どのように関わってきたのだろうか。

沖縄サンゴ問題の、もっとも有名な活動家は、吉嶺全二《よしみねぜんじ》氏である。吉嶺のもっとも大きな業績は、「サンゴの定点観測」を三〇年以上にわたり行ったことである。

吉嶺の代表的な著作『沖縄　海は泣いている――「赤土汚染」とサンゴの海』（高文研、一九九一年）によれば、吉嶺は一九六三年からサンゴの定点観測を始めたという。吉嶺は一九九七年、沖縄の海でサンゴの定点観測中に亡くなった。

吉嶺はこの本の中で、カラー写真をふんだんに使い、具体的に、沖縄のサンゴ礁絶滅問題の原因は、赤土にあることを示した。

吉嶺らによると、

①赤土の流出により、海水が長時間濁り、サンゴの栄養の素となる光がサンゴに届かなくなった。これによりサンゴは、大きなダメージを受けた。

②赤土の流出により、海の中の生態系が狂った。これによりオニヒトデが異常発生し、オニヒトデがものすごい勢いでサンゴを食べていった。

③赤土の流出により、赤土がサンゴに堆積し、直接サンゴを埋め殺した。

主にこの三つの理由で、サンゴがいなくなってしまったという。

サンゴ絶滅の具体的原因は赤土流出にあることは、環境保護運動家たちだけでなく、一九八三年には沖縄県議会での質疑から、沖縄県もこの問題の発生と原因を把握していた。それでも沖縄県は二〇〇八年の現在まで、流出する赤土に対してこれといった具体的対策も立てず、流れ出るにまかせている。なぜ沖縄県は、昔からわかっている「赤土流出」という原因を除去せずに、サンゴ絶滅の原因を「地球温暖化」のせいにしているのだろうか。

吉嶺らは、赤土流出の原因は、沖縄県が主導した農業基盤整備事業による土地改良事業にあると主張する。農業基盤整備事業による土地改良事業とは、農地を改良し、農作物の増産を狙ったものである。だが沖縄県の農業基盤整備事業は、沖縄の実態に合わず、多くの土砂（＝赤土）を川に流した。今でも、雨が降った後に飛行機に乗ると、沖縄本島北部の川から、血が流れるように、赤土を含んだ真っ赤な水が流れているのがわかる。

沖縄県は、サンゴ礁絶滅の原因を知っているのに、なぜ放置し続けているのだろうか。吉嶺らは大きく、

①沖縄県が責任をとりたくないから、実態調査そのものを行わない。実態調査を行わないから、実態がないことになっている。この体質は国も同じで、遅くとも一九八七年には農林水産省もこの件を把握しているが、対策を講じていない。

②沖縄県に対する公共工事は、積算の関係で、価格が沖縄の相場より高い。これにより土木業者が隆盛、土木業者の政治力が高まった。

と分析している。

こうして考えれば、沖縄の「サンゴ絶滅問題」という沖縄の地域環境問題は、この問題を解決しようとすると、国、沖縄県と土木業者と対立することがわかる。これらとの対立を、なんらかの形

で解決しなければ、サンゴ絶滅は止められないということである。

予測された「ごまかし」

吉嶺は、今日の、サンゴ絶滅問題は、赤土流出よりも地球温暖化を原因とする風潮が強いことを、どのように考えているだろうか。残念ながら吉嶺は一九九七年にすでに亡くなっているため、今、直接に話を聞くことはできない。だが一九九一年に、今後、このサンゴ絶滅問題に対して、国と沖縄県がどのような行動に出るか予測している。それによると、吉嶺は、

①国や県は、赤土汚染問題を、業者や沖縄県民のモラルに問題にすり替えるだろう。

②国や県は、いろいろ調査したが……と問題点を曖昧にぼかして、責任を回避するだろう。

③国や県は、条例で自然環境の保全について、素晴らしい表現でふれる。しかし、実際には運用できないようにするだろう。

④「おかしな教授先生たち」が、結果的にもっとも政治に利用されるだろう。

と予測している（これら予測を、以下「吉嶺予測」と略する）。

では実際、二〇〇八年現在、どのようなことが起こっているのだろうか。

現在、国において、具体的な赤土対策は行われていない。対策は、現在、検討中とのことである。いつまで検討するのかわからないが、検討しているあいだは、対策は打たないだろう。

沖縄県も、赤土は年間に三〇万トンの流出はあるが、これ以上の対策はなく、平成一九年度から三年をかけて調査するらしい。これも国と同じで、調査しなければ検討もできず、検討しなければ対策は打てない（というか、打たない）。

これに対し、サンゴ移植には意欲を見せる。環境省はサンゴ養殖研究には予算をつけるが、赤土流出防止には予算をつけない。また沖縄県も、サンゴの養殖、植樹については、活動を後援している。

こうして養殖したサンゴを植えているが、これらの養殖サンゴは、無事に育つだろうか。実は、植樹したサンゴのほとんどは死滅しているのである。

サンゴを養殖し、植樹により増やそうという動きは、地球温暖化問題が騒がれるずっと以前からあった。すでに一九八五年には、沖縄開発庁（当時）の沖縄総合事務局がサンゴの植樹を行っている。しかし、この植樹は失敗した。

原因は明らかである。普通に考えれば分かることであるが、元来、サンゴが育たない環境にあるから、サンゴが絶滅したのである。そこにいくら植樹をしても、サンゴが育つわけがないのである。当たり前のことであるが、サンゴを回復したいなら、まず赤土汚染を解消しなければならない。サンゴの植樹は、それ単体を見ると、なにか良いことを、正しい対策をとっているように見える。しかし、原因そのものを除去しない限り、いくら植樹したところで、いずれそのうちサンゴは絶滅する。そんなことは分かりきったことではないか。ではなぜ、それでも植樹を推進するのか。そこには何らかの合理性があるはずである。

サンゴ絶滅の原因を「地球温暖化」に求めたとしたら、答えが見えてくるのである。筆者が分析してみると、つぎのような合理性が、サンゴ植樹を推進しているのである。

①サンゴ絶滅の原因に、赤土だけでなく「地球温暖化」が加われば、原因が分散する。分散すれば、本当の理由である赤土汚染から、沖縄県民の目を逸らすことができる。これは宇井の示した

「公害の『起承転結』」に沿っている。

②赤土汚染は、日本政府や沖縄県といった責任主体が明確である。それに対して地球温暖化問題は、これといった責任主体がない。地球温暖化問題には責任主体がないため、サンゴ礁絶滅問題を、一方的に地球温暖化のせいにできる。地球温暖化問題は、地球のみんなの問題だから、みんなのモラルが原因とすることができる。これは「吉嶺予測①」に当てはまる。

③また、地球温暖化は「大きい問題」なので、原因がこれといって明らかにならない。したがって、いろいろ調査はするだろうが、これといって決め手はない。本当の原因は赤土汚染だと分かっているが、今のところ、赤土汚染には手をつけたくない。だから原因はよく分からないことにしたい。原因はよく分からないという言い訳に、地球温暖化は最適である。これは「吉嶺予測②」に当てはまる。

④二〇〇八年現在でも、赤土汚染は止められていない。これは、すでに農業基盤整備の終わったところも含め、現在の沖縄県の赤土防止条例には欠陥があり、原因除去が進まないためである。これは「吉嶺予測③」に当てはまる。

⑤赤土流出、赤土汚染をどう止めるかという具体的対立事項には何ら関与しない「教授先生」はたくさんいる。例えば琉球大学の『琉球大学環境報告書2007』の中で、琉球大学の学長、岩正輝男は、「一人ひとりができることから取り組んでいかなければ、全体も変われません」と書いている。先の宇井の文章を読めば、それは責任を取るべき人間の、ごまかしの論理である。それではサンゴ礁は蘇らない。これは「吉嶺予測④」に当てはまる。

「地球温暖化」とは真実を隠すためのツールである

当たり前のことだが、現在も、沖縄のサンゴは死滅しつづけている。赤土汚染という「地域環境問題」を解決せずに、沖縄県や国がこれを放置したからだ。そして沖縄県や国は、本当の問題から逃げるため、責任逃れのために、「地球温暖化」という「大きな問題」を持ち出してきた。悲しいかな、沖縄県と国の行動はすでに吉嶺に予測されていたが、見事にその通りになってしまった。

この「サンゴ礁絶滅問題」には具体的な被害と加害の対立があり、原因も特定されている。そういった、ある意味典型的な「地域環境問題」でも、関係者が責任問題を曖昧にしたいとき、「地球環境問題」が使われるのである。

この沖縄サンゴ礁絶滅問題は、公害反対運動の成果として、加害者が公害をどうごまかすかを宇井が分析した、まさに「公害の『起承転結』」そのままである。「転－反論の提出」の「加害者やそれにつながる学者などからいろんな反論が出てくる。これは本当の原因を分らなくすることが目的」として地球温暖化が使われ、その結果として、「④中和の成立」にある「本当の原因が分からなくなり、問題が忘れられてしまう」という状態になったわけである。こういったごまかしの事例をいやというほど見てきた宇井は、当然、この事態を予測していたであろう。その心中を思うと、察するに余りある。

これらを基に、現在の地球環境問題、とりわけCO_2による地球温暖化問題を、日本の公害反対

運動の研究成果から分析すれば、

①「CO_2による地球温暖化問題」は、はじめから存在していないか、あっても微少である。

②それでもCO_2による地球温暖化を主張することは、誰かの、何らかの利益を目的としている。

③実際に沖縄では、CO_2による地球温暖化を隠れ蓑に、責任をとるべき人間が、責任逃れをしている。

④沖縄のサンゴ礁絶滅問題のような、典型的な地域環境問題までもが「CO_2による地球温暖化」によるものとされている。だとしたら、なんだって「地球温暖化」を原因とできる。

⑤したがって、これら「CO_2による地球温暖化」を原因とする環境問題は、はじめから存在しないか、具体的な被害があっても、本当の原因を見せないようにする隠れ蓑になっている可能性が高い。少なくとも別の原因を疑うべきだ。

といった結論が得られる。

この結論を基に推測をすれば、現在のCO_2を原因とした温暖化よる地球環境問題とは、地球規模の壮大な「騙し」である。そしてその「騙し」により、我々は、本来直視すべき問題から、目を背けさせられているのだと推論できる。だとしたら、本当は、我々は、一体どんな問題から目を背けさせられているのだろうか。

［主要参照文献］

飯島伸子『環境社会学のすすめ』丸善／二〇〇三年
宇井純『日本の水はよみがえるか』日本放送出版協会／一九九六年
宇井純『キミよ歩いて考えろ』ポプラ社／一九七九年
宇井純「はじめに」佐々木毅・金泰昌編『地域環境と公共性』東京大学出版会／二〇〇二年
宇井純「最終講義」『沖縄大学地域研究所年報』第一七号／二〇〇三年
宇井純『新装版 合本 公害原論』亜紀書房／二〇〇六年（初版一九七一年）
宇井純編著『自主講座「公害原論」の15年』亜紀書房／二〇〇七年
宇井純・吉嶺全二「赤土でサンゴの海が死んでいく」『水情報』第一六巻第七号／一九九六年
吉嶺全二『沖縄　海は泣いている「赤土汚染」とサンゴの海』高文研／一九九一年

［6］

アメリカの「プリウス人気」の裏に何があるのか

古村治彦

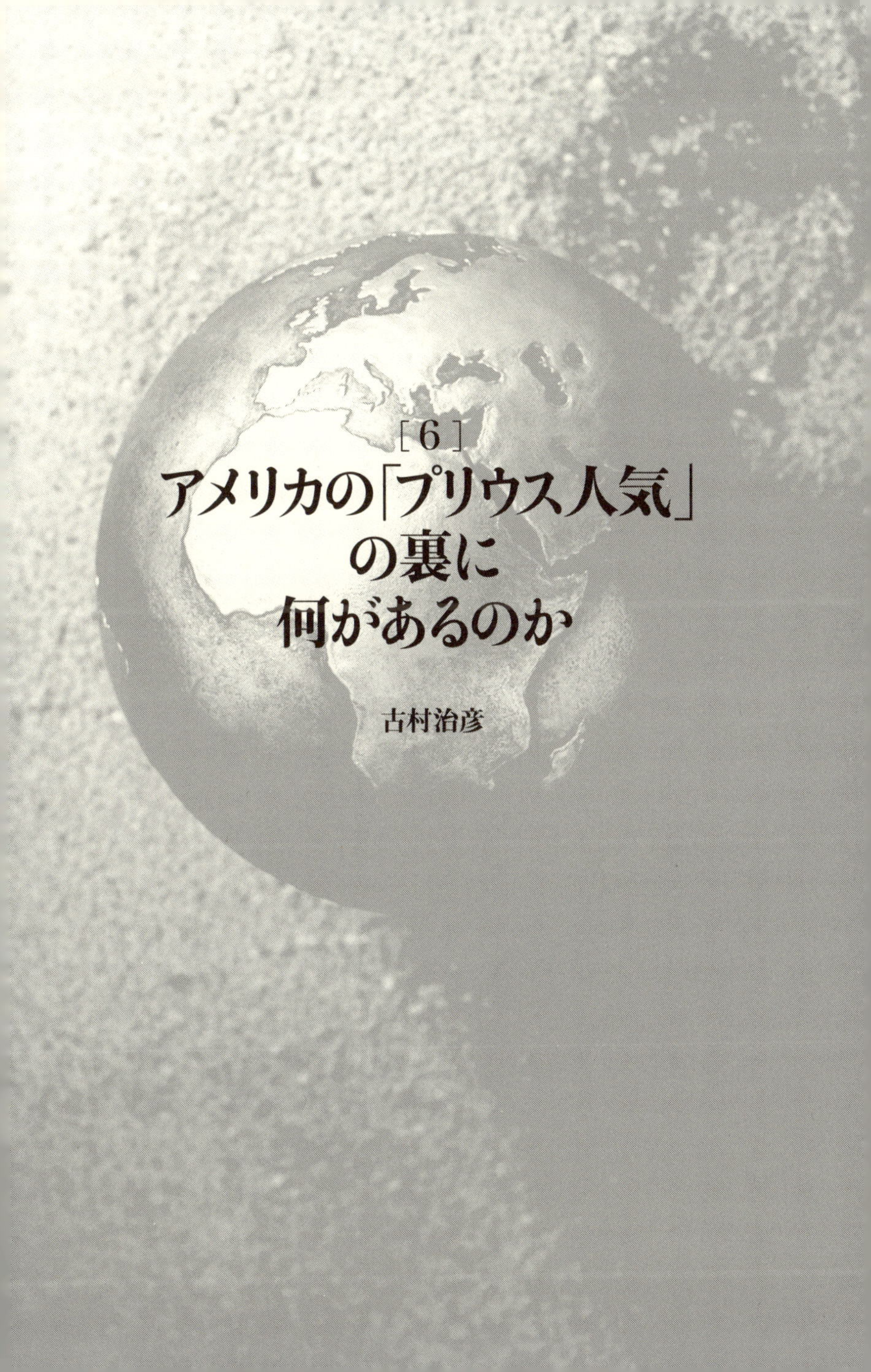

三題噺、「環境保護」「プリウス」そして「ネオコン」

一九七〇年代後半から、世界中で環境保護の重要性が訴えられるようになった。日本は、高度経済成長期に経験した公害の反省に立ち、環境保護の意識が世界の中でも特に高い「環境先進国」である。

また、日本政府は、世界の環境保護に対しイニシアチブを発揮し、一九九七年には「京都議定書《ザ・キョウト・プロトコール》」の締結を主導した。この京都議定書によって、条約参加各国はそれぞれ、温室効果ガスの削減目標を設定し、その実現に努力することになった。

日本の産業界は、いわゆる「環境にやさしい商品」を多数製造し、販売している。これは日本の消費者の持つ環境意識の高さが理由である。現在、日本を代表する「環境にやさしい商品」は、トヨタ自動車が販売しているハイブリッド車、プリウス（Prius）である。自動車は排気ガスを出し、大気汚染の元凶であると言われてきた。しかし、プリウスの登場はそうした固定観念を根本から覆した。トヨタ自動車はプリウス発売によって企業イメージが好転し、日本を代表する「環境に配慮する、環境にやさしい企業」となった。

京都議定書の締結と同じ一九九七年、トヨタは初代プリウスの日本国内での販売を開始した。二〇〇〇年代に入り、プリウスは劇的にその販売台数を伸ばしている。プリウスは二〇〇〇年に海外でも販売が開始された。プリウスの主な市場は北米地域、特にアメリカ合衆国である。アメリカにおけるプリウスの販売台数の急激な伸びには人々の環境意識の変化とともに、原油価格の高騰の影響があると言われている。また、アメリカ政府や各州政府は、環境問題には関心が薄く、無頓着だと言われているが、プリウス購入者に対して減税措置を採るなどの優遇政策を行っている。こうしたプリウス優遇政策もアメリカにおけるプリウスの売上げ増に大きく貢献している。

このように、日本を含め、世界中で環境保護への意識が高まってきている。しかし、ここ数年、日本でも、行きすぎる環境保護運動や環境保護政策に警鐘を鳴らす識者たちが現れ、多くの批判書を出版している。彼らは地球温暖化《グローバル・ウォーミング》と二酸化炭素との関連、リサイクルの是非、海面上昇などについて、科学的な立場から批判を行っている。そうした識者たちの主張には説得力がある。彼らに共通する主張は、「環境保護政策の裏には利権があり、それに群がる人々がいる。政府は環境を守ろうという錦の御旗の下、国民を動員して、別の目的を達成しようとしている」というものである。

このように環境保護政策というものは、純粋に環境を守ろうという主旨で策定されるものではない。それどころか、その裏には、利権の旨味や戦略的な意図が隠されているのである。

これは日本にだけ当てはまる話ではない。実は、アメリカでも同じなのである。そして、ここまで書いてきた、環境にやさしい自動車プリウスがその主役となるのだ。この論考における筆者の主張は次のようなものだ。「アメリカにおいてプリウスは人気を博し、アメリカ政府も優遇政策を行っている。しかし、それは単純に環境を守ろうという主旨からではない。そこには裏がある」というものである。

トヨタ「プリウス」北米仕様車

アメリカにおけるプリウスの購買層は社会階層の中流から上流の高学歴の人々である。彼らは環境問題に関心が高く、政治信条はリベラル（liberal）である。また、ハリウッドのスターたちの多くもプリウスを購入している。彼らもまた、環境問題や社会問題への関心が高い。ハリウッドは伝統的にリベラル派の勢力が強い。

このように、アメリカにおけるプリウス人気は、アメリカのリベラル派の人々によって支えられてきたと言える。しかし、このリベラル派とは一線を画す勢力もまた、プリウスに注目し、支持しているのである。

その勢力とは、ネオコン派（Neoconservatives，ネオコンサーヴァティヴス）の人々である。ネオコン派は、現ジョージ・W・ブッシュ政権の外交政策決定に大きな影響を与えた。彼らは、特に、二〇〇一年九月一一日に起きた同時多発テロ事件以降のアメリカの単独主義《ユニラテラル》的な外交政策を主導し、アメリカのイラク侵攻を実現させた。ジョン・J・ミアシャイマーとスティーヴン・M・ウォルトが、共著『イスラエル・ロビー（I・II）』ではっきりと指摘しているように、ネオコン派はアメリカ国内においてイスラエルを強力に支持し、時にアメリカの国益をも損なう行動を取る〈イスラエル・ロビー〉（Israel Lobby）を構成しているグループである。

環境問題などには見向きもしないような、タカ派のネオコン派の人々が、アメリカ国民にプリウスを買うように促しているのである。ネオコン派の中でも、元CIA長官のロバート・ジェイムズ・ウールジー・ジュニア（Robert James Woolsey Jr.）は積極的に多くの発言を行い、プリウス

愛車プリウスとディカプリオ（トヨタHPより）

支持を表明している。実際、ウールジーは自分自身もプリウスに乗っている。このウールジーの主張や行動、所属している団体を見ていくと、環境問題などには無縁そうなネオコン派が、どうしてプリウスという日本企業の自動車を推奨しているのかが理解できる。

ウールジーは、二つの団体に所属している。「国際安全保障分析研究所（Institute for the Analysis of Global Security, インスティテュート・フォ・ジ・アナリシス・オブ・グローバル・セキュリティ）」と「現在の危機に関する委員会（The Committee on the Present Danger, ザ・コミティ・オン・ザ・プレゼント・デインジャー）」である。それらにはネオコン派や〈イスラエル・ロビー〉の大物といわれる人々が多数所属している。しかし、この二つの団体のどちらにも所属して、重要な役割を担っているのは、ウールジーのみである。これらの団体に共通する主張は、「アメリカは石油依存体質を改め、海外からの石油輸入量を減らそう」というものである。

ウールジーは、新聞やメディアへの寄稿、インタビューを通じて、「アメリカの石油依存を脱却するために、プリウスを購入しよう。石油に代わる新燃料を開発しよう」と呼びかけている。その理由をウールジーは、アメリカが石油依存から脱却する、つまり石油消費量を減らす。それによって外国からの石油輸入量を減らすことができる。中東地域にある石油輸出国の多くが反米だと目されているが、石油輸入量を減らすことによって、それらの国々を経済的に締め上げることができる。そして、その国々から反米テロリストグループに回る資金を断つことができる。以上がウールジーの主張である。もちろん、ウールジーは、付け足しのように、プリウスに乗ることで環境を保護することにつながるとも主張している。

これからの各項で細かく見ていくが、本論文の内容を纏《まと》めると、次のようになる。アメリカでは現在、プリウスの売行きが好調である。その売上げを支えているのは、リベラルなアッパーミドルと呼ばれる階層に属する人々である。しかし、そのリベラル派とは真っ向から対立する、環境などには目もくれないネオコン派の中心人物たちもまたプリウスを使ったり、その購買を推奨したりしている。

ロバート・ウールジー元ＣＩＡ長官

それは環境問題への配慮からではなく、アメリカの安全保障と外交政策の面からそのように主張しているのだ。つまり、アメリカの石油依存体質を改め、石油の輸入を減らし、アメリカの資金が反米的な石油輸出国へと流れないようにしようということなのだ。そして、アメリカ政府も共同歩調を取るかのように、プリウス優遇政策を採用している。アメリカ政府のプリウス優遇政策の基底にあるものは純粋な環境保護の観点ではない。もっと生々《なまなま》しい、現実政治の思惑《おもわく》が見え隠れするのである。

環境保護政策にはウラがある

昨今書店に行くと、環境問題に関する書籍が山積みされている。そのほとんどが環境保護を訴える内容の本である。しかし、なかにはそうした環境保護ブームに警鐘を鳴らす論者たちの本も少数ながら存在する。彼らはさまざまな側面から現在の環境保護論を批判している。二〇万部以上を売り上げ、大ベストセラーとなった『環境問題はなぜウソがまかり通るのか（1・2）』の著者である武田邦彦《たけだくにひこ》中部大学教授は、リサイクル、ダイオキシン、地球温暖化問題、京都議定書、バイオ燃料などを取り上げ、そこにある欺瞞《ぎまん》を明らかにしている。

そして、こうした論者たちが共通して主張しているのは、「環境保護政策の裏には利権があり、それに群がる人々がいる。また、政府は決して、純粋に環境が大切だ、という認識の下で環境保護政策を施策しているのではない」というものである。上記の武田邦彦は、ちり紙交換を例に挙げて、次のように書いている。

ところが、今まで民間がやっていた紙のリサイクルに自治体が関与するようになると、様相は一変する。（中略）

つまり、今まで全く税金など使わずに、立派にリサイクルしていた紙が、突然税金を使って処理されるようになったのである。（中略）

まもなくこの仕事に目をつけた団体があった。紙のリサイクルを民間から自治体がやるようになったので、自治体の首長に話をつけて一気に仕事を回してもらえば良いと考えた。そうなると利権の伴う仕事である。政治家や団体、そしてさまざまな人たちが動き、各自治体に話をつけ紙のリサイクルシステムは一変したのである。

（『環境問題はなぜウソがまかり通るのか』Ｐ１７５－１７６）

このように、それまで民間で何の問題もなく行われてきたリサイクル活動であるちり紙交換が、行政が関与するようになると、その性質が大きく変化し、利権となってしまうのである。そして、その利権に群がろうとする人間たちが出現するようになるのだ。そして時に、彼らは、何とか環境を自分たちの利権にしてしまおうとするのである。

早稲田大学教授の池田清彦《いけだきよひこ》と東京大学名誉教授の養老孟司《ようろうたけし》は、二人の対談本の中で次のように述べている。

なぜ予測が論理的に大事かというと、科学的予想をもとにした政治が環境問題だから。炭酸ガス問題はそれがグローバルに表れた話です。科学が政策に直接、関わってくる。

（『本当の環境問題』Ｐ１３５）

結局、自分たちがくだらない約束をしたツケを国民に押しつけて、一種の精神運動をやっている。

（『本当の環境問題』Ｐ１４１）

池田と養老は、環境問題は政治的な背景が強い問題であること、政府が主導すればどのような環境政策も国民に押しつけることができることを喝破している。「一種の精神運動」という表現は、太平洋戦争中の「国家総動員運動」を彷彿《ほうふつ》とさせるが、まさに環境保護運動の本質を突いていると言える。また、池田は別の本の中で次のように述べている。

楽しくないことを人にさせるには、脅すのが一番だ。しかし、CO_2の削減をしなければ今に大変なことになると二〇年近く聞かされ続けてきたけれども、二〇年たっても別に大した事は起きていない。CO_2の削減こそ正義という話は、それで金儲けをしたい人たちの陰謀じゃないのか、と疑り深い私は思ってしまう。

（『環境問題のウソ』P43－44）

池田は環境問題そのものを煽る背景に、環境問題を利用して自分の利益を最大化しようと目論《もくろ》む人間たちが存在するのではないか、と主張している。また、環境保護を「錦の御旗」にしさえすれば、何でも通ってしまうという、危険性も指摘している。また、環境保護の重要性を訴える際の基となる議論の怪しさも喝破している。

このように環境保護の裏に生々しい政治的思惑が見え隠れするのは、決して日本だけの現象ではない。それはアメリカでも見られる現象である。その一例として、本論文ではプリウスを取り上げたい。

プリウスという車の魅力と売行き

トヨタ自動車は日本最大の自動車会社であり、世界規模で見れば、アメリカのゼネラル・モーターズ（GM）に次いで二位であるが、二〇〇七年の売上げ台数では約三千台差となるなど、肉迫している（朝日新聞、二〇〇八年一月二三日付）。二〇〇七年のトヨタ自動車の販売台数速報値は九三六万九五二四台である。そのうちハイブリッド車は約三〇万台を占めているが、トヨタ自動車としてはその数を一〇〇万台にまで引き上げる目標を掲げている（日本経済新聞、二〇〇七年六月七日付）。

トヨタ自動車はハイブリッド車の分野で、他社を大きくリードしている。その象徴がプリウスである。その結果、トヨタ自動車は「環境に配慮する自動車を作る会社」という印象を消費者に持たせることに成功した。ジャーナリストの塚本潔は次のように書いている。

トヨタの成功は自動車業界に激震をもたらした。それまでは、「非力なハイブリッドなんて売れるわけがない……」と言っていた欧米の自動車メーカーが、二〇〇五年には、こぞって「我が社も、ハイブリッドに本気で取り組む」と記者発表したのだ。彼らのホンネは、ハイブリッドで儲けることではなく、「うちもトヨタと同じように環境のことを考えています」というメッセージを顧客に伝えようと必死になった。

（『ハリウッドスターはなぜプリウスに乗るのか』P9－10）

トヨタ自動車は、プリウスによって企業イメージを向上させ、売上げ台数もそれにつれて増加していった。その結果、世界一の自動車会社となる野望も射程内に収めている状況である。では、ハイブリッド車とはそもそもどんな自動車か。この疑問に答えるために、塚本潔の本から引用する。塚本は次のように書いている。

ハイブリッドとは、二つ、あるいはそれ以上のエンジンや電気モーターなどの動力源を使うシステムのことだ。通常はエンジンと電気モーターの組み合わせが多い。このシステムの究極の狙いは燃費を上げることだから、この二つの動力源を使って、いかに効率よく仕事をすることができるかがカギになってくる。

そこで重要なことはエンジンや電気モーターの特徴を理解することだ。エンジンは走り出すまでは時間がかかるが、一度走り出してしまうと、効率よく走ることができる。一方、電気モーターはその逆で、スタート時からしばらくはスムーズに走るが、高速で走るのはエンジンと違って不向きだ。

だとすれば、スタートや低速時は電気モーターで、加速したらエンジンで走るというのが最も効率がよい。それがハイブリッドの基本的な考えだ。

（『ハリウッドスターはなぜプリウスに乗るのか』P42－43）

トヨタ自動車のプリウスもハイブリッド車なので、その基本的な構造はエンジンと電気モーターの組み合わせである。プリウスのエンジンは、シリーズ・パラレルハイブリッドシステムと呼ばれるもので、エンジンの動力を、車を動かす動力と、発電する動力に分割し、場面場面でその割合を変えていくというシステムになっている。これがプリウスの大きな特徴といえる。

その結果、プリウスの燃費は大変に良く、インターネット百科事典ウィキペディアによれば、アメリカで最も燃費の良い自動車であり、その燃費は、一ガロン（約三・七九リットル）当たり四四マイル（約七〇キロ）である。一般的なガソリン自動車に比べ、約二倍の燃費の良さなのである。

トヨタ自動車はプリウスの日本国内での販売を一九九七年に開始した。次いで二〇〇〇年に北米やヨーロッパでの販売を開始した。ハイブリッド車が世界の自動車販売台数に占める割合はまだまだ小さい。プリウスは累計で、日本国内で二五万六五〇〇台、海外で五〇万一一〇〇台販売されている（http://www.toyota.co.jp/jp/news/08/Jun/nt07_0602.html）。

注目すべきはその売上げの伸びである。結論から言うと、北米における売上げの伸びは驚異的である。プリウスの主戦場は北米、特にアメリカであると言えるだろう。二〇〇三年におけるプリウスの北米での販売台数は約二万五〇〇〇台であった。それが〇四年には約五万六〇〇〇台、〇五年には約一一万台、〇六年こそ一一万台と横ばいであったが、〇七年には一八万台強と急伸しているのである。

アメリカのニュース総合サイトであるサロン・ドット・コム（salon.com）に、二〇〇八年四月一日付で、アンドリュー・レナードによる「記録的な石油価格によってプリウスは記録的な売上げ」と題する記事が掲載された。この記事によれば、二〇〇八年三月の一カ月間のアメリカにおけるプリウスの販売台数は二万六三五台で、同じくハイブリッド車であるフォードのエクスプローラーの販売台数（一万九六九台）を大きく上回っている。

原油価格の高騰で、ハイブリッド車の売上げの増加が見込まれている。また、人々の環境保護への意識の高まりからも、ハイブリッド車の売上げ増が期待されている。多くの自動車メーカーがハイブリッド車の開発を躊躇《ちゅうちょ》していたとき、トヨタは果敢にハイブリッド車の開発に進み、今ではこの成長が期待される分野でのリーディングカンパニーとなった。

こうしたトヨタの成功には日本政府も関与していたとする証言も飛び出した。北米トヨタに三〇年以上勤務し、同社の取締役であったジム・プレスという人物が、「プリウスの開発費は日本政府が一〇〇パーセント負担した」と証言しているのだ。だがトヨタ側は、プレスの証言内容を事実無根と否定している。

この件が報道された際、日本の主要メディアはほとんど取り上げなかった。プレスが現在クライスラーに移籍していることも関係してか、メディアはこの話を荒唐《こうとう》無稽《むけい》だと判断したようだ。

プレスの証言内容の真偽は別にしても、ここにアメリカの自動車業界の置かれている苦しい状況が透けて見えてくる。二〇〇八年八月二九日付の日本経済新聞の記事によると、アメリカの三大メーカーはアメリカ政府に対して、五兆円規模の低利融資を要請するということだ。その半分は、「環境対応車投資向け」となるということである。

アメリカの三大メーカーは、アメリカ政府の支援を必要としているのに、後述するように、トヨタのプリウスを優遇するような政策を採っていることを苦々しく思っている。彼らは「絶好調の外国企業ではなく、苦しい自国企業こそ助けて欲しい」という切実な願いを持っているようだ。

ここまでプリウスについて概観してきたが、次の節では、使う人たちに焦点を当てたい。アメリカではど

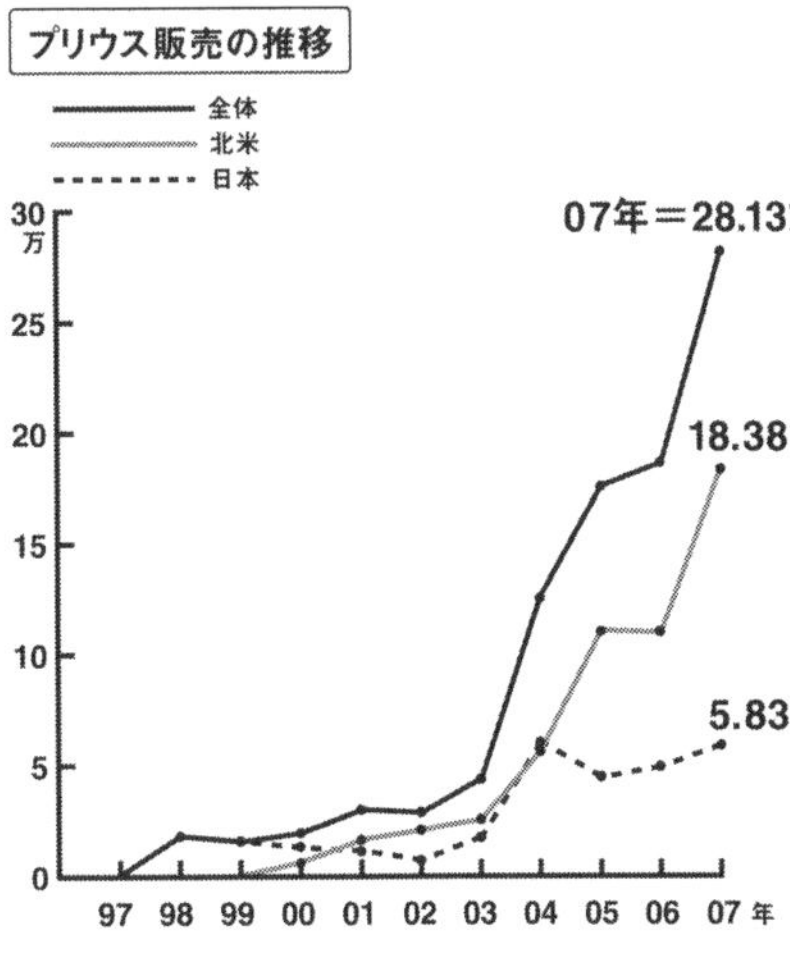

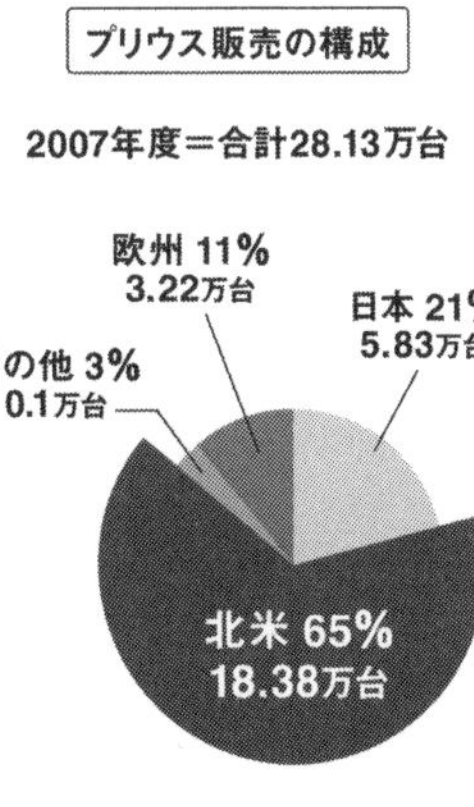

のような人々がプリウスを買っているのかについて見ていきたい。

アメリカでプリウスを買う人々

アメリカでは、どのような人々がプリウスを購入しているのだろうか。アメリカで最も権威ある自動車取引専門誌『ケリー・ブルーブック』によれば、プリウスはアメリカで、新車では一台約二万二〇〇〇ドル（約二三〇万円）で販売されている。決して低価格の自動車ではない。中流以上の人々が購買層となっている。

このことについて、ワシントン・ポスト紙のコラムニストであるロバート・J・サミュエルソン（Robert J. Samuelson）は、二〇〇七年七月二五日付で「プリウス政治（Prius Politics）」と題する記事を書いている。その記事の中で、サミュエルソンはいくつかの興味深い指摘を行っている。

私の下の息子は、トヨタ自動車のプリウスを「ヒッピーたちのための車（hippie car）」と呼んで馬鹿にしている。彼はプリウス及びプリウス購買層の特徴を良く捉えている。しかし、プリウスは貧乏なヒッピーたちが買えるような車ではない。トヨタ自動車の調査によれば、プリウスの典型的な購買者は、五四歳で、年収が約九万九八〇〇ドル（約一一〇〇万円）である。プリウス購買者の八一％が大学卒以上の学歴を有している。しかし、彼らはヒッピーのように、生活についての大きな主張をしている。それは、「自分たちは地球を救うために活動している。あなたは何をしてる？」である。

（ワシントン・ポスト、二〇〇七年七月二五日）

このことから次のように言える。プリウス購入者の多くは、一九五〇年代に生まれたベビーブーマー世代（baby boomers, ベイビー・ブーマーズ）で、若い頃に、一九七〇年代のアメリカを席巻した反戦運動や社会運動の影響を受け、その結果、リベラル志向で、環境意識が高い人々である。前出のジャーナリスト塚本潔は、トヨタ自動車は、アメリカでのプリウス販売戦略において、こうした人々が購買層の核になるであろうことを予測していた、と指摘している。彼は次のように書いている。

実は、トヨタがハイブリッドで狙っていた購買層は、都会や郊外に住んでいるアーバン・プロフェッショナルと呼ばれる弁護士や医者、学者、証券アナリストなどの裕福な専門職の人たちだった。彼らは環境に対しても関心が高いし、五〇万円から八〇万円ほどの価格差などは気にしない人たちだ。そのような人たちがトヨタのハイブリッドを買ってくれれば、新しいステータス・シンボルになるし、買った人も、ハリウッドのセレブじゃないが、世間から一目置かれる。

（『ハリウッドスターはなぜプリウスに乗るのか』P211）

塚本の指摘にあるように、ハイブリッド車のプリウスは、リベラル派の自己主張のための道具としての側面もある。そして、その自己主張をしているのは、ハリウッドスターも同じなのである。前述したように、プリウスはハリウッドのスターたちにも愛好者が多い。二〇〇三年のアカデミー賞授賞式にはハリソン・フォード（Harrison Ford）がプリウスに乗って登場した。また、環境問題への取り組みに大変熱心なことで知られる人気俳優レオナルド・ディカプリオ（Leonardo DiCaprio）や人気女優キャメロン・ディアス（Cameron Diaz）は日常的にプリウスを使っている姿が目撃されている。塚本潔はハリウッドスターがプリウスを愛好している様子や理由を次のように書いている。

よく知られているように、初代プリウスはかなり小型のサイズのクルマだった。特に、米国では小さく見えたものだ。ところが、それがエンジンと電気モーターで走るクルマだったので、トレンドを作るのが好きなセレブたちの気持ちを掴んだのだ。クルマが小さく、一見なんの変哲もないクルマだけに、セレブたちは、自分が運転していても、まさかセレブがハンドルを握っているとは思わないだろう、といった「おかしさ」を楽しんでいた。実は、そのクルマが何であるかを知った人たちは、「セレブが未来的なクルマに乗っている！」と驚くわけだ。

（『ハリウッドスターはなぜプリウスに乗るのか』Ｐ２１０）

キャメロン・ディアスも愛用
（トヨタＨＰより）

ハリウッドは伝統的にリベラルであり、ハリウッドスターの多くが、環境問題や社会問題に積極的に関与している。こうしたハリウッドスターたちがプリウスを使用している様子が写真に撮られ、報道されることで、プリウスの宣伝ともなる。ハリウッドスターがアメリカにおけるプリウス人気の高まりに貢献したことは間違いない。

ここまで見てきたように、アメリカでプリウスを愛好する人々は、高学歴、高収入のアッパーミドルのリベラル派とハリウッドスターたちである。この事実は何も驚くべき現象ではなく、当然の帰結であると言える。リベラルな彼らが環境に配慮し、環境に優しい自動車であるプリウスを買うことは容易に予想できるし、現にトヨタ自動車もそう予想していた。しかし、トヨタの想定外の人々がプリウスに注目したのである。それが、日本でも有名なネオコン派の人々なのである。

「プリウス購入がテロとの戦いに貢献する」というネオコンの論理

ここ数年、日本でもネオコンという用語が頻繁に使われるようになった。ネオコンとは、ネオコンサーヴァティヴの略である。このネオコン派を日本にいち早く紹介した副島隆彦は、ネオコン派について次のように、簡潔に定義づけている。

ネオ・コンサーヴァティヴ Neo-Conservatives というのは、アメリカの新保守主義者たちのことで、六〇年代に、民主党左派の左翼学生であった者たちが、ソビエト共産主義への憎しみのために、高学歴の戦略学者となったのち転向して共和党に入党し、八〇年代以降共和党内で一大勢力を築いている人々である。ほとんどがユダヤ系の理論家たちだ。

（『改訂版　属国・日本論』Ｐ１３４）

ネオコン派はもともと左翼的、リベラルであったが、ソビエトの共産主義の実態に幻滅した人々である。そして、自分たちがアメリカの外交政策に関与できるようになると、ソビエト帝国を打ち倒すための政策を次々と立案していった人々なのである。このことから、ネオコン派は二〇〇〇年代に急に出現したのではなく、冷戦での勝利へとアメリカを導いた人々であることが分かる。

前掲の『イスラエル・ロビー（Ⅰ）』では、ネオコン派について次のように書かれている。

新保守主義は国内と外交政策の両方に対して、独特の見解を持つ政治的イデオロギーである。もっとも、ここでは後者の見解だけが問題となる。ほとんどのネオコン派は米国が覇権を握ることの価値に大いに賛同している。時には、アメリカ帝国という考えにすら賛同を示す。彼らはまた、米国の力は「民主政体を普及させることを奨励するため」と「潜在的ライバルが米国と競争するのを阻止すること」に使われるべきだと考える。

（『イスラエル・ロビー（Ⅰ）』Ｐ２３２）

ネオコン派は、様々な団体と研究機関で影響力のある地位を占めている。有名なネオコンには次のような人物がいる。

元職・現職の政策担当者では、エリオット・エイブラムス、ケネス・エイデルマン、ウイリアム・ベネット、ジョン・ボルトン、ダグラス・ファイス、故ジーン・カークパトリック、Ｉ・ルイス・〝スクーター〟・リビー、リチャード・パール、ポール・ウォルフォウイッツ、ジェイムズ・ウールジー、そしてデイヴィッド・ワムサー。

（『イスラエル・ロビー（Ⅰ）』Ｐ２３３）

ネオコン派はジョージ・W・ブッシュ政権の外交政策策定に大きく関与した。ミアシャイマーとウォルトの挙げたネオコンの重要人物たちの中には、私たち日本人にもおなじみの名前が多数見受けられる。特に二〇〇一年九月一一日に発生した同時多発テロ以降のアメリカのアフガニスタン侵攻、イラク侵攻をブッシュ政権内で主導した人々である。

これらネオコン派の重要人物の中で、今回、特に注目したいのはロバート・ジェイムズ・ウールジー・ジュニアである。彼が共同議長を務める（もう一人の共同議長はジョージ・シュルツ元国務長官）「現在の危機に関する委員会」のウェブサイトによると、ウールジーは外交畑において数々の要職を歴任している。特に、ビル・クリントン（Bill Clinton）政権下では、ＣＩＡ長官の重責を担った。

アメリカの自動車関連サイトの「モータートレンド（Motor Trend）」に、ベン・オリヴァー記者による、ウールジーのインタビューを基にした記事「石油の戦士：ジェイムズ・ウールジー元ＣＩＡ長官は言う。『ビン・ラディンをやっつけたいなら、プリウスを買おう』と」が掲載されている。その記事からいくつか引用したい。

ウールジーはプリウスを運転している。そして彼は次のように言う。もし読者であるあなたが石油を輸入する国に住んでいるなら、ウールジーと同じこと、つまりプリウスを運転することこそが愛国的な行動なのだ、と。彼の主張は単純だ。西側世界に敵意をむき出しにする政府が支配する国々がある。そんな不安定な地域から、アメリカは石油の大部分を輸入している。

そしてその石油を交通輸送に使っている。こうしたことはアメリカにとって良いことではない。

（ベン・オリヴァー「石油の戦士」）

ウールジーの主張が簡潔にまとめられた部分を引用した。この中で、彼は環境には一言も言及していない。彼の主張の根底には、アメリカの経済・対外政策しかない。しかし、そこから出される結論は、リベラル派と同じく、「プリウスに乗れ」というものになる。ウールジーや彼の所属している団体はリベラル派と共に活動する場面が多い。そのことについて記事では次のように書かれている。

ウールジーと共に活動している人々の多くは、彼の外交政策に関する考えなどには猛反対する人々である。しかし、彼らは共同してアメリカの世論を劇的に変化させている。そして、ウールジーの経済・安全保障を基礎とした主張がアメリカ国民の共感を得ている。最近の調査によると、アメリカ国民の三分の二は燃費の良い自動車を買うことは愛国的行動であると考えるようになっている。

（ベン・オリヴァー「石油の戦士」）

ウールジー所有のプリウスには、「ビン・ラディンはこのクルマが大嫌いだ」（"Bin Laden Hates This Car"）というステッカーがバンパーに張ってあるのだ。ウールジーはこのエピソードがお気に入りで、再三メディアや自分の文章の中で使っている。このステッカーの文言もまた、彼の言いたいことを端的に表現している。

このようなウールジーを代表とするネオコン派の動きはマスコミでも紹介されるようになった。そのいくつかから内容を紹介したい。アメリカのニュース総合サイト「アルターネット（AlterNet）」に二〇〇五年一一月九日付で、「ネオコンたちがプリウスを運転する（Neocons Driving Priuses）」と題する記事が掲載されている。この記事の中で、ジャン・フレルは次のように書いている。

しかし、新しい政治潮流が出現した。それは、右派と共和党がアメリカのエネルギー危機とそれを解決するための政策を支持するようになったことである。ネオコン派とキリスト教右派《ザ・クリスチャン・ライト》の連合は次のように考えている。アメリカの外国からの石油依存体質は危機を増幅し、また全世界の石油産出量は限界に近づいている、と。

フランク・ギャフニーのようなイラク戦争推進派の人々がワシントン市内でトヨタ自動車のプリウスを運転し、進歩派《プログレッシヴ》の人々と共に、エネルギーを節約しようという文書に署名している。彼らのこういう姿を見ると、世界が反転したのではないかという思いに駆られる。

（ジャン・フレル「ネオコンたちがプリウスを運転する」）

また、こちらもアメリカのニュース総合サイトのスレート（Slate）も二〇〇五年一月二五日付で、「ちょっと待ってくれ、『ネオコンが環境保護』。イラク戦争推進のタカ派がプリウスを運転す

プリウスを前にしたウールジー（トヨタＨＰより）

る理由（Hey, Wait a Minute As Green As Neocon Why Iraq Hawks Are Driving Priuses)」と題する記事を掲載した。筆者のロバート・ブライスはこの中で次のように書いている。

しかし、ワシントンでは興味深い変化が起こっている。外交政策とエネルギー政策の分離である。イラク戦争開戦を主導したネオコン派の重鎮たちの多くが環境保護を訴えるようになっているのだ。（中略）

イラクでの失敗にもかかわらず、環境保護を訴えるネオコン派《ザ・グリーン・ネオコンズ》の人々は、議会とホワイトハウスを説得し、彼らの主張するプログラムが政策として実現されると確信している。

（ロバート・ブライス「ネオコンが環境保護」）

このように、アメリカ政治で保守派と考えられるような人々が、リベラル派と共同してプリウス購買を奨励したり、エネルギー節約を訴えたりといった活動をしている。まさに、「呉越同舟」であり、「同床異夢」の状態にある。

ネオコン派の人々が依拠し、環境問題に関して活動している主な団体は二つある。一つは「国際安全保障分析研究所」である。ウールジーは、この研究所の顧問を務めている。顧問の中には、ジョンズ・ホプキンズ大学の教授であり、〈イスラエル・ロビー〉に属するエリオット・コーエン（Eliot Cohen）がいる。研究所について、ホームページから引用する（http://www.iags.org）。

国際安全保障分析研究所（ＩＡＧＳ）は非営利団体で、エネルギー安全保障（エナジー・セキュリティ）に特化した、人々への教育的使命を持つ団体である。ＩＡＧＳは、エネルギーが私たちの経済と安全保障に強いインパクトを与えることを人々が認識するように宣伝教育することを目的としている。また、エネルギー安全保障を強化するための技術的、政策的な解決策を提案する。そして、世界の平和、繁栄、そして安定に寄与する。

石油からの移行は、重要な地政学的《ゲオポリティカル》変化を引き起こし、アメリカの戦略もまた変化する。その変化によって繁栄と世界の安全保障が促進される。

国際安全保障研究所は、各種のレポートを発表し、会議を主催することで、エネルギーと安全保障に関する世論形成を行おうとしている。

もう一つの団体である「現在の危機に関する委員会（ＣＰＤ）」にも言及したい。ウールジーは、この団体の共同議長《コウ・チェアマン》をしている。もう一人の共同議長は、ジョージ・シュルツである。彼は、レーガン、ブッシュ（父）両政権の国務長官《セクレタリー・オブ・ステイト》を務めた。名誉共同議長《オノラリー・コウ・チェアマン》は、二〇〇四年の大統領選挙で民主党の副大統領候補となったジョセフ・リーバーマン（Joseph Lieberman）連邦上院議員である。その他、ニュート・ギングリッジ（Newt Gingrich）元アメリカ連邦下院議長、ホセ・マリア・アズナール元スペイン首相やバツラフ・ハヴェル元チェコ大統領が名を連ねている。

ＣＰＤもまた、教育啓蒙をその活動の柱にすえている団体である。その使命について彼らのホームページから引用する。

ＣＰＤの指導者とメンバーたちはそれぞれが様々な背景と政治的な考えを持っている。しかし一丸となって、アメリカと自由主義諸国が直面している暴力的なイスラム主義の脅威を人々に教育し、テロリストやテロ支援国家への宥和を呼び掛け、世界の悪と闘う政策を支持し、テロリストが多く発生する地域における市民社会と民主政体の発展を促すことに努力する。

上記の主張はまさにネオコン派の主張の核となるものである。ウールジーをはじめ、ネオコンの人々は、このＣＰＤを通じて、アメリカの石油依存からの脱却がテロとの戦いに勝利する方法であるという主張を、様々な提言の形で行っている。その中で、燃費の良い、つまり、ガソリンの消費を抑えることができるプリウスを称揚し、アメリカ国民に対し、その購買を促しているのである。彼らはその際に、「プリウスを買うことが愛国的な行動である」というレトリックを使っているのだ。これはまさに、アメリカにおける国民総動員運動である。そして、そのような主張や提言がアメリカ政府の政策となっているのである。

連邦政府・地方政府によるプリウス優遇政策

アメリカでは、連邦政府や地方政府がプリウスを優遇する政策を採用している。インターネット百科事典ウィキペディアには、アメリカの連邦政府や地方政府が採っている優遇政策が簡潔にまとめられている。以下に引用する。

アメリカ合衆国では、プリウスの購入者に税金の控除が認められている。その額は七八七ドルから三一五〇ドルである。コロラド、コネティカット、イリノイ、カリフォルニアの各州政府は、運転者のみのプリウスが、カープールレーン（複数人数が乗った車の専用レーン）を通行することを認めている。ロサンゼルスとサンホゼの市政府は、プリウスの運転者が路上パーキングに無料で駐車することを認めている。

カリフォルニアは全米一の自動車州であるが、その裏返しで、高速道路の渋滞もまた全米一である。郊外から都市部、例えば、ロサンゼルスに通勤、通学するのに高速道路の渋滞に巻き込まれれば、数時間は抜け出すことはできない。しかし、プリウスであれば、そんな渋滞をよそにスイスイと走れるのだ。また、プリウスを買うと税金まで優遇される。そのおかげで、プリウスはアメリカで人気の車種となった。二〇〇五年一二月二一日付のUSAトゥディ紙の記事「税金の控除を受けようとハイブリッド購入希望者が販売店に殺到」から引用したい。

トヨタ自動車のディーラーであるマイク・サリヴァンは言う。「ハリウッドとサンタモニカにある販売店では一二人のお客がプリウスを待っている。そのお客さんたちにプリウスが届けられるのは来年の一月初旬になる予定だ」と。

また、日本の自動車ニュース総合サイトであるレスポンス（Response）には二〇〇六年八月二日付で「優遇税制でハイブリッド販売に拍車」と題された記事が掲載された。その記事から一部を引用したい。

アメリカでは今年から自動車に対する税制が一部変更となり、今年購入したハイブリッド車は来年度の税金申告で一律に三四〇〇ドルの税金控除が受けられる。（中略）

ガソリン価格で比較しても、年間に一万五〇〇〇マイルを走行する人の場合、燃費が四〇マイル／ガロンのハイブリッドと二〇マイル／ガロンのガソリン車の比較で、年間に節約できる燃料代はなんと一一二〇ドルに及ぶ。通勤の足などで車が欠かせないアメリカ人にとって、この差は大きい。

このように、アメリカ政府はプリウスを優遇している。それは環境保護だけを目的としたものではない。そこには、上記のネオコン派の主張と共通する戦略があるのだ。

二〇〇四年四月に、ホワイトハウスから「新世代のアメリカの技術革新（A New Generation of American Innovation）」と題する、アメリカの技術革新と政府の役割に関するレポートが発表された（http://www.whitehouse.gov/infocus/technology/economic-policy200404/innovation.pdf）。レポートによれば、技術革新の中で柱となるのは三つで、「水素燃料」「健康情報に関する新技術」、そして「ＩＴ技術」とされている。

ここで注目したいのは水素燃料の開発についてである。このレポートでは、アメリカ政府は水素燃料の開発に三億五〇〇〇万ドル（約三八五億円）を予算として拠出するとしている。その理由を「アメリカの外国からの輸入石油依存は拡大し続けている。しかし、水素燃料はアメリカの輸入石油依存を減らすことが出来る」（P6）というものだった。これは、ネオコン派の人々の主張と全く同じである。

しかし、いま現在、水素燃料の実現性は不確定である。そういう状況の中で、プリウスが次善の策として注目されたのである。燃費が良く、ガソリンの消費を抑えることのできるハイブリッド車、プリウスはまさにアメリカの国策である「石油依存からの脱却」に向けて、水素燃料の実用化までのつなぎ役として重要な位置を占めているのである。

環境問題の特効薬ではなく「テロとの戦い」のツールとしてのプリウス

この論考では、「環境保護政策にはウラがある」ということを主張するために、トヨタ自動車のハイブリッド車プリウスを事例として取り上げ、検討してきた。世界規模での原油価格の高騰と環境保護意識の高まりによってハイブリッド車の売上げは急伸し、自動車の販売台数が伸び悩むなかで、成長が期待される分野である。プリウスはその先頭をひた走る存在である。

実際、アメリカにおいてプリウスは人気のある車種となり、納車に数カ月を要する状況となっている。こうしたアメリカのプリウス人気を支えているのが、高学歴、高収入で環境保護に関心の高いリベラルなアッパーミドル層とハリウッドスターたちである。

しかし、環境問題などとは最も遠い存在であると考えられるネオコン派の人々もまた、アメリカ国民に対しプリウス購入を推奨している。彼らの主張の基底にあるものは、しかしながら、環境への配慮などというものではない。ネオコン派の人々は、アメリカの安全保障と外交政策の面から、アメリカの石油依存体質からの脱却を目指しており、そのためにプリウス購入を推奨しているのだ。そのため、リベラル派の人々と呉越同舟のような状態で行動を共にしている。

そして、京都議定書の批准を拒否するなど、ブッシュ政権は環境保護への関心が薄いと思われてきた。しかし、アメリカ政府もプリウス優遇政策を採用している。アメリカ政府はプリウスの購買者に税金の控除を認めたり、無料で駐車することを認めたり、高速道路の通行を優遇したりと、至れり尽くせりである。そのせいで、アメリカの三大メーカーから不満が出ていた。このプリウス優遇政策は何も環境保護を目的とするものではない。

アメリカ政府もまた、ネオコン派の主張と同様に、石油の海外依存を減少させ、海外に頼らないエネルギー政策を目標としている。そのために新技術、特に水素燃料の開発に重点を置いているが、それが実現するまでの間、次善の策としてプリウスを推奨しているのである。これはまさにプリウス国民運動である。

このように、環境保護政策にはウラがある。それは時に生々しい国際関係も絡んでいるのだ。私たちが環境に関するニュースに接する際、「何かウラがあるのではないか」と考えることが、政府や政策を操る人々に騙されない方法である。

［主要参照文献］

『環境問題のウソ』池田清彦著／ちくまプリマー新書／二〇〇六年
『ほんとうの環境問題』池田清彦＋養老孟司共著／新潮社／二〇〇八年
『環境問題はなぜウソがまかり通るのか』武田邦彦著／洋泉社／二〇〇七年
『環境問題はなぜウソがまかり通るのか2』武田邦彦著／洋泉社／二〇〇七年
『ハリウッドスターはなぜプリウスに乗るのか』塚本潔著／朝日新聞社／二〇〇六年
『環境保護運動はどこが間違っているのか？』槌田敦著／宝島社新書／二〇〇七年
『手にとるように地球温暖化がわかる本』村沢義久著／かんき出版／二〇〇八年
『暴走する「地球温暖化」論』渡辺正他著／文藝春秋／二〇〇七年
『ネオコンの論理』ロバート・ケーガン著／山岡洋一訳／光文社／二〇〇三年
『アメリカの終わり』フランシス・フクヤマ著／会田弘継訳／講談社／二〇〇六年
『イスラエル・ロビーとアメリカの外交政策（I・II）』ジョン・J・ミアシャイマー＋ジョン・J、ウォルト、スティーヴン・M／副島隆彦訳／講談社／二〇〇七年
「優遇税制でハイブリッド販売に拍車」Sahicko Hijikata (Resoponse、二〇〇六年八月二日、http:wwresponse.jp/issue/2006/0802/article84553_1.html)。
「プリウス開発費は政府が負担？　元取締役証言にトヨタ反論」(http://www.cnn.co.jp/business/CNN200804020016.html)
「朝日新聞」二〇〇八年一月二三日付
「日本経済新聞」二〇〇七年六月七日付
'Prius Politics' by Robert J. Samuelson (Washington Post, July 25, 2007).
'Buy a Hybrid, and Save a Guzzler' by David Leonhardt (New York Times, February 9, 2006).
'As Green as a Neocon- Why Iraq hawks are driving Priuese' by Robert Bryce (Slate, January 25, 2005).
Wikipedia: http://www.en.wikipedia.org
'Gentlemen, start your plug-ins' by R. James Woolsey(Wall Street Journal, December 30, 2006).
'What About Muslim Moderates?' by R. James Woolsey (Wall Street Journal, July 10, 2007).
'Turing Oil Into Salt' by R. James Woolsey and Anne Korin(National Review Online, September 25, 2007).

'Oil Warrior: Former CIA chief James Woolsey says if you want to beat Bin Laden, buy a Prius' by Ben Oliver (Motor Trend Online: http://www.motortrend.com/features/consumer/112_0705_james_woolsey_interview/)
'Iran Divestment' by R. James Woolsey (Ohio House of Representatives- Committee on Financial Institutions, Real Estate and Securities, May 3, 2007).
'Hearings on Geopolitical Implications of Rising Oil Dependence and Global Warming' by R. James Woolsey (U.S. House of Representatives- Select Committee on Energy Independence and Global Warming, April 18, 2007).
The White House Website: http://www.whitehouse.gov
The Committee on the Present Danger Website: http://www.committeeonthepresentdanger.org
Institute for the Analysis of Global Security Website: http://www.iags.org
Set America Free Coalition Website: http://www.setamericafree.org
Kelly Blue Book Website: http://www.kbb.com/
トヨタ自動車ホームページ: http://www.toyota.co.jp

［7］

洗脳の手段としての「環境映画」その正しい鑑賞法

須藤喜直

映画に隠された意図を読む

社会問題を論ずるために映画を引き合いに出すのは幼稚な方法、と考える方も読者の中にはいらっしゃるかもしれない。しかし、映画は本来、政治的なテーマを扱うのに非常に適した媒体である。国家の最高支配層によるプロパガンダにも使われれば、権力者の横暴に反対する人々による左翼的な主張にも用いられる。評論の論材として映画を扱うのは、ただ単に難しい問題について手軽に学ぶことができるから、ではない。製作側は大なり小なり、ある意図をもって作品を作るのであり、その意図がどこにあるのか、また図らずも描き出された作中のシーンから何が学び取れるのか、を読み解いてゆくのは立派な知的作業なのである。

もちろん環境問題を扱った作品にも優れた映画は多数存在する。とはいえ、この稿で注目する二本の作品は、一般的には環境問題の映画とは認識されていないだろう。それでもやはり、環境問題を論じる上で、大変重要なテーマを扱っているのである。

◎『暗殺の瞬間』SISTA KONTRAKTET

一九九八年／スウェーデン／監督：シェル・スンズヴァル

主演：ミカエル・パーシュブラント、ミカエル・キッチン／一一〇分

環境と福祉への取り組みにおいて、スウェーデンは世界の中でも最も進んだ国の一つといわれている。一九七二年には首都ストックホルムで国連人間環境会議が開かれ、世界で初めて環境問題に関する国家間の話し合いが行われた。

この会議には日本も参加したが、スウェーデン外からやってきた環境保護団体による大規模なデモが議場の外で盛り上がりを見せたことも手伝い、日本にとって極めて不本意な結果に終わってしまった。

しかし、これらグリーンピースのような巨大な環境保護団体の主張の背後には、実は政治的な要因がある。「動物を守れ！」との彼らの主張には、額面どおりの無邪気な意図以上のものがあることが、たとえばこの会議で議題として採り上げられた捕鯨問題でも見てとれる。

この国連人間環境会議のホスト役を務めた当時のスウェーデン首相、オロフ・パルメは、アメリカに逆らい続けたことが原因で殺された。当時のアメリカは軍事上の理由から、何としてもソ連と日本の捕鯨を禁止したかったのに、パルメはその野望にあくまで抵抗したのである。映画『暗殺の瞬間』はこの一九八六年二月二八日に発生した、オロフ・パルメの暗殺事件を描いた作品である。

パルメ暗殺は公式には未だに解決していない事件であり、犯人像についても諸説入り乱れている。『田中清玄《せいげん》自伝』（田中清玄・大須賀瑞夫著、ちくま文庫）では、アメリカ・CIAと協力関係にあった田中清玄が「ソ連犯行説」を唱え（『田中清玄自伝』P193）、また『ユダヤの告白』（P・ゴールドスタイン、J・スタインバーグ共著、宇野正美訳、エノク出版）ではイスラエルのモサドの関与が示唆《しさ》されている。このような憶測の混乱ぶりはそれ自体が謀

『暗殺の瞬間』

略の匂いがするし、その点でもケネディ暗殺事件を思わせる。

しかし『暗殺の瞬間』は、スウェーデンの作品であり、この映画の見解が、少なくともスウェーデン国民にとっての共通認識であることは確かだろう。『暗殺の瞬間』では、オロフ・パルメはアメリカによって殺されたことがはっきり描かれている。作中の会話は基本的にスウェーデン語だが、暗殺者たちはニューヨークなどで、英語で会話しているのである。

なぜスウェーデン首相が狙われたのか

オロフ・パルメは、国際社会における自国の独立性を優先するポピュリスト（人民主義）的な政治家であり、その外交手腕は高く評価され、大国にとって無視できない大きな存在だった。ベトナム戦争に反対し、一九七二年一二月二四日、国民に向けたクリスマス談話でアメリカによるハノイ爆撃を「ナチスによるホロコーストと同じだ」と喝破する、歴史的な演説を行った。大国の帝国主義を批判する一方で、国際紛争の調停の場としての国連を中心にすえた外交政策を展開した、カリスマ的な指導者だった。

『スウェーデン現代政治史』（スティーグ・ハデニウス著、早稲田大学出版部）の説明によると以下の通りだ。


外交政策においては、パルメは革新者であった。彼は、東側と西側のいずれで行われるにせよ独裁者に反対する運動に積極的であり、植民地主義や軍備拡張競争と闘った。一九七〇年代と一九八〇年代に、パルメは、抑圧された人びとのために平和を求める世界的に一流のスポークスマンとなった。

（『スウェーデン現代政治史』P141）

『暗殺の瞬間』を純粋にエンターテインメントの映画として観た場合、迫力は十分ではあるが、構成の面で損をしてしまっている作品といえる。ストーリーの進行が複雑で、暗殺を止めようとする刑事の側と暗殺者の側の様子をそれぞれ頻繁に切り替え、また時系列上でも暗殺があった当時のほかに数年後、事件を回顧しているシーンを唐突に何カ所も差し挟んでいる。本来、政治的な事件を扱った作品は、ただでさえ緻密に考えながら観ていかなければならないので、こんな編集では大抵の観客は、初見では話を消化できないだろう。

以下、映画の中の重要な場面を紹介しつつ、解説してゆこう。

冒頭でパルメの演説や談話のフッテージ（実際の映像素材）が次々と流されるが、まずベトナム戦争を非難したパルメの談話と、戦争の様子とキッシンジャーの顔が大写しになる。パルメがアメリカを敵に回していたことが、ここで判る。次にソ連のアフガン侵攻を非難する演説。「ソビエトはアフガンから撤退せよ」とはっきり述べている。その次はパレスティナ問題に言及するパルメの映像。パレスティナ問題で、パルメはPLO側に味方することを選び、PLO代表のアラファトをスウェーデンに招いている。イスラエルをも敵に回していたわけである。最後にパルメに反対するプラカードを持った、スウェーデン国内のデモの様子も写る。

暗殺されたパルメ首相

パルメ政権下では国内経済の動向は、けっして良くはなかった。
スウェーデンが当時反米色を強めた理由は、『スウェーデンハンドブック』（岡沢憲芙・宮本太郎編、早稲田大学出版部）によると、以下のようである。大国に挟まれた小国がとるべき、国家戦略の見本の一つだろう。

なぜこの時期に、スウェーデンの外交政策は抑制的中立政策から積極的中立政策へと転換したのであろうか。その理由は、スウェーデンの対外関係の変化に求めることができるであろう。五〇年代末以降、経済・科学技術領域でのスウェーデンの西側（特に米国）依存は急速に進み、経済的、軍事戦略的にスウェーデンが西側陣営に実質的に統合されるという状況が生じた。さらにスウェーデンは政治的中立を標榜しながらも、西側諸国と価値観を共有し、イデオロギー的には西側陣営に属していることは明らかであった。このような状況の下で、東西間に戦争が勃発した場合、スウェーデンは真に中立を守る能力と意思とを備えているかという、中立政策の信憑性の問題が、東側諸国、とくにソ連との関係において生じてきた。積極的外交政策は、この問題に対処する政治的戦略として出てきたものと考えることができるであろう。

（『スウェーデンハンドブック』P104－105）

劇中では、直接依頼を遂行する暗殺者のほかに、パルメ暗殺について話し合う黒幕たちが出てくる。彼らはアメリカ人で、スウェーデンの警察庁の責任者を呼びつけて暗殺を指示するのである。
ニューヨークでの密談では、アメリカ人は国際関係の力の均衡状態についての話から始めて、スウェーデンの高官にやんわりと圧力をかける。パルメが当時進めていた、核の支配下から脱したいと考えている北欧諸国との核に反対する条約が結ばれれば、アメリカはノルウェーから撤退しなければならない。ソ連の原子力潜水艦が内海に出没している状況で、またソ連がコラ半島から一発も核兵器を削らない状況で、そんなことをして大丈夫なのか、と脅しをかけ、さらに重ねて、「今、だれかが暗殺を企てているようだが、その進行中の計画は、そのまま放置してみてはどうか」と勧める。「それとも愛国心が邪魔して出来ないか」と聞かれると、スウェーデンの高官は「最も大切なのは、スウェーデンが民主国家として生き残ることです」と答える。スウェーデンがアメリカ寄りの、アメリカの軍事力に今後も守ってもらう立場を選択した場面である。つまり、「スウェーデンもアメリカの属国」ということだ。

さらに別の場面での秘密の会話。場所は、アメリカの国旗が飾られた公的な雰囲気の建物なので、おそらく在スウェーデンのアメリカ大使館だろう。先に出てきたスウェーデン高官と、今度は別の、アメリカの高級軍人との会話である。アメリカ人は、「スウェーデンの主導でスカンジナヴィア半島一体で非核兵器地帯構想（ニュークレア・フリー・ゾーン）を実現する案には、ソ連は喜んで賛成するだろう。アメリカに対する牽制になるからだ。パルメは親ソ派なのか、ナイーヴなのか？おそらくその両方ではないか。腹が立つ」と、不満をぶちまける。スウェーデンの高官は「お察しします」とあいづちを打ち、「打つ手はないのかね？」と、アメリカの軍人が返す。これらの会話も、全て英語で行われている。

暗殺者たちの計画は進行し、一九八六年二月二八日、深夜二三時二〇分、オロフ・パルメは、映画鑑賞の帰途ストックホルムの路上で背後から撃たれ、死亡する。

捕鯨禁止は「軍事問題」だった

これほど注目を集めた暗殺であるにもかかわらず、パルメ暗殺事件は今も未解決であり、真相は闇に包まれている。暗殺の背後に捕鯨問題があったことを指摘したのは、副島隆彦の以下の文章である（参照記事「今日のぼやき『３１３』国際捕鯨問題の全体像と、その背後にあるもの」二〇〇二年六月一七日」http://snsi-j.jp/boyaki/diary.cgi?no=2&past=29）。

……以下の事実は、月尾嘉男《つきおよしお》東大教授の論文から参照させていただいた。

なぜアメリカは捕鯨禁止を言い出したのか。それは、ただ単に自然環境保護や絶滅種の救出という美名の課題だけに因《よ》るものではない。

本当の理由は、マッコウクジラの脳漿《のうしょう》の確保なのである。大型クジラの一つであるマッコウクジラの脳漿は、戦車用の燃料オイルや潤滑油の不凍液として貴重なものとして今も使われている。この零下六〇度になっても凍らない不凍液を人工的に作るには、今でも巨額の費用がかかると言われている。

人工的に製造しようと思えば出来るのだが、そうなると一兆円の桁の費用がかかるという。だから米軍は既にこのマッコウクジラの脳漿を大量に確保して貯蔵している。このアメリカの安全保障（国防）に関わる重大問題として、キッシンジャー博士が早くから捕鯨禁止の外交活動を始めたのである。そのためにグリーンピースなどの環境保護団体を上手に使ったのだとも言える。
スウェーデンの政治家でオーラフ・パルメ（Olaf Palme）という人がいた。この人は、スウェーデンの首相を務めた人で、一九八八年に二度目の首相選挙に出ようとしていた時に、ストックホルムの路上で暗殺されてしまった。パルメ元首相は、当時騒がれていた、ベトナム戦争での米軍の枯葉剤の製造問題と、アメリカの核汚染物質の所在と、それからこの鯨から採れる不凍液の問題を知っていて、それを国際社会に訴えようとした矢先のことだったらしい。クジラにまつわる問題は、このような背景を持っているのである。（今日のぼやき「313」から）

この副島論文で参照されている月尾教授の見解は、たとえば『IT革命のカラクリ』にも見ることができる。この本はジャーナリストの田原総一朗との対談本だが、以下に引用するのは月尾教授の発言だけである。ただし月尾教授は、この本の中でパルメの暗殺にまでは言及していない。

捕鯨問題はアメリカの謀略

月尾　これは『動物保護運動の虚像』（梅崎義人／一九九九年）に詳しく書いてあるのですが、七二年にスウェーデンのストックホルムで国連人間環境会議が開かれた。ホスト役のスウェーデンのオロフ・パルメ首相はベトナム戦争でアメリカが行っている枯れ葉作戦を取り上げようとしていた。ところが、七二年はニクソンの選挙の前年で、ベトナム戦争が世界な批判を受けると、ニクソンの再選が危ない。そこでキッシンジャーが動き回った。
人間環境会議は、七二年六月八日に、捕鯨問題を決議する予定だった。当時の日本の票読みでは、圧倒的に捕鯨は認められるはずだったのです。ところが当日、議場へ日本の代表団が行ったら誰も来ていない。あわてて事務局に行ったら、そのときの事務局長が、京都会議でも共同議長を務めたモーリス・ストロングで、「お前たち聞いてないのか。一日延びたんだ」といわれた。（中略）

七二年のストックホルムの人間環境会議で決まったのは、一〇年間のモラトリアム。調査捕鯨は認めて、八二年にまた考えるということにした。そこで八二年に国際捕鯨委員会（ＩＷＣ）が開かれます。（中略）

その後どうなったかというと、グリーンピースなど環境保護団体が活躍しだした。（中略）

七二年にクジラ捕鯨をやめようというまでアメリカもクジラを大量に捕っていたのです。アメリカは、脳漿油《のうしょうゆ》というクジラの脳を包んでいる袋のなかの油を取り、ドラム缶に入れて、北極圏に備蓄していた。この油はマイナス六〇度でも凍らない潤滑油になるので、米ソ緊張の時代、北極圏での戦争のために備蓄していたといわれる。この油が石油で代替できるようになって、クジラは不要になったといわれている。

（『ＩＴ革命のカラクリ』Ｐ１０３－１０８）

上記引用箇所で月尾教授が主な論拠としているのは、『動物保護運動の虚像』（梅崎義人著、成山堂）と『クジラと陰謀』（梅崎義人著、ＡＢＣ出版）の、二冊の本を中心とした梅崎義人《うめざきよしと》氏の言論である。

一九七二年の人間環境会議での、不可思議な決議の延期の真相は、梅崎氏の以下の説明のほうがより深いところにまで迫っている。これはアメリカによる、裏工作のための強引な時間稼ぎだったのである。

……延期の通知は日本代表団のだれも受けていない。奇妙なことに日本だけがつんぼ桟敷に置かれていた。まともな国際会議ではあり得ないことである。後になって分かったことだが、アメリカが会議事務局長のストロングと、第二委員会議長のケニアの国連大使と舞台裏で話し合って、一日延期したのである。

延期の理由は、アメリカの捕鯨モラトリアム提案を、すんなりと採択させるための裏工作が完了していなかったからだ。アメリカ提案に対しては、ノルウェー、アイスランドなどの捕鯨国が「クジラはＩＷＣの問題」といって反対していたし、アジア諸国は「ベトナム戦争がクジラより重大な問題」といって反発していた。八日の時点でアメリカは、過半数の賛成票を読み切っていなかった。一方、日本側の票読みは〝過半数が日本案支持〟であった。（中略）

アメリカはこの形勢を逆転し、アメリカ案を必勝の型に持っていくため、二四時間のうちに二つの手を打っている。

一つは修正案づくりである。「クジラはＩＷＣの問題」との指摘に応えるために、原案を次のように修正した。

「ＩＷＣを強化し、鯨類研究の国際的努力を拡充し、更に緊急の問題として商業捕鯨に関する一〇年間のモラトリアムをＩＷＣの主催のもとに、かつ関心あるすべての国の参加のもとに求めることに、各国政府が合意するよう勧告する」

傍線部分を加えたことによって反対を表明していた国の態度が変わっていった。モラトリアムの決定をＩＷＣに委ねるとの表現であれば問題はないのである。

もう一つの手は多数派工作である。影の国務長官として辣腕を振るっていた当時大統領補佐官のH・キッシンジャーは、ワシントンから参加各国の外相にホットラインでアメリカ支持を要請した。また、ストックホルムのアメリカ代表団は、修正案を持って反対国の説得に奔走。あくまでも日本案にこだわる国には欠席を強要している。

（『動物保護運動の虚像』P57－59）

梅崎氏は、これらのアメリカの動きの裏にはロックフェラーがいたことまで指摘している。

採決の結果はアメリカ案賛成五三、反対は日本、南アフリカ、ポルトガルの三か国のみ。ブラジルはなぜか棄権に回っている。棄権国は一二だった。環境会議五日目の七二年六月九日、捕鯨問題を審議した第二委員会に出席した国は一一二の参加国中六八か国。残り四四か国が欠席という異常事態を生んだ。わずか一日の間の大逆転劇だ。日本代表団はアメリカの外交手腕の恐ろしさを、まざまざと見せつけられたのである。国際政治の舞台では理論ではなく力を持っている国が勝つということを裏付ける、典型的なケースと言えよう。（中略）

何よりも、攻める方の勢力とその意気込みがケタ外れに大きい。世界一の富と権力を手にしているロックフェラー・グループを中心とする、アメリカの東部エスタブリッシュメントが仕掛人である。（中略）

ローマクラブを作って「成長の限界」を刊行し、その中で資源破壊型の商業捕鯨の規制を主張。そして、その後に展開していく環境保護運動に権威を持たせるために、国連主催の環境会議の開催を国連総会で決定させた。それから二年間、成功のための布石を着々と打っている。

アスペン研究所の幹部、モーリス・ストロングを環境会議の事務局長に決めて勝利のシナリオを練らせる。アース・デイを開催、「たったひとつの地球」を刊行、さらに巡回講演会を実施して環境会議への世界の関心を高める。同会議の日本代表団にローマクラブ会員の大来佐武郎《おおきたさぶろう》を送り込む。大来からは日本側の細かな動きが漏れなくアメリカ側に伝わったはずだ。第一回環境会議が開催されたストックホルムに、約二〇〇〇人の自然保護グループの運動家を送り、反捕鯨集会とデモを実行させる。ロックフェラーグループの切り札であるキッシンジャーが大統領補佐官の地位を利用して、環境会議参加国の外相にアメリカ支持を要請する。そして、ストロングと環境会議第二委員会議長であるケニアの国連大使に対して論功行賞を約束して、捕鯨モラトリアム勧告を採択させた。

このような一連の動きを見ると、東部エスタブリッシュメントの情勢分析の鋭さ、発想の深さ、企画力の豊かさ、実行力の大きさには驚くほかはない。仮に日本が彼らの考えや内情を把握できたとしても、有効な対抗手段はほとんど打てなかっただろう。有色人種にはとても真似のできない緻密でしかも大きな業だった。

（『動物保護運動の虚像』P61－64）

クジラから採れる油には、軍事的な需要があったことも、梅崎氏は解説している。

このことは事実であり、評論家の山本七平《やまもとしちへい》も、米反捕鯨団体のオデュボーン協会会長バーンズとの会見に際して、「ロシア人にとっては鯨油だけが必要で、しかも鯨油の一部はミサイル用であり、軍需といえる」との議題を用意して討論に臨んだのである（『クジラと陰謀』P101）。

米国における反捕鯨活動の大きな推進力のひとつとして、関係業界の利益を代表する連邦議員の動きを見逃すことはできない。

米国の大手製油会社サンオイル社（ペンシルバニア州）は、一九七一年に潤滑油の新製品を開発した。この製品は、マッコウ油とほとんど同じ品質であった。そこで、サンオイル社は捕鯨禁止運動を積極的に支援することになる。

というのも、この新製品には開発コストが大幅にかかっているため、販売価格をマッコウ油の三倍にせざるを得ず、マッコウ油を市場から追放する必要があったからである。（中略）

サンオイル社のマッコウ油にかわる新潤滑油の開発が、米国の捕鯨禁止政策の決定につながったことは明らかであった。

マッコウ油は、機械の潤滑油としては最高の機能を果たすだけでなく、零下三〇度まで凍結しないという特性がある。米国とソ連は、ミサイルやスペイス・シップに使用していたし、将来起こるかもしれないシベリアの極寒地戦争のために、かなりのマッコウ油を備蓄していた。

米国が一九七一年「海洋哺乳動物保護法」を制定し、米国内での捕鯨を中止し、さらにクジラ製品の輸入まで禁止した時、日本の軍事関係者は、マッコウ油の調達をどうするのか不可解であった。だが、米国は、マッコウ油の大量備蓄に加えて、サンオイル社の代替品が開発されたため、その問題はすでに解決済みだったのである。

（『クジラと陰謀』Ｐ１０６－１０８）

もう一つ証拠として、鯨油の軍事利用について書かれた、毎日出版文化賞も受賞した『鯨と捕鯨の文化史』（森田勝昭著、名古屋大学出版会）の該当箇所を引用する。

一八五〇年代、石油利用の可能性が現実になると、鯨油が後退することはさらに明らかになっていった。ヨーロッパ・アメリカ帆船捕鯨の集めた鯨油は常に、植物油、石炭ガス、石油などのライヴァルがあった。言い換えれば、鯨油には常に代替物があったのである。

鯨油には、ワニスやペイントなどの建材の原料や、精密機械の潤滑油としての用途もあったが、こちらもやがては石油という代替物にとって代わられる運命にあった。しかし、一九世紀後半に液体鯨油を固体化する「硬化油処理法」が開発され新しい鯨油の利用法が登場すると、一時落ち込んだ鯨油需要も再び伸びて行く。固体化された結果、鯨油から固形石鹸、ダイナマイト、マーガリンなどの製造が可能になり、従来化学処理なしで利用されていた一次産品の鯨油は、工業原料へと変貌する。低賃金の労働者の栄養状態を支える基本的食品や軍需産業用の原材料となった鯨油は、重要な戦略物資となるのである。一八六〇年代ノルウェー北部で始まり、二〇世紀には南氷洋へ広がって行くナガス鯨類を中心とした現代捕鯨は、鯨油の経済的価値の革命がその背景にあったのである。

（『鯨と捕鯨の文化史』P114）

『アメリカは環境に優しいのか』（諏訪雄三著、新評論）によれば、鯨の価値が世界的に変わった後も、軍事用として鯨油を求め続けたのは、ソ連である。

第二次大戦後、南氷洋で捕鯨していた国は、日本、ソ連、ノルウェー、英国、南アフリカ、オランダなどだったが、石油などの普及で油をとるための捕鯨に経済性が失われ、五〇年代、六〇年代に次々と撤退した。鯨肉を食べる日本と日本に鯨肉を売るほか鯨油が軍事的にも必要だったソ連の二国が南氷洋で商業捕鯨を続け、一九七二年の国連人間環境会議（ストックホルム会議）を迎えている。

（『アメリカは環境に優しいのか』P217）

アメリカにとって、鯨油を自国用に押さえた上で、世界的に捕鯨を禁止することは、そのままソ連に対する封じ込めにもなっていた。そのためには日本の食文化的な事情など考慮するはずもなく、捕鯨の禁止は是非やらねばならない施策だったろう。そして戦争の遂行に邪魔になる者は、それが影響力を持つ人物なら、オロフ・パルメのように殺害されることさえあるのである。

石油業界が仕掛けるプロパガンダ映画

◎『チェーン・リアクション』CHAIN REACTION
一九九六年／アメリカ／監督：アンドリュー・デイヴィス
主演：キアヌ・リーヴス、モーガン・フリーマン／一〇七分

水素エネルギーもまた、大きな騙《だま》しだったようだ。石油に関する各種の研究書（『世界エネルギー市場』その他）や、松浦晋也《まつうらしんや》氏の『スペースシャトルの落日』、東京大学名誉教授の安井至《やすいいたる》氏の言論などを読んでいくと、そのように結論せざるをえない。遠い将来、今の人類が想像もつかない技術革新が起こるかもしれないが、そのような話ではなく現在の技術水準で論じる限り、自動車などの燃料を水素でまかなう試みは、石油の消費を抑える試みとしては全くの無意味であることが、近年になってはっきりしてきた。

それでも現在、水素エネルギーへの期待と投資は、エクソン・モービル社やGM社、それに米政府等の主導により、ますます巨大な規模に成長している。


ゼネラルモーターズ、ダイムラークライスラー、シェルの各社は、燃料電池の研究開発にそれぞれ一〇億ドル以上を投資し、それ以外の企業も大がかりな研究開発に取り組んでいる。各国政府も、競って、自国の企業に水素自動車の製造を奨励している。ゼネラルモーターズ社は、米国政府に応えてペースを設定するかのように、五年問で一二億ドルの研究開発予算を組み、二〇一〇年には水素燃料電池車の販売を開始する予定であると発表している。

（『ピーク・オイル・パニック』Ｐ２８４）


しかしこれは間違った方針であり、世界がそれに追随してしまう要因は、「世紀の失敗作」であったＮＡＳＡのスペースシャトル計画にまで求められる。

映画『チェーン・リアクション』は、おそらく石油業界のプロパガンダ用に作られた謀略映画だが、失敗作である。扱っている題材こそ魅力的なものの、肝心の映画としての出来がよくない。主人公であるキアヌ・リーヴスとレイチェル・ワイズのアクショ

『チェーン・リアクション』

ン・シーンは退屈であり、典型的なハリウッド式の大量生産型の作品の作り方で済まされてしまっている。筆者にとってはＦＢＩの捜査官とモーガン・フリーマンが出てくるシーンだけが面白かった。その箇所に注目すればこの映画は、いくつかの重要な事実を図らずも描き出した、観るべき価値のある作品となっている。

作中で、シカゴ大学の若きエンジニア・エディ（キアヌ・リーヴス）は水から水素を効率的に、また安定して取り出すことのできる新しいエネルギー発生装置を開発する。実験が成功した夜、何者かによってプロジェクトを率いていた博士は殺され、研究所は爆破される。ＦＢＩはＣＩＡからの見解をもとに、エディが中国のスパイであるとの容疑をかけ、またエディの自宅で二五万ドルの現金と通信装置を発見し、逃げ出したエディたちを追跡する。

実は全ての黒幕は、研究チームに参加していた門外漢の顧問シャノン（モーガン・フリーマン）だった。シャノンはただの財団理事ではなく、レーガン政権下では政府顧問も務めた大物であることが、ストーリーが進むにつれて明らかになる。彼が理事を務める「ムーア財団」は非営利の団体で、出資者は防衛産業、通信産業、航空宇宙産業など。資金はケイマン諸島などのタックス・ヘイブンを介して送金され、受け取りの口座は機密扱いでＦＢＩにも開示されない。また国からの予算も上院の委員会の承認のもとに提供され、しかも予算の使途については一切の報告義務がない、特権的な財団であることがわかる。「ムーア財団」を調べたＦＢＩ捜査官は「財団を裏から動かしているのはＣＩＡとしか考えられない」と唸《うな》る。

この黒幕たちの本部・会議室の壁には、石油のパイプライン敷設工事や、石油採掘の現場などの、石油業界を象徴する写真が大きなパネルになって一面に立てかけられているので、この映画の言わんとするところは大変判りやすい。ＣＩＡを、そのさらに裏で動かしていたのが石油業界であったことがここで暗示されている。石油業界とは、つまりはロックフェラー一族のことである。エディ（リーヴス）たちが研究していたシカゴ大学は、ジョン・Ｄ・ロックフェラーによって設立された、彼らのお膝元なのだ。

露見した構図「ＣＩＡ＝ロックフェラー」

きわめて大雑把に言えるなら、ＣＩＡとはロックフェラーのことである。このことは最近公開された映画『グッド・シェパード』（二〇〇六年、ロバート・デ・ニーロ監督）でもあますところなく描かれていた。

『グッド・シェパード』で描かれたＣＩＡでは、ロックフェラーを始めとする大富豪の一族たちが所属する結束力の強い秘密クラブ「スカル・アンド・ボーンズ」のメンバーたちが、その中枢をなしている（『スカル＆ボーンズ』アレクサンドラ・ロビンス著、太田龍監訳、成甲書房）。

この作品の主役であるマット・デイモン演じるＣＩＡの管理職も「ボーンズ」のメンバーである。『グッド・シェパード』はエンターテインメントとしては高い評価を受けなかったが、このボーンズとＣＩＡとの密接な関わりを、平坦な歴史的事実としてさもつまらなそうに淡々と描き出したところに価値があった。

『チェーン・リアクション』は、「石油業界としては水素エネルギーの研究は推奨するけれども、その過程でたまたま本当に凄い発明が生まれてしまったために慌てて研究を潰そうとした」話なのである。この幻想的な技術が普及すると石油の時代が終わってしまうことを恐れた、石油業界の意志による妨害工作であったことが映画の終盤になって明らかになる。

エネルギーの問題は、単なる生活や自然環境の問題ではなく、政治や軍事にそのまま結びついてくる。黒幕のシャノン（フリーマン）が籍を置いていた組織ＤＡＲＰＡ（Defense Advanced Research Projects Agency, ダーパ）も重要である。これはアメリカ国防省の局の一つで、「先端研究計画局」と訳される。特に陸軍との繋がりが深い組織である。

ＤＡＲＰＡ《ダーパ》は、例えば私たちが普段使っているインターネットを開発した部局としても有名だ。前掲書『ＩＴ革命のカラクリ』によれば、インターネットはＤＡＲＰＡとランド研究所が開発したネットワークである。


ＡＲＰＡは「Advanced Reserch Projects Agency」で、先端研究計画局と訳されます。ディフェンス（国防）のＤが頭につく場合もあって、ＤＡＲＰＡ（ダーパ）ともいいます。これは、軍事用の研究予算をアメリカの大学や研究機関に分配する組織です。ここが、ＡＲＰＡＮＥＴというインターネット網を作って、ＡＲＰＡから委託研究を受ける大学や研究機関が相互に通信できるネットワークとして、使っていたのです。

（『ＩＴ革命のカラクリ』Ｐ75－76）


ＤＡＲＰＡはアイゼンハワー政権下、冷戦当時の一九五八年に、ソ連のスプートニク打ち上げ成功による恐怖を背景に設立され、同時にインターネットの開発も進められた。当時は何よりも冷戦を推し進めることが最優先だったわけだが、一方で坂村健《さかむらけん》氏によれば、ことはそう単純でもないようだ。

「核の脅威」からインターネットができたのは事実だが、軍の予算がほしかったコンピュータ研究者たちが実態以上に軍の危機感をあおり立てたという面もかなりある。ほんと、学者というのはロクでもない連中なのである。

（『痛快！コンピュータ学』坂村健著、Ｐ１５３）

つまり自分たちのために予算を獲得し、仕事の需要を作り出すためなら、軍事関係者は平気で嘘をつくものらしい。アイゼンハワー大統領が離任する際に「軍産複合体」を非難する、怒りの演説を行ったことは有名である。

スペースシャトルを失敗させた水素エネルギー

再度映画の解説に戻る。研究所の爆発事故の件で議会に召喚され、責任を追及されたシャノン（フリーマン）は「チャレンジャー号でも、一〇人の命が予期せぬ事故で失われましたが、我々はひるむことなく宇宙開発の技術を推進してきました。科学技術の未来は、そのようにして開かれていく」と強弁して議会を黙らせる。この台詞にも、大きな欺瞞《ぎまん》がある。

アポロ計画が衰退していった後、ＮＡＳＡはその膨大な資金と人材を、今度はスペースシャトル計画につぎ込んだ。政治的な理由から人類の月面着陸をめざしたアポロ計画は、アメリカの国威を高め、理科系技術への夢を振りまいたこと以外には、特に大きな意義を生まないまま終了したが、スペースシャトル計画もまた、重大な欠陥を抱えたろくでもない計画だった。

松浦晋也氏は『スペースシャトルの落日』（エクスナレッジ）の中ではっきりと「騙された」と書いている。

・スペースシャトルは宇宙船として巨大な失敗作である。コンセプトから詳細設計に至るまで無理とムダの塊だ。
・シャトルの運行が続いた結果、宇宙開発は停滞した。
・スペースシャトルに未来があるとだまされた世界各国は、シャトルに追従し、結果として宇宙開発の停滞に巻き込まれた。
（『スペースシャトルの落日』Ｐ６）

日本のＮＡＳＤＡ（宇宙開発事業団）などもソ連・ロシアを見倣《みなら》うべきだったのに、なぜかアメリカに追従してしまった。迷走し続けたアメリカの計画と違い、ソ連は宇宙ステーション「ミール」や優れた設計である「ソユーズ」ロケットの開発など、着実に実績を積み重ねていたという。

ＮＡＳＡが一九六九年二月にスペースシャトルの検討を始めた際に提携した航空宇宙メーカーは、ジェネラル・ダイナミクス、ロッキード、マクダネル・ダグラス、ノースアメリカン・ロックウェル、マーチン・アリエッタ、等である。「アポロ後を模索していた航空宇宙メーカーが、シャトル計画への参画をいかに重視していたかが分かるだろう。アポロの次の計画で仕事が取れるかどうかは死活問題だったのだ」（『スペースシャトルの落日』Ｐ127）。アポロ後のアメリカの宇宙開発計画にも、まっとうな技術的見通しが隅に追いやられ、巨額の予算をめぐる動きと政治的思惑が多分にからんでいたのである。

本来、アポロ計画の次に使用する宇宙輸送システムをどうするかは、技術的な見地から考えなくてはいけない問題だった。しかし技術的に判断すべき事項が、意思決定の階層を上っていく過程で、技術ではなく予算や政治的判断で決められていったのではないだろうか。

（『スペースシャトルの落日』Ｐ１９１）

そんなスペースシャトル計画の技術的間違いの一つが、液体水素を燃料として使ったことである。液体水素は扱いが大変難しく、蒸発しやすいのでどんな小さな隙間からも漏れてしまう。タンクも通常よりも大きく、重くせざるをえない。液体水素は良い機械の条件として松浦氏が挙げている「扱いやすい」も「壊れない」も「安い」も実現できない、使う必要のない燃料であったらしい。ロケットの燃料ならば、ケロシンを使ったほうがずっと合理的だった。

たとえ技術的にまっとうな方針でも、政治的な理由によって捩《ね》じ曲げられることがある。水素エネルギーの利用に関しても、かつてのローマクラブのように「石油業界は危機を迎えている」と説く『ピーク・オイル・パニック』（ジェレミー・レゲット著、益岡賢ほか訳、作品社）では、「急がないといけない。というのは、中国政府も水素燃料電池車の世界的なリーダーになることを目論んでおり、過去数年、毎年二億ドルのレベルで研究開発を支援しているためである」（Ｐ２８４）と、競争に乗り遅れることへの危機感を煽っている。

しかし一方で、『世界エネルギー市場』（ジャン＝マリー・シュヴァリエ著、増田達夫監訳、作品社）では、「しかし、石油経済から水素経済への移行には、長い歳月が必要となるであろう」(P346)と指摘している。これは遠まわしながらも、はっきりとした否定である。

ソニア・シャーは『「石油の呪縛」と人類』(岡崎玲子訳、集英社新書)の中で、水素エネルギーをめぐる動きが、米政府関係者や自動車メーカー、石油企業の主導による「まやかし」であったことを指摘している。

最近のエネルギー戦略が何かを暗示しているとすれば、世界一のエネルギー消費国を率いる大統領や州知事、主要な自動車メーカーや石油企業といった面々によって描かれているエネルギーの未来に見受けられるのは、ソーラーパネルや風力発電所ではなく、水素燃料電池、炭坑、原子力発電所、そしてエタノールだ。効率、環境負荷の軽減、持続可能性については、それぞれ魅力的なまやかしによって宣伝されている。(『「石油の呪縛」と人類』P213)

「いずれも、各々の方法で、石油消費と大気への炭素排出を継続させることとなるだろう」(P213)とシャーは続ける。

石油・石油化学産業界は、実は既に何十年にもわたって水素を生産してきている。自動車業界が水素エネルギーへ仮に移行したとしても、水素を作り出すために、以前と同じかそれ以上の石油が消費されるのである。もちろん、水素生成の際に有害物質は排出される。

世界の関心が水素エネルギーに向くなら、石油業界への打撃にはならないことがはっきりしてきてからは、巨額の資金が水素関連の事業に投入されることになった。

水素経済の将来像においてガソリンの勝算がみられるようになった二〇〇〇年、エクソン・モービル社はGM社と、ガソリン・水素発電技術の共同開発に乗り出した。二〇〇一年にはトヨタ、日産、ルノーもガソリン・水素発電自動車に力を入れると誓い、BPとシェルは社内に水素部門を開設した。「全てを合計して、関連各社の売り上げや議論に上がった各種の乗り物を考慮すれば、何兆という規模の話だ」と、GM社のCEOは興奮気味にテレビ番組「60ミニッツ」に語った。

ブッシュが約束した十億ドル単位の研究開発費はフリーダムCARイニシアティブという産業・政府共同事業を通じて、GM、フォード、クライスラーの開発部門へ直接届く。

（『「石油の呪縛」と人類』P215）

エンジニア誌は二〇〇三年に、「炭素排出量を抑える面では即効性があるものの商業的には利益が上がらない選択肢から世間の注目を逸らすために、水素が利用されているのではないか」と疑問を唱えた。

また、「石炭から水素を作り出す」動きもある。これは化学業界ではアンモニアや飼料の製造工程で日常的に行われてきた、さして新しくもない技術である。

ウェスト・ヴァージニア州の石炭連合会長は、大統領が「感謝しているのだ」と話す。「私たちの力添えなしでは大統領の座に就いていていない事実を認めているのだ」。

（『「石油の呪縛」と人類』Ｐ２１９）

しかし石炭企業は石炭の採掘に大量に石油を燃やすのである。この局面においても、石油業界はまったく懐が痛まないのだ。

『石油の終焉』（ポール・ロバーツ著、久保恵美子訳、光文社）でも、以下のように指摘されている。

一部の石油会社や自動車メーカー、政治家らが、ガソリン自動車の燃費の向上という課題を回避するために水素を利用しているのは一目瞭然だった。たとえば、ダイムラー・クライスラーは燃料電池を支持するいっぽうで、大型のピックアップ・トラックやＳＵＶの売り上げに重点をおくビジネス戦略を維持し、平均燃費が業界最低クラスの新モデル車を発表した。

（『石油の終焉』Ｐ１４４）

こうした水素経済には、投資家たちの資金も大きく動いた。しかし燃料電池に関する技術的な問題が解決できずに、どの投資も失敗に終わっている。今の市場の水素経済に対する評価は「詐欺」である。

何度も痛い目にあった投資家は、当然ながら水素技術会社に金を出し続けることをためらうようになり、投資対象をほかへ移している。こうした疑問の目は、政府のイニシアチブに対しても向けられている。二〇〇二年一月には、ブッシュ政権が水素技術の開発推進政策として

「フリーダム・カー」計画を高らかに発表したが、大衆の反応は一般に冷めていた。従来の自動車に対する燃費水準の引き上げという、政治的リスクの高い責務を回避するために、また皮肉な作戦が始まったと受けとめられたのだ。さらに残念なことに、水素や燃料電池は、ほんの数年前に獲得した大衆の関心をみすみす失ってしまったようだ。元自動車技術者で、現在は水素発生器の設計をしているフランク・リンチはこう語る。「これまで、人は水素ときけば爆弾や飛行船ヒンデンブルグ号の爆発事故を思い浮かべたものだった。そういうイメージをようやく打ち消したと思ったら、つぎに思い浮かぶ言葉が〝詐欺〟になってしまうのではないかと心配だ」

（『石油の終焉』P151－152）

この『チェーン・リアクション』という映画は、追い詰められた主人公が水素エネルギー理論の論文を、インターネットで世界中にばら撒いて、石油のくびきからの人類の解放を実現したところで終わっている。

しかし私たちの現実は、ハリウッド映画が説く甘い夢とは全く別の展開を見せていくのだと警戒したほうがいいだろう。

＊＊＊

筆者の論考は以上で終わるが、重要な環境映画はまだまだ存在している。蛇足ながら本論ではとり上げることのできなかった作品も数作、以下に掲載する。なお、鑑賞する際の指針として「良い環境映画」と「悪い環境映画」とに分けてみた。

［良い環境映画］

○『**シルクウッド**』Silkwood

一九八三年／アメリカ／一三三分／監督：マイク・ニコルズ／主演：メリル・ストリープ

『ノーマ・レイ』のような労働組合の話だが、現代技術として最先端である原発で実際に働いているのは下層階級の人々であることが判る。原発内部の放射能管理の杜撰《ずさん》さと労働者への健康被害を告発しようとした主人公は最後、自動車事故に見せかけて殺される。実話。

『シルクウッド』

○『**エリン・ブロコビッチ**』Erin Brockovich

二〇〇〇年／アメリカ／一三一分／監督：スティーヴン・ソダーバーグ／主演：ジュリア・ロバーツ

汚染物質を流す工場と、被害を受けた周辺の住民との争い。こうした環境問題であれば、確かに存在するのである。存在するかどうかも判らない地球温暖化問題などとは違って。

『エリン・ブロコビッチ』

○『**わが谷は緑なりき**』How Green Was My Valley

一九四一年／アメリカ／一一八分／監督：ジョン・フォード／主演：ウォルター・

ピジョン
ウェールズの炭鉱を舞台にしたある一家の物語。かつて緑に覆われていた故郷が無残に汚されても、人の営みは偉大であったと謳《うた》う人間讃歌。

○『沈黙の要塞』On Deadly Ground
一九九四年／アメリカ／一〇二分／監督・主演：スティーヴン・セガール
映画としては駄作だが、ロックフェラーの勢力がライバルの石油会社を追い落とす手口が図らずも描かれている。環境保護団体とＣＩＡを利用するのだ。

○『愛は霧のかなたに』Gorillas in the Mist
一九八八年／アメリカ／一二九分／監督：マイケル・アプテッド／主演：シガーニー・ウィーヴァー
コンゴのゴリラを守ろうとする学者は、動物保護のためにやがて地域一体を自分の王国にしてしまう。実は私たちアジア人も、このゴリラたちと同じように観察されていることに注意。

○『誰が電気自動車を殺したか？』Who Killed the Electric Car?
二〇〇六年／アメリカ／九二分／監督：クリス・ペイン／主演：チェルシー・セク

『わが谷は緑なりき』

『沈黙の要塞』

『愛は霧のかなたに』

ストン
排気ガスを出さない電気自動車は何年も前から既に実用化していたが、石油業界からの圧力で市場に出ることを阻止された。告発のドキュメンタリー映画。

○『ソイレント・グリーン』Soylent Green
一九七三年／アメリカ／九八分／監督：リチャード・フライシャー／主演：チャールトン・ヘストン
「人を加工して食料に」する衝撃の結末ばかりが印象的だが、人口爆発と環境汚染で悪化した人間の生活を描いた、これも立派な環境映画。私たちの未来は、避けがたくこのような世界になるだろう。

［悪い環境映画］

●『不都合な真実』An Inconvenient Truth
二〇〇六年／アメリカ／九六分／監督：デイヴィス・グッゲンハイム／主演：アル・ゴア
データの捏造。極論。原題に「The」ではなく「An」とつけたのは「これはあくまで私の意見」というニュアンスであり、言い訳めいている。

『誰が電気自動車を殺したか？』

『ソイレント・グリーン』

『不都合な真実』

●『チャイナ・シンドローム』 The China Syndrome

一九七九年／一二二分／アメリカ／監督：ジェームズ・ブリッジス／主演：ジェーン・フォンダ

原発でメルト・ダウンが起きると、地球を突き抜けて反対側の中国にまで達することもありうる、との理論を元に原子力利用の危険性に反対した左翼映画。はっきりいって言いがかりである。ジェーン・フォンダらしい。

●『皇帝ペンギン』 La Marche De L'empereur

二〇〇五年／フランス／八六分／監督：リュック・ジャケ／主演：ロマーヌ・ボーランジェ

実写なのにまるでディズニーのアニメのように、ペンギンたちの社会を人間のように描くとんでもない偽善。

●『デイ・アフター・トゥモロー』 The Day After Tommorow

二〇〇四年／アメリカ／一二四分／監督：ローランド・エメリッヒ／主演：デニス・クエイド

地球温暖化による異常気象は今すぐにでもやってくる。極めて大味な話。

『チャイナ・シンドローム』

『皇帝ペンギン』

『デイ・アフター・トゥモロー』

●『ディープ・ブルー』 Deep Blue

二〇〇三年／ドイツ・イギリス／九一分／監督：アラステア・フォザーギル／主演（ナレーション）：マイケル・ガンボン

自然の美しさ、海の生き物の珍しさを訴えかける美麗な映像の数々。クジラが大量に魚を食べるのは環境のバランスを崩しているのだが、そんなシーンも無批判に美しく流されてゆく。

●『アース』 earth

二〇〇六年／ドイツ・イギリス／九六分／監督：アラステア・フォザーギル／主演（ナレーション）：パトリック・スチュワート

「ディープ・ブルー」を海から陸にも広げたような映画。

●『キューティー・ブロンド2』 Legally Blonde 2

二〇〇三年／アメリカ／九五分／監督：チャールズ・ハーマン＝ワームフェルド／主演：リース・ウィザースプーン

動物保護のためには人間の都合も軽んじられ、法案は強引に通される。そしてその裏には権力者同士の相互扶助クラブが機能している……という映画ではないのだが、筆者にはそう見える。

『ディープ・ブルー』

『アース』

『キューティー・ブロンド2』

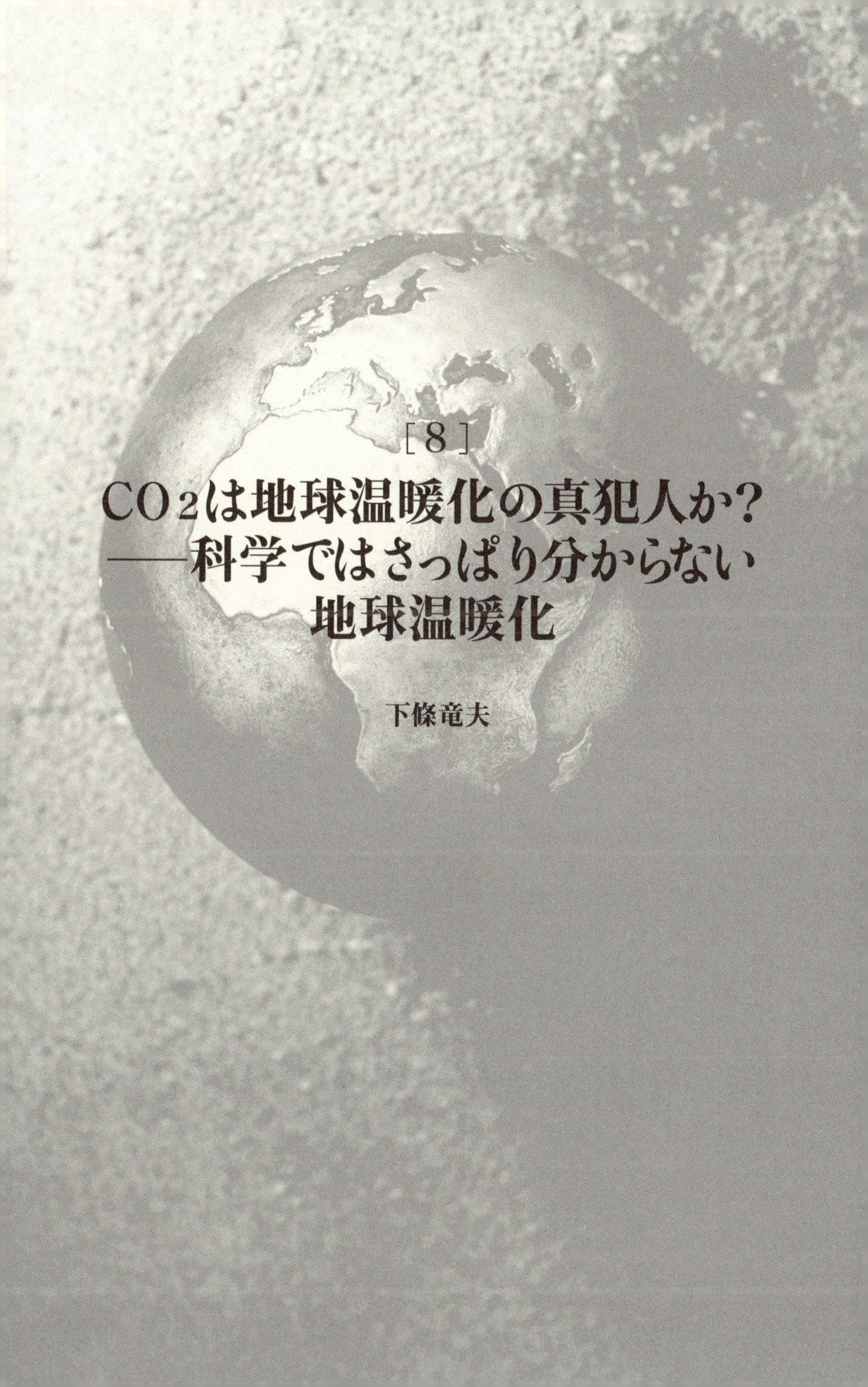

［8］

CO_2は地球温暖化の真犯人か?
——科学ではさっぱり分からない地球温暖化

下條竜夫

人間が人為的に排出する二酸化炭素（CO_2）を主とした温暖化ガスにより、地球全体が温暖化していると言われている。

しかし実際は、地球温暖化が二酸化炭素の増加によるものなのか、はっきりとは分からない。それどころか、本当に地球全体が温度上昇しているのかどうかもよく分からない。地球は温暖化するかもしれないし、寒冷化するかもしれない。

科学では、地球の未来はさっぱり分かりません。

二〇〇七年一二月、バリ島での衝撃的な報告

インドネシアのバリ島・ヌサドゥア。このバリ島最南端に位置する観光地は、インドネシアのスハルト大統領が観光客誘致のためにつくったリゾートである。ヒルトン、ハイアット、シェラトンなどの高級ホテルが立ち並び、アジアを代表する白浜のビーチリゾートとして海外観光客の人気を集めている。

このヌサドゥアに、二〇〇七年一二月、世界中の外交官、気象研究者、マスコミが大挙して押しかけた。国連の気候変動枠組み条約第一三回締約国会議（COP13）が行われたためである。二〇〇八年から京都議定書の協定が施行され、京都議定書の約束期間が四年後の二〇一二年に切れることから、それ以降の二酸化炭素排出量の枠組みを取り決めるため開催された。

この会議で、議長国のインドネシアは、ＩＰＣＣ（Intergovernmental Panel on Climate Change, 気象変動に関する政府間パネル）という団体の地球環境問題報告書を土台とした合意案を提案した。しかし、合意案には「先進国は二〇二〇年までに一九九〇年比で排出量を二五－四〇％削減する」という数値目標が含まれていたため、「バリ・ロードマップ」と呼ばれる今後の交渉予定のみを決めて終わった。

この議案の土台となる案を作成したＩＰＣＣは一九八八年に国連により創立された団体であり、数年おきに地球温暖化に関する報告書を発表している。一九九〇年、一九九五年、二〇〇一年の三回にわたって、地球温暖化の現状調査、今後の科学的な予測、温暖化を防ぐための対策技術、政策の提言などをしている。二〇〇七年にはノーベル平和賞を受賞したことで、世界的にも有名になった。そしてＣＯＰ13でたたき台となったＩＰＣＣの報告書（二〇〇七年一月）が第四次のものである。その内容はその前の三回と比べても衝撃的なものであった。読売新聞の記事から引用する。

今回の第四次報告書案は、第三次報告書の策定時点（二〇〇一年）では情報不足でできなかった、地域ごとの詳細な被害予測を具体的な数値をあげて初めて明記した。さらに、「気温上昇や雪氷の融解は現実に起きており、温暖化は明白」として、根強い温暖化懐疑論も明確に否定している。報告書案は、今月末から五月にかけて開かれるＩＰＣＣの各作業部会で正式決定され、世界全体の温暖化対策の判断材料となる。

地域ごとの影響評価は、化石燃料に頼る社会を続けた場合と省エネ社会に転換したシナリオを設定。東アジアでは二〇七〇～九〇年までの平均気温を予測した。その結果、経済や健康被害のほか、海面が一メートル上昇した場合は、約四一〇万人が居住する東京や大阪、名古屋の沿岸域などが浸水する恐れがあるなどとした。

　世界的には、過去一〇〇年の平均気温が〇・七四度上昇した観測結果をあげ、第三次報告書時点の過去一〇〇年（〇・六度）よりも温暖化が加速していると指摘。第三次報告書では今世紀末の平均気温は最大五・八度上昇すると予測していたが、今回は最大六・三度上昇すると上方修正した。

　その結果、北極海の海氷が晩夏には完全に消えるほか、暴風雨を伴う強力な台風やハリケーンも増加。海水の酸性化も進み、サンゴ礁が溶ける恐れがあると警告している。また気温が一九九〇年時点より四～五度上昇すると、世界で一一～三二億人が水不足に、世界人口の五分の一が洪水被害に遭う恐れがあるとみている。

（読売新聞二〇〇七年一月二三日付）

この内容を一枚のグラフで表したのが下の図である。

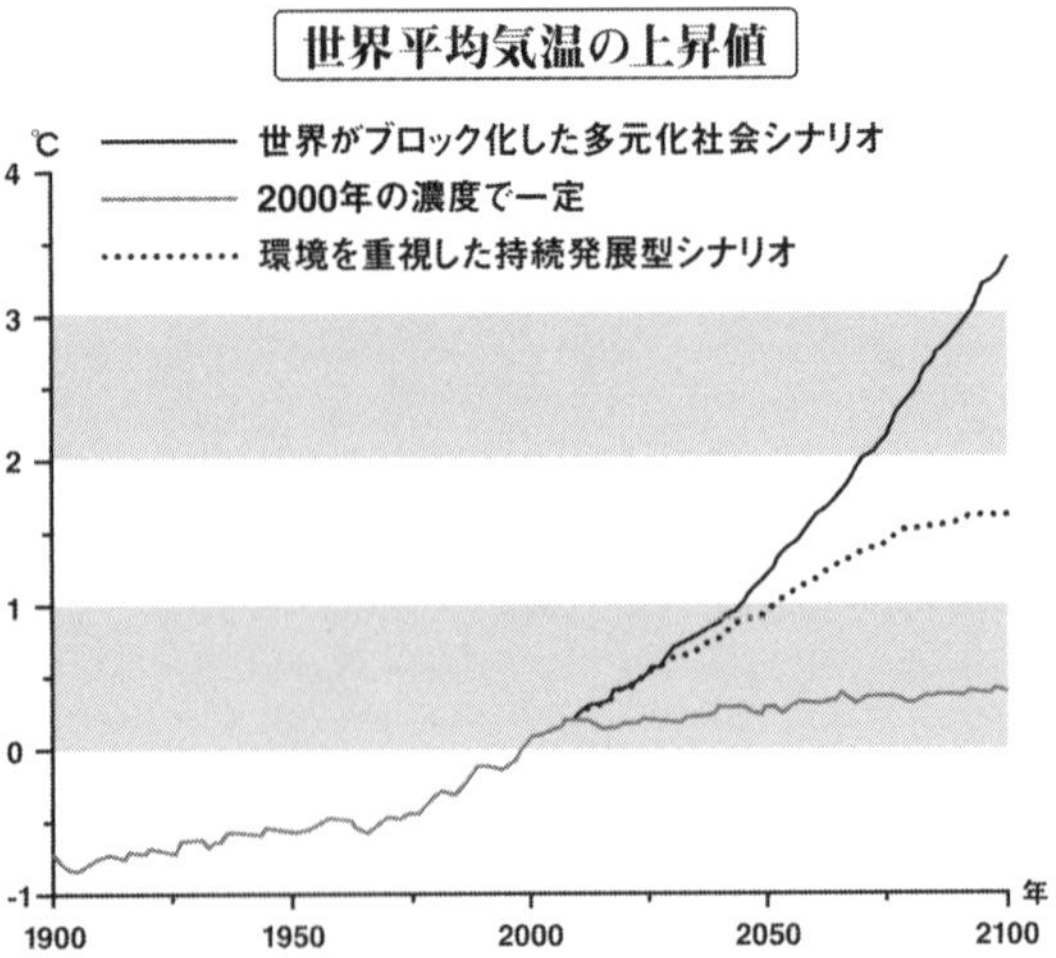

二酸化炭素の排出量が一定の場合など、細かく場合分けし、将来、世界の平均気温がどの程度上昇するかが見積もられている。

この図から、二〇〇〇年以降は温度上昇がさらに加速する様子が見て取れる。

楽観的な「持続型発展社会のシナリオ」でも一・八℃程度、最悪の「多元化社会シナリオ」の場合で三・六℃程度（さらに確率的には六・四℃程度もありうると言われている）気温が上昇し、大きな影響を及ぼすことが見て取れる。この図を見れば、一〇〇年後、つまり自分たちの子供や孫の時代に、いったい地球はどうなっているのか!?　という不安に襲われる。

さて、この論考では、二酸化炭素により地球が温暖化するという科学的予測は正しいのか？　および地球は本当に温暖化しているのか？　そして、なぜ科学によってははっきりと予測することはできないのか？　ということについて述べていきたいと思う。

科学者でも分からないＩＰＣＣとその報告書

このＩＰＣＣの第四次報告書であるが、「一三〇カ国以上からの四五〇名超の代表執筆者、八〇〇名超の執筆協力者による寄稿、および二五〇〇名以上の専門家による査読《さどく》を経て作成されている」と喧伝されている（環境省の第四次報告書の要約より）。確かに数多くのレビュー、コメントがあるから、多数の気象専門家が報告書作成にからんでいるのは間違いない。

普通は公表されない査読の過程が、なぜか査読者名までインターネット上で閲覧できる。[1]　それをみると、第一作業部会という科学的知見を評価するワーキンググループの報告書の作成過程は、（1）第一次の原案を執筆者がつくる、（2）それを各方面の研究者が読み、書き換え、付け加えのコメントをだす、（3）それをもとに第二次の原案を執筆者が作る。（4）それに対してさらに、研究者が読み、書き換え、付け加えのコメントをだす。（5）これらを吟味し、最終案として提出する。

――という段階を経て行われている。これだけ見れば、慎重を期して多くの気象学者の様々な意見を取り入れて報告書を作成しているように思える。

しかし、実は一般的なイメージとは違って、この報告書は、査読者がコメントを出しても、執筆者がそのコメントについて留意し、それに従う形で改作するとは限らない。執筆者で文書の内容を一方的に決めてしまうことが可能である。その結果、内容が見た目よりはるかに恣意的《しいてき》になってしまうのである。

実際、IPCCの執筆者は多くの査読者の有効な意見を取り上げていない。これらも全部インターネット上で閲覧できる。

例えばビンセント・グレイ（彼は反地球温暖化の気象学者として有名である）というニュージーランドの研究者が「『水蒸気』ということばを加えるべきである。水蒸気は最も重要な温室効果ガスであり、大きく変化するため、平均値や信頼できる温室効果への影響を評価する数値は現在でも得られていない」というコメントを出している。

水蒸気というのは温暖化ガスとしては、もっとも効果の大きいものであり、実際に三次の報告書には、その旨記述されている。しかし、今回その意見は「拒否（reject）」され、水蒸気は、温暖化要因としては全く記述されなかった。重要な不確実性として「成層圏水蒸気の変化の原因とそれによる放射強制力は、よく定量化されていない」と書かれているだけである。

このような「拒否」が数多く行われた結果、IPCCの報告書に不満を表明する研究者も多い。日本ではまったく報道されなかったが、二〇〇八年の三月二日にはニューヨークでICCC(International Conference on Climate Change)という学会が開かれている。ここでは、IPCCに対抗する形で、二酸化炭素による温暖化説が科学的に事実かどうかの議論が行われた。最終的には報告書も出していて、この報告書はインターネットで閲覧できる。[2]これを読むと、ふつうの研究者であれば、現在のIPCCの報告書には懐疑的になる。

その他にも、最近ではフリーマン・ダイソンという著名な物理学者を筆頭に、三万一〇〇〇人ものアメリカの科学者が「二酸化炭素などの人工的な排出ガスが劇的な地球温暖化を起こすことはない」という署名をしたという。

地球観測衛星でも測定できない正確なデータ

それではなぜここまで、研究者の間で議論が分かれるのだろうか? もちろん環境問題では補助金、研究費などの巨額なお金が動いているから、その巨額のお金のぶんどり合戦という面がある。多くの地球温暖化懐疑論も、このあたりから説明されている。

しかし、科学というものは本来、「経験事実」や「実験事実」に基づいて議論されるもので、そこに恣意的な考えは入りにくいはずである。科学に対するこの認識は間違いないのだろうか?

そこで地球温暖化問題を、よく似た気象問題であるフロンによる成層圏オゾン破壊問題と比較してみよう。実は、地球温暖化による二酸化炭素削減はこのオゾン層破壊の問題抜きでは語れない。どちらも将来地球規模で環境破壊を引き起こすとされ、科学者の提言により世界で規制を行い削減していった点でそっくりだからである。

フロン（クロロフルオロカーボン、CFC）は一九七〇年頃からすでに、オゾン層を破壊するガスであり、禁止するべきだと言われてきた。[3] 成層圏に存在するオゾンは人体に有害な紫外線を吸収するという重要な役割を果たしている。ところが、フロンは安定しているため、成層圏までそのまま到達し、そこで紫外線により解離し、そこから出来た塩素原子が、このオゾン層を破壊していくというメカニズムが提案されたのである。一九八一年にオゾン層保護条約の作成をめざすことになり、一九八五年に「オゾン層保護のためのウィーン条約」というのがむすばれている。

そして、この一九八五年に南極上空で、オゾンが極端に少ない「オゾンホール」が観測された。この南極オゾンホールはそれまでは観測されたことはなく、急激にオゾンが減少したことを意味した。そして、このオゾンホールの元凶として、一九七〇年頃から予想されていたフロンが取り上げられた。

一般には一九八五年にこのオゾンホールが発見され、フロンが大問題になったとされているが、その頃は条約を結ぶ外交官らは、まだその見方に懐疑的であったらしい。[3] 多分研究者もそうであっただろう。今でも成層圏におけるオゾンや二酸化窒素の総量は、計算予想値は測定値よりも少なく、定量性に問題がある。そんなところにフロンが原因とされても、メカニズム的にはあり得ても、それが真の原因かどうかは分からない。

しかし、一九八七年の航空機での観測、および一九九一年の地球観測衛星での測定により、決着がついた。オゾンホールを観測し、オゾンホールで一酸化塩素というラジカル（分子）が高濃度で存在することが発見されたからである。この一酸化塩素はフロンがオゾンを破壊するときに生成するとされている分子であり、これで科学的な証拠がそろった。

ここで重要なことは、航空機や観測衛星のデータが、フロンがオゾンを壊しているという理論的な枠組みに確証をあたえたということである。つまり簡単に言うと、地上での観測と予測が、全く別の地球観測衛星との観測データと一致したことが決め手となって、フロンによるオゾン層破壊の問題はみとめられたと言えよう。ちなみに南極や北極では大きなオゾンの減少が見つかっているが、経度の低い方ではそれほどの減少はない。[3]

さて、話を地球温暖化に戻そう。

実は二酸化炭素による地球温暖化では、この「地球観測衛星などの上空からの二酸化炭素温暖化データ」が得られていない。地球観測衛星では精度が低いために、微量な二酸化炭素の増加、二酸化炭素による赤外線吸収の増加は今のところ測定できないのである。また、地球観測衛星のデータでは、後述するように、地上の測定とは異なる温暖化傾向になっている。そのため、地球温暖化では、温暖化が本当に起きているかでさえ、意見が分かれ、もめるのである。

実際のデータを見てみよう。

次ページに示した図は地球観測衛星と気球（共に対流圏低層の気温）および地球上での気温測定データである。[4] 一九五八年以降のデータで、一九七八年以降は地球観測衛星のデータが提示してある。これをみると地上で測定した先の図（P224）とは様相が異なるのがわかる。

一九六〇年あたりから現在まで直線を引けば、確かに温度上昇しているとも見える。だが、気球のデータでは、一九五八－八〇年の間では異常な低下を示しており、ほとんど上昇は見られない。この間も二酸化炭素は増加しているから、これひとつとっても、温暖化と二酸化炭素の因果関係ははなはだ怪しいと見なされる。特に、IPCCが提出している先の図（P224）には、一九六〇年から八〇年までの寒い期間は見られず、むしろ上昇している。

また、地上の測定では一様に増加しているように見えるが、他の測定ではむしろ大きく変動しているようにしか見えない。

現在のところ、この「地上での温度観測」と「地球観測衛星での温度観測」の不一致の理由というのは判明していない。ある文献[5]でも「この二つのデータには大きな不一致がある」と述べられているだけである。なぜ、このような差が生じるのかは分かっていない。

地球の低対流圏温度と平均気温からのずれ

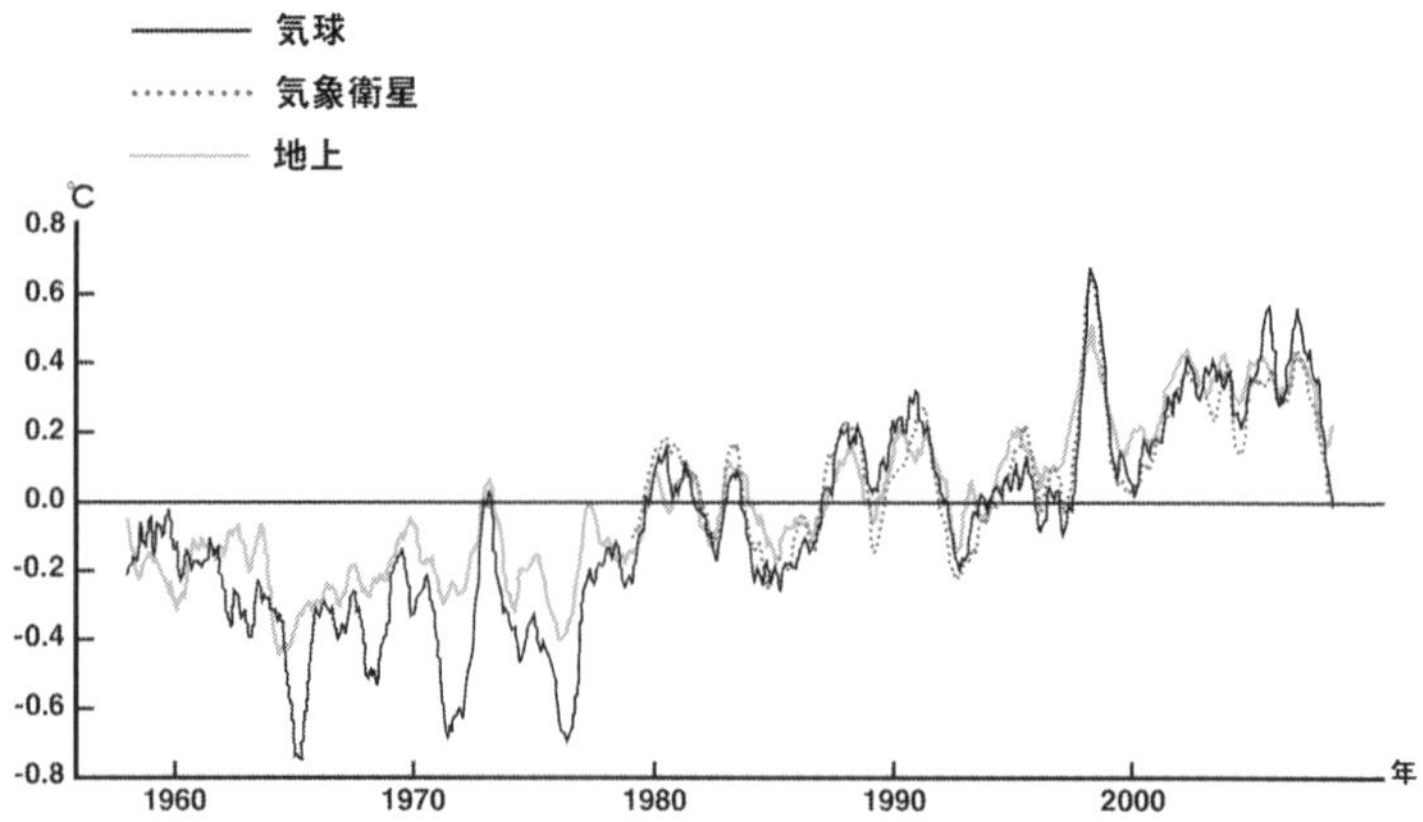

私見を述べれば、一番大きな可能性は、都市の出す熱による都市化の影響、すなわちヒートアイランド現象が予想以上に郊外にまで及んでいるためではないかということである。ＩＰＣＣの測定方法では、都市と郊外の気温の差をとり、それにより全体を補正している。しかしながら、簡単には、その影響を取り除けないのではないのかということである。

いずれにしても前ページの図には、地球温暖化による「うなぎのぼり」のような一定の温度上昇などは見られない。はっきりと分かるのは、温度上昇ではなく、一九七〇年代後半と九〇年代後半で、温度のジャンプがあったように見えることである。

この図には、一九九八年にスパイク状に見えるピークがあり、非常に気温が高かったことを示しているが、この年には実はエルニーニョ現象があった。エルニーニョ現象は南米エクアドルからペルー沿岸の太平洋東部赤道域の広い範囲で、海面水温が平年より〇・五℃以上の高い状態が一年ほど続く現象である。一九九七年春から九八年夏のエルニーニョは、海面水温が平均と比べて三－四℃高くなり、その影響で異常気象が世界各地に現れた。

そうすると、二〇〇〇年代の温暖化はこのエルニーニョの影響が残っていると考えることもできる。また一九七〇年代後半にも海流の変動があったらしい。地球観測衛星からは、最近の温暖化は、このような海流や大気循環の変化による効果が大きいと推測される。

二酸化炭素が二倍に増えると、何度温暖化するのか?

さて、では地球は温暖化しているとして、それは、温暖化ガスの主成分である二酸化炭素が原因なのだろうか？

ＩＰＣＣの報告書による二酸化炭素の温暖化メカニズムそのものは、科学的に考えれば納得のいくものであって、それ自体はまやかしではない。太陽光線により海水、地面や地上の大気は暖められる。その結果、暖められたこれらが、目には見えない赤外の光を放射し、それが宇宙空間へと拡散する。しかし水とか二酸化炭素はこの赤外光をよく吸収するため地上の温度の低下を防いでいる。この効果はだいたい三三℃と見積もられている。

だからその二酸化炭素が増加すれば、当然地上からの赤外光の吸収が増え、地球表面の温度は上昇するはずである。

次に、二酸化炭素の増加により、地球大気は何度上昇するのか、はっきりわかっているのだろうか？　複雑なシミュレーションはたくさんあるが、実は単純な計算予測は意外と少ない。

私が調べたところ、科学雑誌「現代化学」の二〇〇八年二月号に東大名誉教授の西村肇《にしむらはじめ》氏が計算した二酸化炭素増加による温度上昇値の計算があった。[6]　彼の計算は複雑なシミュレーションではなく、大学の物理課程を習ったものなら簡単に分かる算術計算である。誰でもその計算方法が分かるという点で議論の基準となる。

ちなみに、この計算をした西村氏は化学工学の権威であり、私がその計算をもっとも信頼している人である。彼が二〇〇二年に出版した『水俣病の化学』という本は、水俣病の原因であるメチル水銀の生成過程を実験と計算の両方を使って調べあげた「日本化学工学界の金字塔」といっていい著作である。今でも、水俣病の原因は流出した水銀が食物連鎖などによって高度に魚に累積したためである、と書いている本が数多くある。しかし、実際は、この本が出版されるまで、メチル水銀の本当の生成過程は分からなかった。この本は計算および実験により、チッソの水俣工場内でメチル水銀が発生したことをはっきりと示している。科学関係の方には一読を勧める。

さて、西村氏の計算によると「二酸化炭素が二倍になると地球の大気温度は一・五℃上昇する」となっている。

> CO_2が2倍になったときは、吸収率は0・25から0・27に増えます。結局、合計した吸収率は81％から83％へと2％増えることになります。この結果、再輻射量はやはり2％増え大気温度はその1／4の0・5％増えるはずです。300Kの大気温度が約1・5℃上昇すると予測されます。6・4℃の上昇ということはありえません。そして1・5℃の上昇とは緯度にして5度南に動くことに相当します。青森が東京の、東京が屋久島の気温になることです。
>
> （「現代化学」二〇〇八年二月号）

また国際学会誌の『Jounal of Climate』には、二酸化炭素の温暖化への影響を計算するフィードバックパラメータが実験値として評価されている。[7] 中心値の2・3$Wm^{-2}K^{-1}$と二酸化炭素の放射強制力3・7Wm^{-2}を使うと一・六℃という値が得られる。この値は右の計算とよく合う。

これが仮に本当だとすると、例えば大気中の二酸化炭素は産業革命前二八〇ｐｐｍ、現在三七〇ｐｐｍで三〇％程度しか上昇していないから、[8] この数百年でも二酸化炭素の増加による影響は〇・五℃程度の上昇にしかならない。

ＩＰＣＣは、「二酸化炭素濃度が二倍で四℃程度（他の温暖化ガスの増加分も含む）の上昇」を予測している。[9]また、先ほど挙げたように六℃程度という数字もある。これらはあり得ないとは言わないが、温度上昇による「正のフィードバック」（温度が上がると、その結果、水蒸気が増えるなど、さらに温度を上げる効果が起こること）を入れて、上昇値を高く見積もっていることが分かる。しかし、実際には温度が上昇して水蒸気が増えると、同時に高層の雲も増え、こちらは逆に温度低下要因として作用する。したがって、本当に「正のフィードバック」が起こるのかは、いまだに分かっていない。[10]

それではなぜ、このような「正のフィードバック」を組み込んでまで、予想温度をあえて高くしているのだろうか？

政治的な意図もあるのだろうが、技術的な観点から見れば、それは、産業革命以後現在までに、気温が二℃程度上昇していると見積もっているところからきている。産業革命前では二酸化炭素濃度は二八〇ｐｐｍ程度といわれているので、現在までの二酸化炭素濃度の増加は三〇％程度である。したがって、産業革命以後上昇したといわれている二℃が、三〇％程度の二酸化炭素増加と、それに付随した他の温暖化ガス増加に起因したものとすると、濃度上昇に対して温度上昇が頭打ちになることを考慮しても、二酸化炭素二倍で四℃程度は気温が増加しなければ、辻褄《つじつま》が合わなくなるのである。

そこで、「正のフィードバック」をいれたモデルをつかって、二酸化炭素の影響を高く見積もっているわけである。逆にそうすることで、モデルが過去の温度上昇も再現できることになる。

温暖化どころか、地球は寒冷化する⁉

こうして見てきたように、現在観測されている地球温暖化が二酸化炭素の増加によるものなのかは、本当はよく分からないと言っていい。また、都市化の影響が強いため、私たちが日頃感じているほどに、地球全体の気温上昇が起きているかもよく分からない。

私個人は、地球観測衛星によるデータがいちばん地球温暖化を正確に評価していると考えるので、一九八〇年以降、温暖化していることは認める。また、二酸化炭素もその間増加しているし、二酸化炭素の量が二倍になれば、最低一・五℃気温が上昇することも認めるから、温暖化に少しは二酸化炭素も寄与しているのだろう。

しかしながら、普通に考えれば、二酸化炭素の影響は大きな地球大気の温度変化のゆらぎに隠れてしまう程度であり、評価には数十年以上がかかる。

そして、最近の科学者の論争の焦点は温暖化ではなく、なんと全く逆の寒冷化である。これは太陽の活動低下により今後地球の寒冷化がはじまるのではないかとする説である。

太陽の活動は太陽の磁場の強さをあらし、それが地球にとどく宇宙線に影響を与えている。そしてその宇宙線が雲の形成に重要な役割を演じていると考えられているため、一般には太陽の活動低下により地球に降りそそぐ宇宙線がふえ、それが雲を形成し、その雲は太陽光線を遮るので地球は寒冷化する……こんなシナリオが今、囁《ささや》かれているのだ。日本では東工大の教授である丸山茂徳《まるやましげのり》教授がこの説を主張している。[1-1]

――CO_2が温暖化の大きな要因との見解が定説になりつつあります。

丸山　CO_2問題と温暖化は切り離すべきです。確かにこの百年間温暖化傾向にありましたが0・5℃に過ぎず、地球の歴史上、全く異常ではない。化石燃料を最も焚いた1940年から80年に気温は下降しており、CO_2主犯説は崩壊しています。大気の気温を決める最大の要因は雲です。雲が1％多ければ気温は1℃下がります。

――雲の量を決めるのは何ですか。

丸山　最大の要因は宇宙線の飛来量です。宇宙線が雲の凝縮核となる。これに最も影響を与えるのは太陽の活動です。活動が活発だと宇宙線は地球内に入って来なくなる。活発だった太陽の活動は二年前から減衰しています。もう一方で宇宙線飛来量を強い地球の磁場が遮断する。地球の磁場が弱くなると飛来する宇宙線量が増えますが、この磁場も弱くなっている。したがって温暖化ではなく、これから寒冷化が始まるでしょう。

（雑誌「選択」二〇〇八年二月号）

最新の報告によれば、太陽の活動の指標となる太陽の黒点が消えたそうである。一六四五－一七一五年までの七〇年間、太陽活動が最低レベルにあった時期は「小氷河期」と呼ばれるほど寒冷化していた。アブダサマトフ（Khabibullo Abdusamatov）というロシアの科学者は、「二〇四一年までに太陽活動は最低になり、二〇五五－六〇年には寒冷が襲ってきて、その後四五－六五年間は小氷河期と同じくらい寒くなるだろう」と予想している。[12]

だが一方では、英王立協会紀要に最近掲載された論文では「地球温暖化は太陽活動とは関係なし」

として、放射線では雲が生成されることはないという結論を述べている。この研究発表を行ったのは英国ラザフォード・アプルトン研究所（Rutherford-Appleton Laboratory）のマイク・ロックウッド（Mike Lockwood）博士を中心とする研究グループである。研究グループは過去二〇年間の太陽活動を分析し、その上で過去三〇年間に渡る太陽から放射される宇宙線の放射量を調査した。その結果、太陽から放射される宇宙線と地球温暖化の間には因果関係がないことを突き止めた。ここから考えても寒冷化予測にも、かなり不確定な要素がある。

ただ、実際に温暖化が終わってしまったという指摘もあり、これは確かなようだ。先ほどの気象観測衛星による温度測定の最新のデータを図に示すと下のようになる（ウェブサイト[13]からのデータをグラフにした）。

特に注目していただきたいのが「海洋での気温のデータ（実線）」で、二〇〇七年から低下し、つい最近は平年温度を下回ってしまった。これは、一九九八年のエルニーニョ現象の逆の温度低下のラニーニョ現象

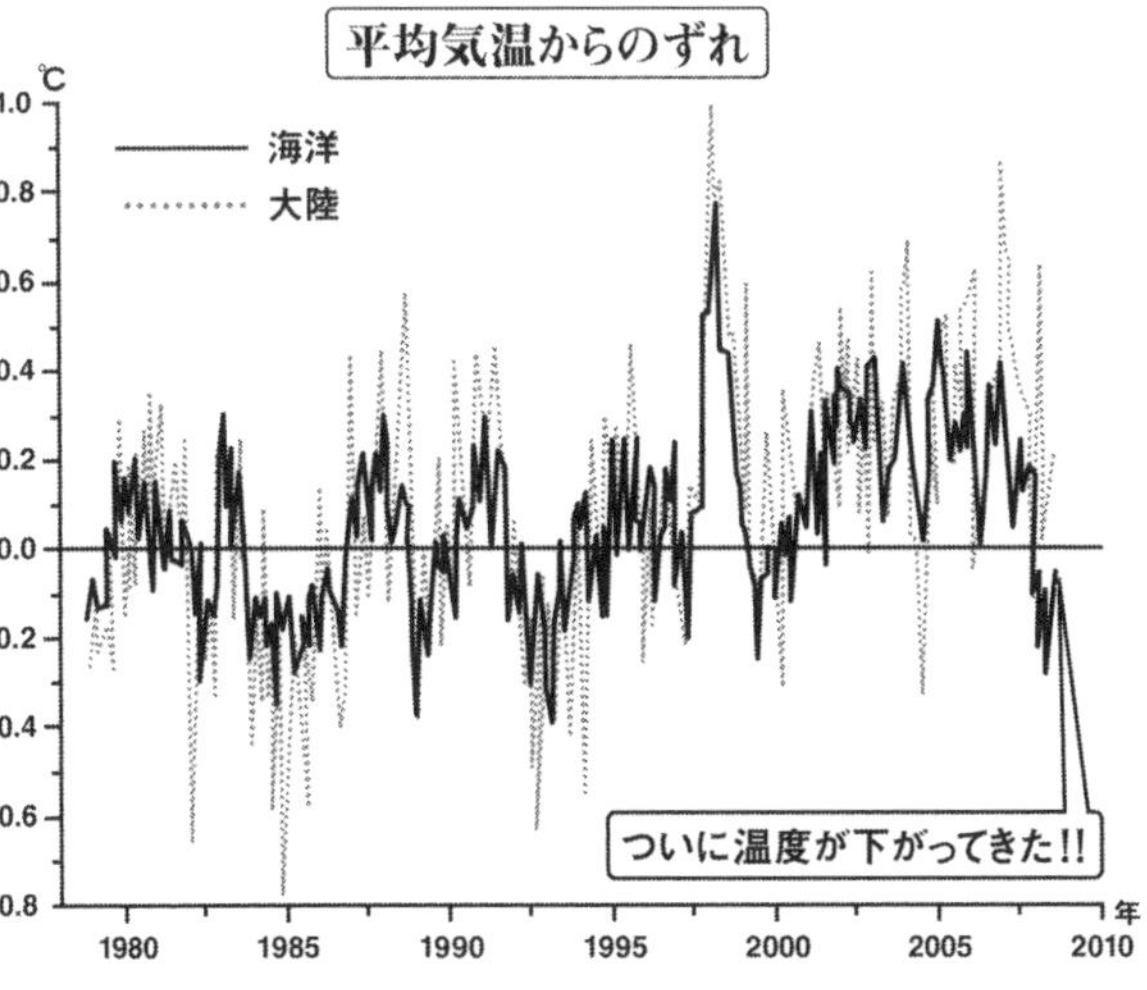

らしい。
海洋での温度は比較的安定している傾向があるから、全体の気温もまもなく低下するだろう。すぐに再上昇して温暖化傾向に戻る可能性を否定はしないが、エルニーニョ現象により一〇年間、気温が高い状態が続いたとすれば、逆にそれが終わったという意味で、「温暖化一時終了」の可能性は高い。

ここではさらに、二酸化炭素による温暖化と太陽活動の低下による温度変化、この両方を取り入れたとするイーストブロックという研究者の今後一〇〇年の気温予想図を下に示しておこう。[14]

このデータをみると、イーストブロック氏は、「今後温暖化が収まり、その後、二〇五〇年頃、再び温暖化傾向が大きくなる」と予測していることが分かる。

もしこれが本当だとすれば、今後数年内に温暖化懐疑論が衰勢になり、四〇年後、やっぱり温暖化しているのではないかという話になり、地球温暖化の議論が再び活性化する。まるで女性のファッションのような、温暖化論の「流行《はや》り廃《すた》り」の未来予想図が描ける。

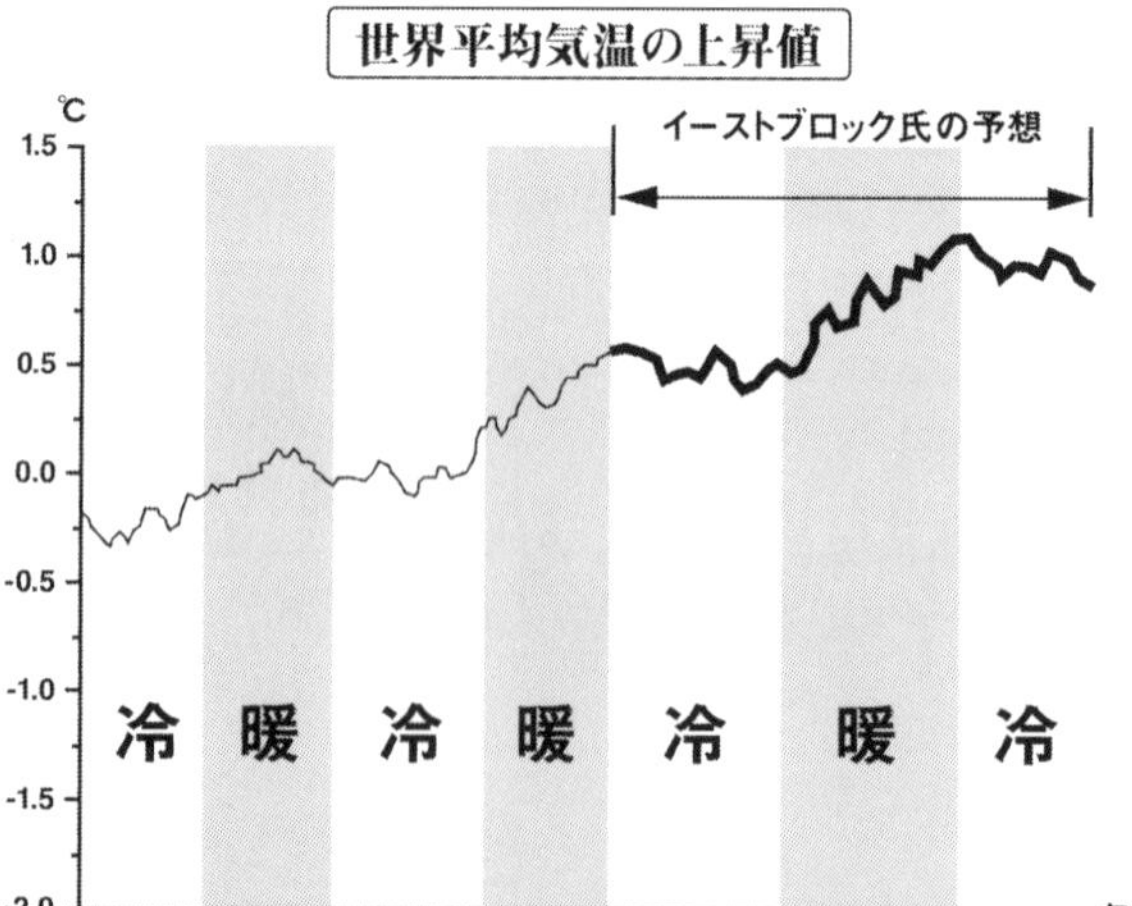

科学とは本来何なのか？　予言などできるのか？

ではどうして、ＩＰＣＣが言うように「科学的に考えれば地球は温暖化することが予測できる」ことになったのであろうか？

彼らが基にしているのはモデル計算である。しかしモデル計算というものは、その名の通り、あるモデルによるもので、そのモデル自体に不確定な要素がある。モデルは一種の数学の公理であり、あるモデルではその通りに起きるが、モデルから逸脱すれば逆の結果にもなる。また、事実上、計算している人の分野に属している人以外は正しいかどうかは判断できない。

実はＩＰＣＣのモデルは、「過去のデータとの一致が得られたので、このモデルは未来においても正しい」とされたのである。

これは、科学が自分の範囲を逸脱した典型的な例であろう。本来科学というものは、実感として分かる実験結果や経験的事実を説明するために、数学を中心とした理論をたて、それによりそれらの結果および事実を客観的に理解するための方法であった。これは帰納主義といわれた。しかし帰納主義は限られた事実から成り立っているから、一〇〇％の確かさがあるわけではない。そのため、帰納主義は破れ、科学は反証主義や実在主義という科学哲学により、その真実味をより高めようとした。[15]

ところが、実際は、反証できれば科学であり反証されるまでその理論は正しいという形に歪曲《わいきょく》されてきた。「過去のデータとの一致が得られたのでこのモデルは未来においても正しい」し、「反証されるまではこの理論は正しいから、将来は高い温度上昇によって温暖化すると予想できる」ことになったのである。

科学絶対信仰とでもいうべき現在だからこそ、やはり原点に立ち返らなければいけない。一番参考になるのはエルンスト・マッハの科学認識である。以下、「マッハの力学」から引用しよう。[16]

> あらゆる科学は、事実を思考の中に模写し与写することによって経験と置きかわる、つまり経験を節約するという使命をもつ。模写は経験それ自身よりも手軽に手許においておけるし、多くの点で経験を代行できるのである。科学のもつこの経済的機能は、科学の本質を貫いているが、きわめて一般的に考えても明らかとなろう。(中略)
>
> 事実を思考の中に模写するとき、私達は決して事実をそのまま模写するようなことはなく、私達にとって重要な側面だけを模写する。このとき私達は直接的にせよ間接的にせよ、ある実益をめざした目標をもっている。模写するときはいつも抽象しているのだ。ここにもまた経済的性格があらわれている。

つまり、科学は、実験結果、経験的事実をよりわかりやすく、より簡潔(economical, 経済的)に、理解するための道具にすぎない。

マッハは見えない原子というものが存在するかどうかわからないとして、原子論を唱えたボルツマンを自殺に追い込んだとして評判が悪い。また右記の考えも「道具主義」と揶揄《やゆ》され、高くは評価されていない。しかし、マッハのこの道具主義は、その後、ジョン・デューイのプラグマティズムに引き継がれ、さらには経済学のオーストリア学派にまでつながっている。

科学というのは、複雑な現象を単純な系で取り扱い、より現象を分かりやすくするための人間の知恵にすぎないという基本理念は、我々が忘れてはいけない科学に対する認識である。

因果応報ということばがあるが、あまりに逸脱しすぎれば、科学はついには人々の信頼を失うことになる。今回の話で言えば、科学者・研究者にとって恐ろしいのは、あれほど温暖化すると言っていたのに寒冷化した場合である。この場合、一般の人々が科学にいだく不信感を考えると文字通り薄ら寒くなる。これは気象学だけでなく科学共同体全体が被るものである。前述の丸山教授のインタビューでの次のことばは重い。

――そもそも地球のことはどれだけわかっているのでしょう。

丸山　これまで地球（気象）しか見てこなかったから、暖冬か否かの予測すら外れてきました。地球環境は銀河の中の相互作用で決まるのです。この点に関する知見は現在、どんどん蓄積されています。2020年に温度は1℃から2℃上がるなどと言っても、20年もしないうちに温暖化が否定されれば科学への大きな不信が生まれる。これがCO_2主犯説の最大の罪です。

科学というものが、思ったより不確かなものであるとわかり、さらに政治によって大きく左右されるものだという事実が暴かれれば、科学に対する信頼は著しく失われる。

最悪の場合、科学はちょうど現代の新興宗教のように、どことなく胡散《うさん》臭い、怪しいものにまで堕《だ》してしまうであろう。

[参照文献・引用出典]

[1] http://ipcc-wg1.ucar.edu/wg1/comments/wg1-commentFrameset.html
[2] S. Fred Singer, *"Nature, Not Human Activity, Rules the Climate: Summary for Policymakers of the Report of the Nongovernmental International Panel on Climate Change"* 〈http://www.heartland.org/pdf/22835.pdf〉
[3] 『オゾン層破壊の化学』北海道大学大学院環境科学院編／北海道大学出版／二〇〇七年
[4] http://hadobs.metoffice.com/hadat/images.html
[5] 『怪しい科学の見抜きかた』ロバート・アーリック著／阪本芳久・垂水雄二訳／草思社／二〇〇七年
[6] 「ほんとうはどうかCO_2による温暖化」西村肇／『現代化学』二〇〇八年二月号
[7] P. M. DE F. FORSTER and J. M. GREGORY, *"The climate sensitivity and its components diagnosed from earth radiation budget data,"* Journal of climate 2006) vol. 19 pp. 39-52
[8] 『NHKスペシャル気候大異変　地球シミュレータの警告』NHK「気候大異変」取材班＋江守正多編著／NHKブックス／二〇〇六年
[9] IPCC第4次評価報告書第3作業部会報告書より環境省が出した値
[10] 最近、D・Spencerという研究者が、実際はフィードバックは負になっているのではないかと指摘している。
[11] 「CO_2温暖化主犯説」に物申す」丸山茂徳／『選択』二〇〇八年二月号
[12] *"Russian scientist says Earth could soon face new Ice Age"* RIA Novosti, Science & Technology　2008/1/22
[13] http://vortex.nsstc.uah.edu/data/msu/t2lt/uahncdc.lt
[14] Don J. Easterbrook, *"GLOBAL WARMING: ARE WE HEADING FOR GLOBAL CATASTROPHY IN THE COMING CENTURY?"* 〈http://www.ac.wwu.edu/~dbunny/research/global/214.pdf〉
[15] 『科学論の展開』A・F・チャルマーズ著／高田紀代志・佐野正博訳／恒星社厚生閣／一九八五年
[16] 『マッハ力学』エルンスト・マッハ著／伏見譲訳／講談社／一九六九年

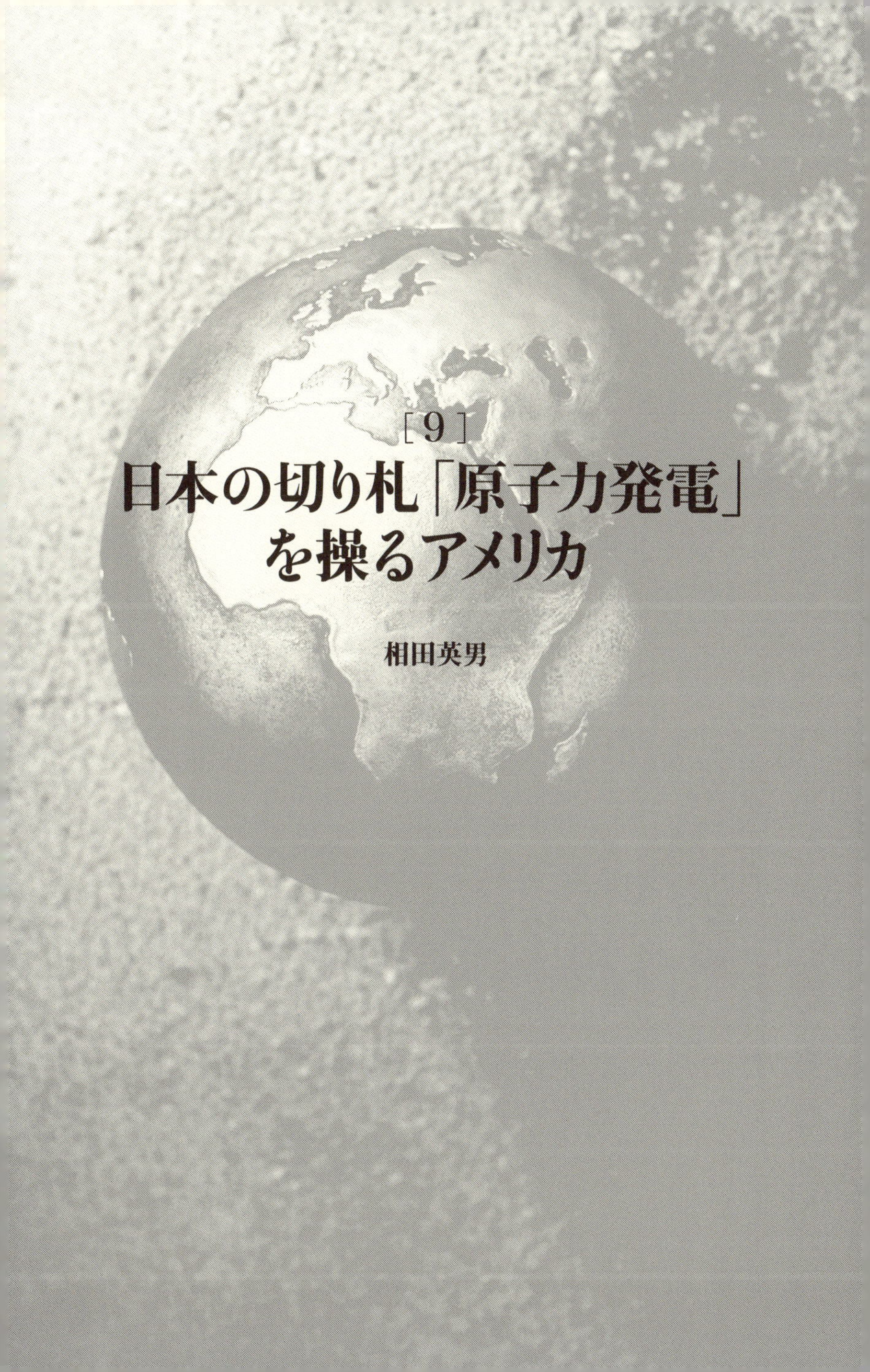

［9］

日本の切り札「原子力発電」を操るアメリカ

相田英男

アメリカに手取り足取り育てられた「日本の原子力産業」

原子力発電は、環境保護団体から長いこと、「諸悪の根源」として叩かれて続けてきた。しかし近年の地球温暖化問題の高まりにつれて、あろうことか、CO_2を排出しない「環境にやさしいエネルギー源」として原子力発電が見直されている。また、原油や天然ガス等の化石燃料の価格暴騰もあり、米国や中国では将来の大規模電源として数十基の原子力発電所（原発《げんぱつ》）の新設が計画されている。

だが、スリーマイル島やチェルノブイリでの大事故の影響で、欧米では一九八〇年代以降、原発の新設がほとんどなく、プラントメーカーでは原発の製造技術がかなり失われてしまっている。一方、日本は国内外からさまざまな批判を浴びつつも、現在に至るまで国内で原発の建設を一貫して継続してきたことから、原発製造技術を有するメーカーが複数存在している。

このような状況から、「日本の原発メーカーに絶好の商機が到来した」といった報道もなされるようになった。折しも二〇〇五年末、原発メーカーの老舗《しにせ》であるウェスティングハウス（WH）社買収の国際入札で、東芝が六〇〇〇億円を超える高額で落札したニュースは、「日本の原子力産業界の攻勢開始」との印象を強く与える結果となった。

しかし、私のような製造メーカーの一技術者から見ると、それほど手放しで喜べる状況ではない。日本の原発産業はアメリカの指導の下で、手取り足とり育てられてきたために、日本人みずからが考えて困難な状況を打開できる技術レベルには到底ないからだ。

さらに言うと、日本の製造メーカーと電力会社はいまだにアメリカの従属下にある。日本の原発技術の方向性はアメリカの意に沿うように進められているのは明白である。日本国内での原発に関する議論は、賛成派と反対派の間で折り合いのつかない不毛な論争が延々と繰り返されるだけだ。原発産業全体がアメリカによってがっちりと枠をはめられている現実には、なぜか誰もまったく触れない。業界関係者もこの状況については「もはやどうしようもない」と、あえて発言しないかのようである。

この論考では、まず、アメリカでの軽水炉型原発の開発の始まりと日本に導入された経緯をグローバルな立場から振り返ることで、日本の原子力産業の抱える問題を明確にしていく。また、一九七〇年代以降のアメリカ原子力産業の変遷とその日本への影響、さらには東芝のＷＨ買収の裏側にある真実を暴くことで、今なおアメリカの支配下にある国内原発メーカーの実情と今後の可能性について述べていく。

原発を理解するための基礎知識

「原発とは何か?」との問いに端的に答えると、それは「ボイラーの一種」といえる。

通常の火力発電では石炭、天然ガス等の化石燃料をボイラーで燃やしてお湯を沸かし、蒸気を発生させて蒸気タービンを駆動して電気を作る。一方の原発では、核分裂反応の熱により蒸気を発生させてタービンを動かして発電する。それだけの違いである。

発電用の原子炉には、中性子の減速材と冷却材が必要であり、その種類により種々の形式に分類される。減速材とは、ウランの核分裂反応で発生した中性子の速度（運動エネルギー）を低下させて連鎖反応を起こしやすくする部材であり、黒鉛《こくえん》や水（軽水または重水）が使われる。冷却材とは核分裂反応で生じた熱を取り出して蒸気に変える役割を持ち、炭酸ガス、ヘリウム、水等のガスや液体が使われている。

現在最もポピュラーな発電炉である軽水炉は、減速材と冷却材の両方に軽水（通常の水）を使う。しかし、軽水炉がアメリカで登場する以前には、イギリスでは黒鉛の減速材と炭酸ガスの冷却材の組み合わせによる炉型や、旧ソ連では黒鉛の減速材と軽水の冷却材による炉型（チェルノブイリ型）が開発され、発電を開始している。発電炉としての軽水炉は世界初の炉型でなく、登場は比較的新しい。

原発は使用する核燃料の違いでも分類される。核分裂反応に用いられる物質にはウラン235とプルトニウム239があるが、プルトニウムは天然では存在しないため、現状はもっぱらウラン235が使われている。天然ウラン自体も燃料として用いることが出来るが、ウラン235は天然ウラン中にわずか〇・七％しか含まれておらず、効率が良くない。このため原発の燃料には、ウラン235の割合を数パーセント程度に高めた濃縮ウランを用いる場合が多い。軽水炉も燃料に濃縮ウランを使用する。

一方で天然ウランの残りの九九・三％は、核分裂を起こさないウラン238で出来ている。このウラン238に高い運動エネルギーの中性子（高速中性子）をぶつけると、核変換により核分裂が可能なプルトニウム239に変わる性質がある。この反応を発電炉内で起こして、ウラン燃料を効率よく利用する目的で開発されたのが「高速増殖炉」（FBR　Fast Breeder Reactor）である。FBRでプルトニウム239を作る（増殖する）には中性子を減速させてはいけないため、FBRは減速材を持たず、冷却材には中性子減速作用がなく、かつ熱交換に優れる液体ナトリウムが用いられる。

FBRが有効に稼動すると、天然ウランの六〇％を燃料として使うことが可能となり、人類は数千年にわたってエネルギー問題から解放されるとも言われている。しかしこのシステムは、液体ナトリウムが漏れた場合には即、火災につながり大変危険である。日本の「もんじゅ」で起きた火災事故は有名である。なお核燃料サイクルとは、FBR等を運転して出来た核廃棄物を再処理して、プルトニウム239を回収して再利用するプロセスを指す。

いささか難解になるが、もう少しだけ技術的な話におつき合いいただきたい。

よく知られるように、軽水炉には「加圧水型」（P

原子力発電と火力発電の違い

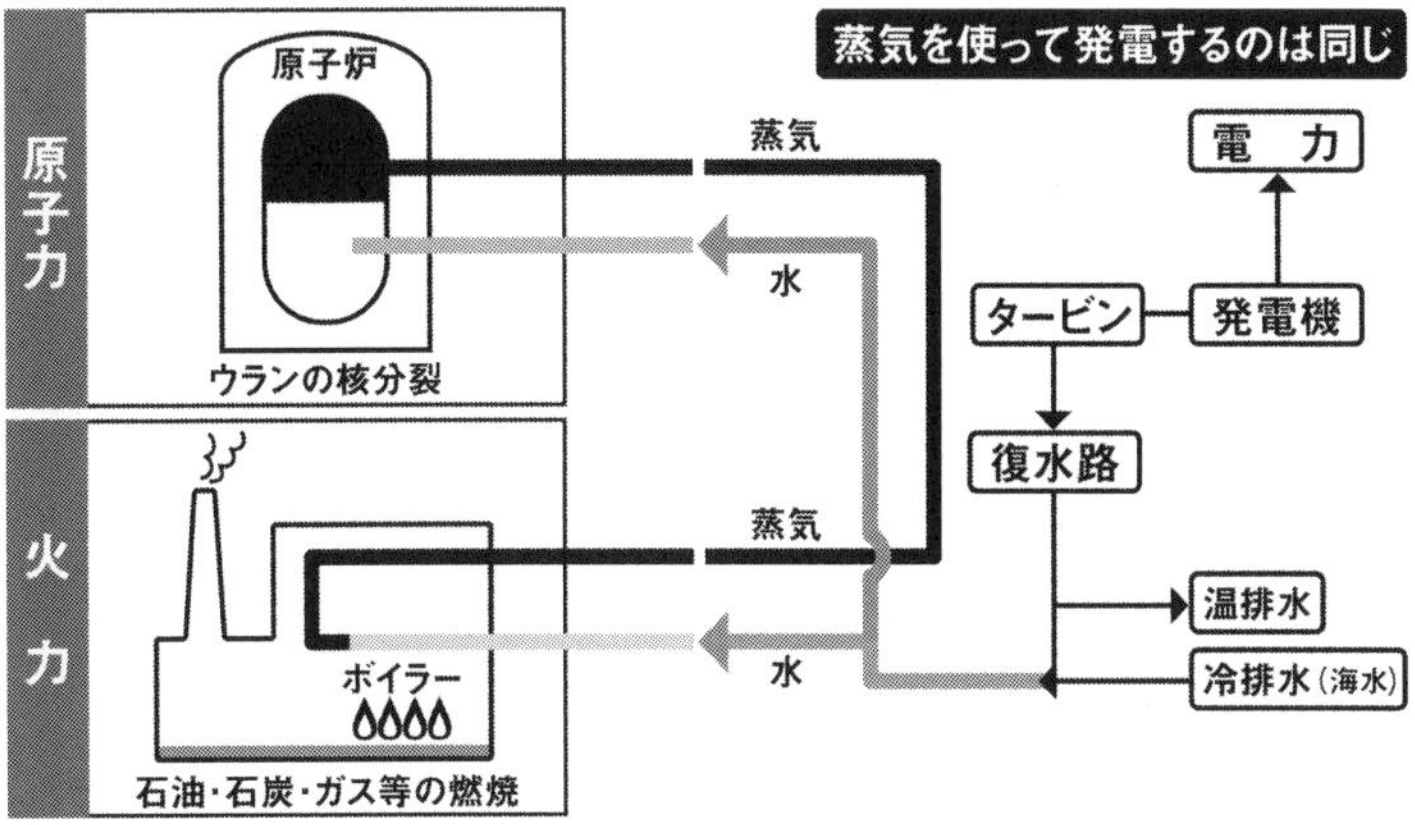

ＷＲ Pressurized Water Reactor）と「沸騰水型」（ＢＷＲ Boiling Water Reactor）の二つのタイプがある。

水は通常の一気圧では一〇〇℃で沸騰して水蒸気に変化するが、ＰＷＲでは炉心を循環する一次冷却水を一五七気圧に加圧することで沸騰を防ぎ、三二〇℃の高温水として熱を外部に取り出す。ＰＷＲの一次冷却水は蒸気発生器（熱交換器）を介して二次冷却水に熱を与えて蒸気とし、タービンを駆動する。

一方のＢＷＲでは、炉心内部の冷却水を七〇気圧、二八五℃とＰＷＲより若干低圧・低温とすることで、炉心内部で冷却水を沸騰して蒸気を発生させ、そのまま蒸気タービンに送って発電する。

ＰＷＲの特徴としては、冷却水のループが二系統となり、蒸気発生器（細いパイプの集合体）が必要となるなど、構造が複雑になるものの、放射線を発生する部分を炉心と一次冷却水系にコンパクトにまとめることが可能となる。

ＢＷＲの場合は炉心で蒸気を作るため、ＰＷＲのような蒸気発生器が不要で構造は単純だが、放射線を含

BWRとPWRの違い

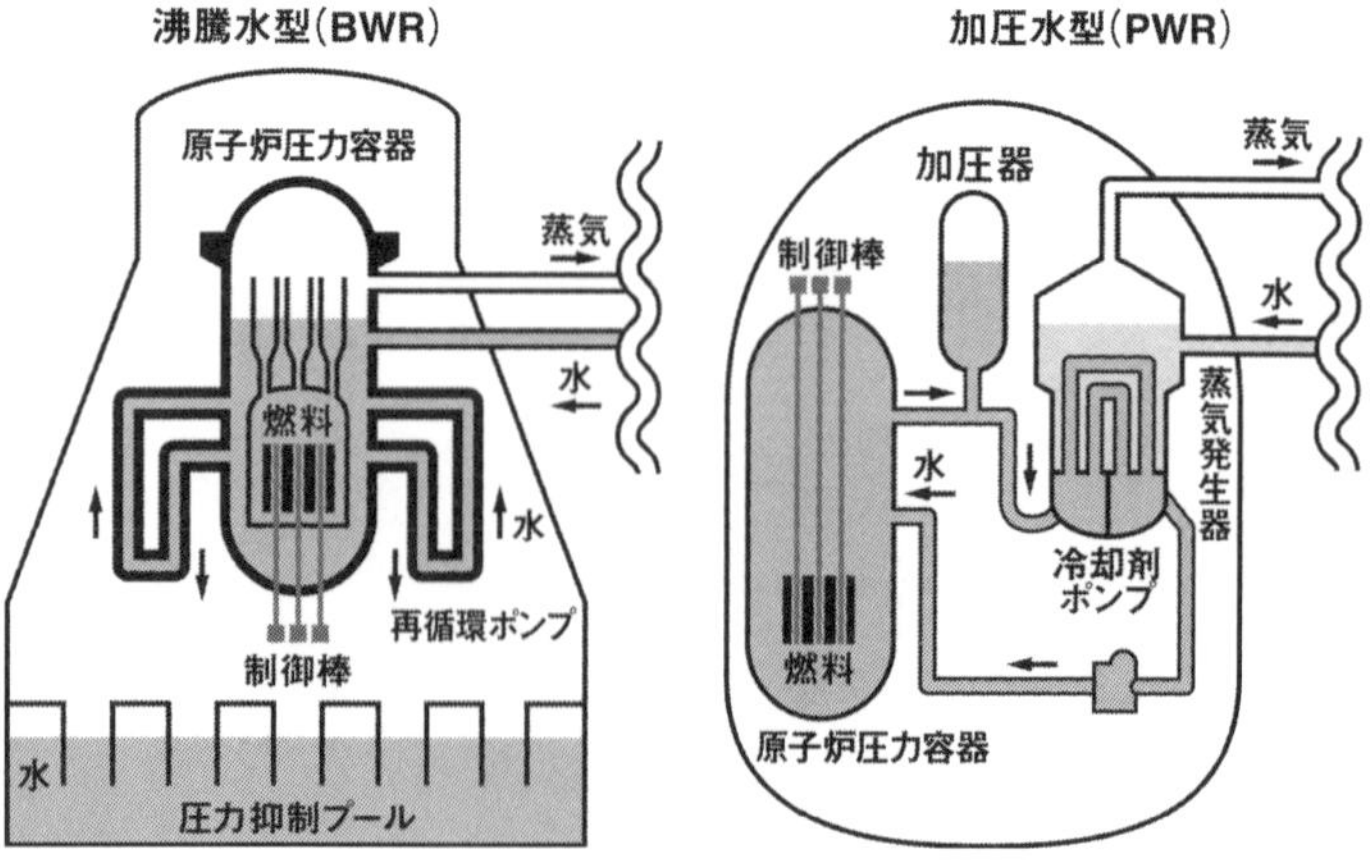

む水がタービンまで直接送られるため、放射線の遮蔽《しゃへい》に気を使う必要がある。

原潜ノーチラス号から始まった軽水炉開発

軽水炉の開発は第二次大戦後のアメリカで始まった。

一九四七年にアメリカ海軍は、有能な技術将校リコーバー大佐の提案により、潜水艦用動力としての原子力の検討を開始した。海軍のこの提案を受けて、当初は総合電機メーカーのゼネラル・エレクトリック社（GE）が開発を担当したが、GEの案はなんと冷却材に液体ナトリウムを使った増殖型エンジンであった。当時の原子力は技術的に未知の分野であり、燃料を増殖しながら長時間稼動させるナトリウム炉には大きな可能性があると思えたのだろう。しかし、現在に至るまで陸上でもまともに動かないシステムを、潜水艦に搭載することはさすがに無理があった。GEの増殖型エンジンはナトリウム配管のシールに問題が多発し、なかなかうまくいかない状況が続いた。

一方で米国立オークリッジ研究所では、冷却材に取り扱いの難しい液体ナトリウムではなく、通常の水（軽水）を用いる軽水炉の研究を進めていた。軽水炉の方式には当初から、PWRとBWRの両方のアイデアがあったが、潜水艦用動力としては、放射能を含む水を一次冷却側にコンパクトに収納するPWR方式が有望視されていた。

当時GEのライバル企業であったウェスティングハウス社（WH）は、海軍の依頼を受けて原子力開発に参画する際にこのPWR方式に目を付けて、オークリッジ研究所との共同開発を開始した。進展の遅いGEの増殖炉に対して、WHの担当したPWRの開発は順調に進み、一九五五年には潜水艦ノーチラス号のエンジンとして見事に完成した。

ＧＥとＷＨは、米国における発電プラントから家電品まで電気機器全般を生産する総合電機メーカーの双璧として、一九世紀の終わりから一〇〇年もの間、競争を続けてきた。ＧＥは有名な発明家エジソンが興した工場に、ＪＰモルガン銀行が出資したのが始まりである。一方のＷＨは、エジソンと同時代の技術者であるジョージ・ウェスティングハウスの興した会社に、ロックフェラー財閥が出資することで成長した。両社の競争は、モルガン対ロックフェラーのアメリカの二大財閥の対立を反映したものである。一九世紀末の電力の送電方式をめぐるＧＥ（＝直流送電）とＷＨ（＝交流送電）の争いは有名であり、ＷＨは元ＧＥ社員であった天才技術者のニコラ・テスラを招聘《しょうへい》するなどして、この争いに勝利して電力事業の基盤を確立している。

ＧＥとＷＨは技術開発に対する基本姿勢が異なる。リスクを取りつつも時代の先端技術を追う野心的なＧＥに対し、ＷＨの技術開発はより安全・慎重志向であり、先端技術を使わずとも安定して作動するシステムを目指す傾向がある。原子力以外の分野でも、両社のこの姿勢の違いは随所に表れている。

ＧＥの顔色をひたすら窺う「東芝・日立・ＩＨＩ」

ＧＥとＷＨは日本のメーカーにも大きな影響を与えている。東芝、日立製作所、石川島播磨重工業（ＩＨＩ）等は、創業時よりＧＥの技術移転を受けて成長した会社である。またＷＨの技術は、三菱グループの三菱重工と三菱電機に伝えられている。

実は、グローバルな見地では、上記の日本の大手電機、重工メーカーはＧＥ、ＷＨの下請け企業として、アメリカ製造業界の「極東・組み立て工場」の役割を長年にわたって果たしてきた。後に説明するように九〇年代になると、ＧＥとの争いに敗れたＷＨが企業体として解体されたため、三菱重工と三菱電機はアメリカの束縛から逃れられたものの、ＧＥ系の国内三社（東芝、日立製作所、ＩＨＩ）はいまだにＧＥの顔色を窺《うかが》いながら事業を進めているのが実情である。

話を原子力に戻そう。

海軍の潜水艦用エンジンの成功を見届けたアメリカ政府は、引き続きリコーバーの指揮の下でＷＨに、発電システム用のＰＷＲの開発を依頼した。ＷＨは潜水艦用ＰＷＲの発電システムへの転用を急ぎ、一九五七年にシッピングポート発電所に初めての発電用ＰＷＲプラント（出力六万ｋＷ《キロワット》）を完成させた。その後の一九六一年に、出力一七万ｋＷにスケールアップしたヤンキー・ロー発電所が完成し、本格的なＰＷＲの商業発電を開始した。

潜水艦用動力炉の開発に失敗したＧＥは、発電炉の開発に取り掛かる際に、ＷＨへの対抗として、国立アルゴンヌ研究所で実験が進んでいたＢＷＲを選択した。ＧＥはアルゴンヌ研究所の持つデータを引き継ぎつつ猛烈な巻き返しに転じ、一九五七年に独自資金で小型のＢＷＲ実証炉（五千ｋＷ）を完成し、発電に成功する。その後の一九六〇年には、一八万ｋＷの「ドレスデン一号炉」を完成させ、ＷＨのヤンキー・ローに先駆けて大型ＢＷＲによる商業発電を達成

ＷＨ製の軽水炉を搭載した原潜「ノーチラス」

した。

　こうして六〇年代初頭にはアメリカで、ＰＷＲとＢＷＲの二つの発電システムがほぼ完成した。ＰＷＲの開発には政府資金が投入されたことから、ＷＨ以外のバブコック＆ウィルコックス社、コンバッション・エンジニアリング社等のメーカーにも、米国政府の意向でＰＷＲの設計仕様がある程度公開され、複数のメーカーによるＰＷＲの建設が進められた。

　一方、ＧＥの単独資金で開発されたＢＷＲは、ＧＥと技術提携したメーカー（日立や東芝等）以外には設計仕様がほとんど公開されなかったため、ＢＷＲの建設数はＰＷＲに比べてなかなか伸びなかった。

　また一九六八年には「原子力業界のシーメンス事件」と呼ばれる事件が発生する。ＷＨ社とＰＷＲの開発で技術提携していた独シーメンス社の技術員数名が、アメリカ滞在中にＷＨのＰＷＲの図面をすべて複写して、ドイツに持ち帰ってしまったのである。ＷＨはシーメンスに猛抗議したものの、シーメンスは「このシステムはアメリカがヨーロッパから学んだ技術で作られている。元々は我々のものではないか」と居直り、一方的にＷＨとの契約を解除してしまった。その後シーメンスは勝手にＰＷＲの生産を開始し、これにより七〇年代以降はヨーロッパにもＰＷＲが急速に普及することとなる。

　このような状況から世界中で作られた軽水炉の内訳は、二〇〇六年時点でＰＷＲが二六三基、ＢＷＲが九三基となり、ＰＷＲがＢＷＲの三倍と、デファクト・スタンダード（事実上の標準）となっている。ＧＥにとっては最初の選択の過ちが、後々まで尾を引く禍根となってしまった。

親米コンビ「中曽根&正力」が推進した日本の原子力開発

日本の初期の原子力開発に大きな影響を与えた政治家として、中曽根康弘と正力松太郎《しょうりきまつたろう》の二人が挙げられる。

第二次大戦後の日本はGHQによって原子力開発の一切を禁止されていたが、一九五一年九月のサンフランシスコ講和条約により開発禁止の条項が解除された。東京大学の茅誠二《かやせいじ》（後の六〇年安保闘争時の東大総長）と大阪大学の伏見康治《ふしみこうじ》の二人の物理学者は、早くから原子力エネルギーの可能性に着目し、数カ月の基礎調査を経て、一九五二年の日本学術会議の総会において、政府に原子力委員会を設置することを提案した（「茅・伏見提案」）。しかし出席していた左翼系の学者の多くから「原子力研究は即、原爆の開発につながるではないか。原爆で被災した日本がなぜそのような危険な研究に踏み出すのか」と猛反対を受けたため、二人はやむなくこの提案を撤回した。

翌五三年九月、中曽根康弘はアメリカに渡っている。当時ハーバード大学の助教授であったヘンリー・キッシンジャーの主催により、世界中から若手の政治家、文化人、ジャーナリストを集めて開催された、かの有名な「インターナショナル・サマー・セミナー」に参加するためである。

キッシンジャーの薫陶《くんとう》を受けながらハーバードで二カ月を過ごした中曽根は、当時の最先端の原子力開発の情報に触れて、原子力の重要性を認識したと思われる。帰国した中曽根は仲間の若手政治家数名と一緒に、原子力予算の獲得に向けての準備を開始した。当時の学会での原子力反対の風潮から、中曽根らの準備は極秘で進められ、年明けの一九五四年三月の衆議院予算審議の最後に、原子力に関する修正予算として抜き打ち提案された。当時はバカヤロー解散後の吉田自由党の末期にあたり、与党自由党には審議の土壇場での修正提案を詳しく議論する余裕がなく、原子力修正予算はあっさりと衆議院を通過したという。国会で原子力平和利用調査費の予算額（二億三五〇〇万円）の根拠を問われた際に、中曽根は「濃縮ウランに使うのはウラニウム235だからと答弁し、笑いを誘って乗り切った」とも述べている。

国会での原子力予算の可決を新聞報道で知った茅誠二らの学者グループは、当時中曽根が所属していた改進党の議員室まで急いで出向いた。茅は中曽根ら議員に、現在の日本の技術では原子力開発に本格的に取り掛かれるレベルにないこと、学会では反対派も多いこと等を理由に、原子力予算の取り下げを要望したが、中曽根は断固として拒否した。そのときの中曽根は「あなたたち学者が昼寝をしているから、札束でほっぺたをひっぱたいてやるんだ」と発言したという。中曽根本人は「それを言ったのは別の代議士で、私ではない」と否定しているが、当時それほど緊迫したやり取りがあったのは事実だろう。

「日本の原子力の父」正力松太郎

この中曽根らの予算獲得を契機に、日本は公式に原子力開発へ向けての第一歩を踏み出すことになる。しかし同じ頃、その動きに大きく水を差す事件が起きる。一九五四年三月一日にアメリカがビキニ環礁で行った水爆実験により、マグロ漁船「第五福竜丸」が死の灰を浴びて被爆してしまうのである。この事件により日本国内では反米と核兵器反対運動が改めて盛んになるのだが、マスコミを使ってこの動きを沈静化し、国民の原子力への抵抗感を払拭しようと努めたのが、読売新聞の社主である正力松太郎であった。

正力は一九五四年の後半から読売新聞で原子力の平和利用推進を訴えるキャンペーンを大々的に展開し、翌五五年二月の衆議院選挙では、正力自身が「原子力による産業革命」を公約として立候補して、初当選を果たした。

議員となった正力は、原子力平和利用推進の国内PRを行い、アメリカからの技術導入の受け皿として「原子力平和利用懇談会」を結成して、財界、学会からの支援を取り付けた。五六年一月に総理府に原子力委員会が発足すると、初代委員長には正力がみずから就任し、「五年以内に採算の取れる原子力発電所を建設する」と発表して、商業用発電炉の早期導入を訴えた。正力の方針には学会の湯川秀樹らから「発電という実用分野に偏りすぎており基礎技術の育成を疎《おろそ》かにしている」との批判もあった。しかし政府は国産技術の育成よりも、海外発電プラントの導入による経済復興を優先して、イギリス製の発電炉の受け入れを決定し、茨城県で東海発電所第一号炉の建設が開始された。

アメリカに見抜かれていた正力の「総理への野望」

このような原子力発電振興への多大な貢献から、後に正力は「原子力の父」と呼ばれることになる。しかし技術屋でも何でもない新聞社のオーナーの高齢の爺様が、なぜここまで原子力開発に執着するのかについては理解に苦しむところがある。

これについての明快な説明が、早稲田大学教授の有馬哲夫《ありまてつお》氏によりなされた。有馬氏は近年公開されたアメリカ政府の機密報告書を詳細に調べた結果、正力はＣＩＡから「ポダム」と呼ばれる協力員であり、一連の正力の活動はＣＩＡとの連携である事実を明らかにした。

有馬氏の著書『原発・正力・ＣＩＡ』（新潮社、二〇〇八年）によると、戦後当時のアメリカは日本国民に広がっていた共産主義や反米感情をメディア操作により和らげて、親米的な世論を形成する活動を行っていた。ＣＩＡはアメリカに有利なニュースを提供する組織として正力の率いる読売グループに注目し、正力に接触して重要な協力者として取り込んだという。

第五福竜丸事件により沸き上がった反米世論に悩んだＣＩＡは、正力に沈静化を依頼した。正力は見返りとして日本の原子力開発への協力と、発電用動力炉の提供をＣＩＡに要求した。これを受けてアメリカは「原子力平和利用使節団」を派遣するとともに、「原子力平和利用博覧会」を日本で開催し、読売新聞と日本テレビは大キャンペーンによりこれらのイベントを盛り上げた。

しかしアメリカは、発電用炉の日本への提供には渋った。一九五六年当時はウェスティングハウス（ＷＨ）のシッピングポート発電所の運開《うんかい》（運転開始）直前であり、アメリカも商業用軽水炉を積極的に海外に輸出する体制ではなかったからだ。また、有馬氏の研究では、正力の真の目的はアメリカからいち早く動力炉を導入することで商業発電を実現し、それを成果として総理の椅子を目指すことにあったという。正力はみずから総理となり、かねてからの念願であった「マイクロ波通信網」のインフラを日本に設置することを狙っていたようだが、ＣＩＡは正力の政治的な目論見《もくろみ》を見抜いて、協力を拒否したという。

アメリカの対応に焦った正力は、当時イギリスから売り込みのあったコールダーホール型発電炉に飛びついた。コールダーホールとはイギリスに最初に建設された商業用原発の名称であり、減速材に黒鉛、冷却材に炭酸ガスを使う反応炉である。天然ウランを燃料とするため、ウラン濃縮の技術は必要としないが、軽水炉に比べて発電効率が悪く、プラントが大型となり建設費がかさむ欠点があった。また減速材の黒鉛を固定する方法がないため、炉心は黒鉛ブロックをただ積み重ねただけであり、地震の多い日本に作るにはリスクが大きい、との批判もあった。しかし、正力はこれらの批判を無視してイギリスからの導入を独断で決定する。

以上が有馬氏の明らかにした正力の活動のあらましであり、これまでの正力像を大きく覆す内容である。これにより日本の初期の原子力開発は、中曽根康弘と正力松太郎という、かたやキッシンジャーの愛弟子《まなでし》、かたやCIA協力者という、強力な親米コンビで推進されていたことがわかる。その結果何が起こったかは推《お》して知るべしである。当時二人は共に河野一郎の派閥に席を置いており、年下の中曽根が正力をフォローする立場にあったようである。

現代の隠蔽体質を見通していた河野一郎の慧眼

イギリス製発電炉を茨城県東海村に設置するにあたり、もう一つの事件が一九五七年に起こった。東海村の発電所の運営を政府主体の国策会社で行うか、電力会社九社主体の民間会社で行うかどうかが、国会で論争となってしまったのだ。

財界や電力業界から支持を取り付けてきた正力は、「原子力発電は既に実用化段階にあり、民間に任せても大丈夫」と、民間主体による動力炉開発を主張したが、同じ派閥の長であった河野一郎が正力に反対した。岸内閣の経済企画庁長官に就任した河野は、「原子力発電は開発途上の技術であり、採算が取れるか明確でない。民間だけに任せるにはリスクが大きく、国と民間が共同で開発に当たるのが適切だ」と強く主張した。これが有名な「正力－河野論争」となりマスコミも大きく取り上げる事態となった。最終的に河野が主張を収めることで論争は収拾したが、この対立が日本の原子力開発を歪《ゆが》ませる大きな要因の一つとなったと私は考える。

神奈川大学教授の川上幸一氏の著作『原子力の光と影』（電力新報社、一九九三年）は、第二次大戦後のアメリカの原子力開発の概要をまとめた好著であり、その最終章に日本の初期の原子力開発について簡潔にまとめている。

それによると、東海発電所発足時に産業界が「原子力発電は既に実用化段階にある」と強く主張したことにより、これ以降の大学や日本原子力研究所（原研《げんけん》、一九五六年発足）等の公的機関の研究者が、発電炉の開発に関与することが困難になってしまったという。軽水炉等の商用発電炉に関する研究を国に申請しても「それは民間の管轄だから国がやるべき分野ではない」と、大蔵省が研究予算の認可を渋るようになったのである。日本は原発の開発技術を全く持っていない段階で、いきなり政府の技術的なバックアップが困難になったことになる。原研は結局、軽水炉の開発を研究対象から切り離し、放射線の医療応用、加速器利用等の基礎テーマか、FBRと核燃料サイクル、核融合炉等の将来技術の開発を担当することとなる。

一方で、電力会社はみずからの判断でアメリカのメーカーと契約を結び、次々と軽水炉の導入を進めてゆく。東海発電所一号炉の不評からイギリス製の黒鉛ガス炉は最初の一基にとどまり、それ以降の日本に導入された発電炉はすべてアメリカ製軽水炉となった。一九六五年に関西電力が三菱グループのサポートによりWH製の加圧水型（PWR）の導入を決定し、翌六六年には東京電力が

GE製の沸騰水型（BWR）の受け入れを表明する（機器供給は日立、東芝がサポート）。

ここにおいて、現在まで脈々と続くPWRとBWRの分裂状況が形成される事態となった。

東電（東京電力）では軽水炉導入にあたり、当初はPWRとBWRの競争入札の準備を進めていたが、上層部の突然の指示により、入札無しにBWRの受け入れが決定されたという。東電は三井財閥系の会社であり、それまでGE製の火力設備を多く導入していた。やはりGEからの強い要請があったのであろう。

これ以降日本の電力会社は、多くの軽水炉を建設してゆくものの、当然ながら独自で原子炉を開発して管理するノウハウなどは全く持ってはいない。運転管理の方法も安全基準も、アメリカが決めた内容を忠実に守る以外に全く術《すべ》がなかったのである。

一方で軽水炉が運転を開始して一〇年以上が経過すると、アメリカではステンレス材の溶接割れ等の当初は想定しないトラブルが、炉内機器に多く発生することが明らかになった。これらのトラブルに対し、アメリカでは原因を十分に検証して、原発の運転や安全に関する基準を合理的な内容に順次改定してゆく。

だが、日本の場合は、そううまくはいかない事情がある。正力の主張により「発電用原子炉に関する技術は民間主体で開発する」という政府内の暗黙の規定があるため、安全基準の改定は電力会社とプラントメーカーの責任とされているのである。しかし、万が一安全基準を改定した結果として、原発に深刻なトラブルが生じた場合は、民間会社だけで責任を負える保障などあるはずがない。結果として日本では、原発の安全基準の改定が困難となり、見直しがタブーとなってしまう。このため想定外の故障がプラントで起こった場合も、関係者は現象を十分に検証することなく、公表を避ける体質となってしまった、と私は考える。二〇〇二年に起こった東電のBWRのシュラウド割れ隠蔽《いんぺい》事件はその典型である。

河野一郎の主張に従って、政府と民間が共同で発電炉の導入を進めていれば、おそらく原研で軽水炉の研究が継続されていただろう。新たなトラブルが原発で起きた場合でも、政府がサポートして迅速に解決する体制が作られたはずである。その場合、アメリカからの軽水炉の導入は数年は遅れたであろうが、発電プラント開発に関する基礎技術は、政府と民間の協力により、今以上に十分に蓄積されていたであろう。地道な技術開発を怠り、手っ取り早くお金でプラントを買おうとしてもうまくいかないことを河野は予期していたのだ。慧眼《けいがん》である。祖父の高い志をまるで理解せずに、「日本の原発を即刻停止せよ」と騒ぎ立てる孫の河野太郎議員は大馬鹿者である。

正力－中曽根ラインで推進されたのは、原発技術のアメリカへの隷属《れいぞく》である。当初は学会関係者を中心に、国産の原発技術育成の必要性が強く提案されていたのだが、正力らの強引な主張により国産技術の芽は次々につぶされて、アメリカの決めた枠の中から抜け出せない状況が出来上がってしまった。

政治学者の片岡鉄也《かたおかてつや》氏は大著『日本永久占領』（講談社、一九九九年）の中で、マッカーサーによる押し付けの平和憲法がさまざまな批判を浴びつつも、戦後に国民の意識として定着していく過程と、その結果、日本国民が自らの立場について考える力を失ってしまった事実を明らかにしている。平和憲法が国民に浸透する過程と、アメリカ製原発の導入の過程が重なって見えるのは、私の偏見ではないと思う。

日本の原発マップ

運転中=55基
建設中=2基
着工準備中=11基
合計=68基

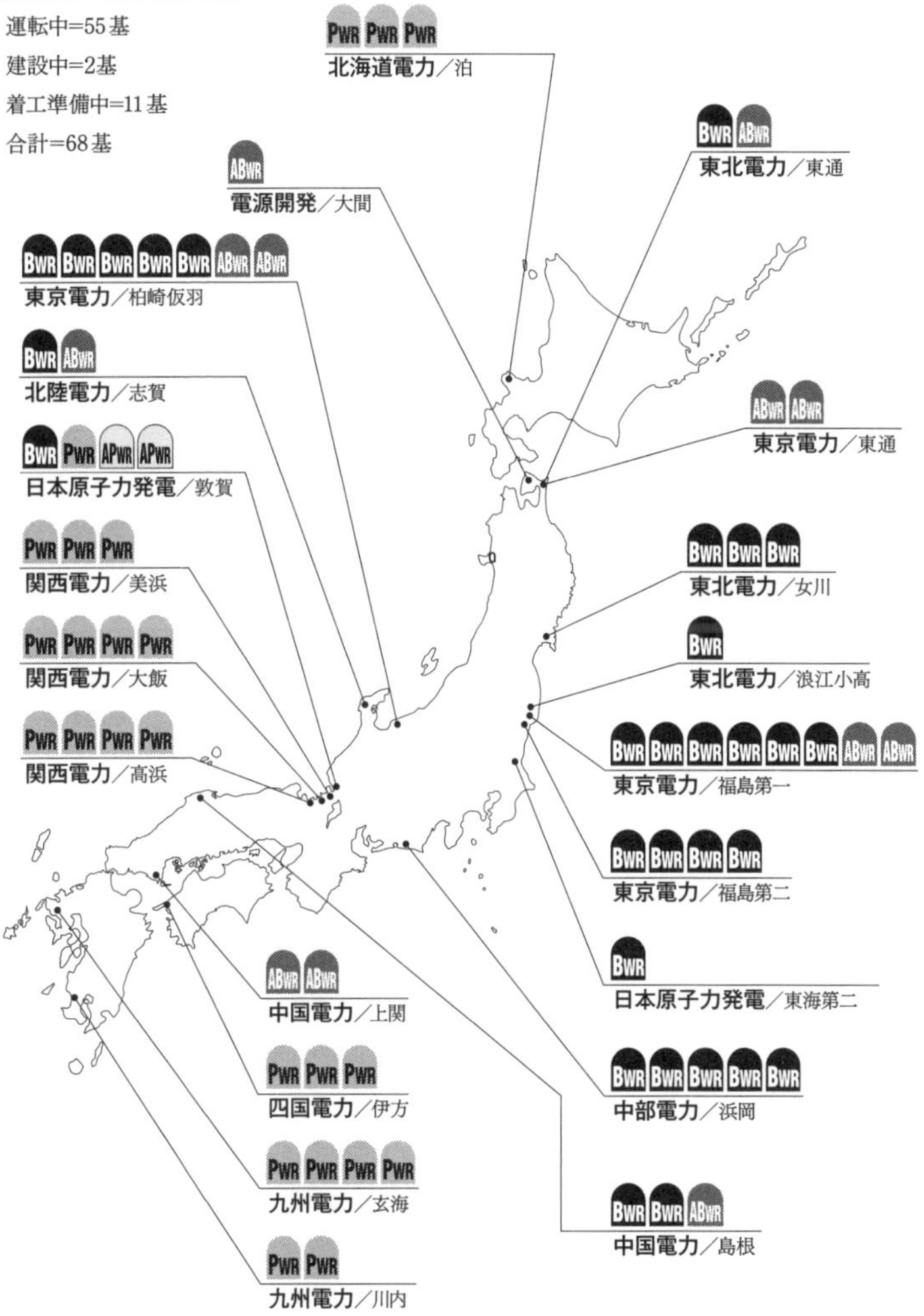

原子力安全基盤機構「原子力施設運転年鑑（平成19年度版）」を参考に作成

スリーマイル島大事故とジャック・ウェルチのGE再生

六〇年代後半からアメリカでは空前の軽水炉の建設ラッシュとなり、一〇〇基を超える軽水炉が作られて発電を開始した。しかし七〇年代に入ると、環境保護団体から軽水炉の安全性についての疑問が投げかけられるようになり、新規の軽水炉の建設はスローダウンする。また当時の考えとして、軽水炉は過渡期的な技術であり、原子力発電の経済性を成り立たせるには、高速増殖炉と使用済み燃料の再処理によるプルトニウムのリサイクルが必須と考えられていた。しかし液体ナトリウムの取扱いの難しさから、高速増殖炉の早期実用化は困難との認識が広まり、原発の経済性についても疑問が出されるようになる。

これに追い打ちを掛けたのが、一九七八年のスリーマイル島（ＴＭＩ）発電所におけるＰＷＲの炉心溶融事故である。運手員の操作ミスに起因する一次冷却水の喪失により、ＰＷＲの炉内燃料の大半がメルトダウンする深刻な事故につながってしまう。この事件により原子力発電に対する世論は一気に硬化し、これ以降のアメリカ国内での軽水炉の新規建設は完全に停止することとなる。しかし、既に完成した軽水炉一〇〇基については、即時に運転を止めることはなく発電をそのまま継続している。この七〇年代半ば以降の新規原発の建設中止が、九〇年代からの原子力の見直し（原子力ルネッサンス）に結果的につながることになるのだから、世の中とはわからないものである。

七〇年代以降は製造メーカーにも大きな動きがあった。日本の製造業の成長により安価な工業製品が大量に輸入されるようになると、アメリカ国内の製造業全体の売上げが落ち始める。これに軽水炉の新規建設停止が加わることで、ウェスティングハウス社（WH）、ゼネラル・エレクトリック社（GE）等のプラントメーカーは一転して収益の悪化に直面することになった。

WHは八〇年代以降、自社のエレベーター事業部門のシンドラー社への売却、放送局のCBS買収によるメディア業界への参画といったリストラと経営多角化を進めるものの、収益が改善されることはなく、九〇年代には基幹事業である火力発電部門を独シーメンス社に、原子力部門を英国原子燃料会社（BNFL）に、それぞれ売却するに至る。これにより、製造メーカーとしてのWHは実質解体されてしまう。

一方のGEは八〇年代に入って、ジャック・ウェルチという新たなCEOの下で事業改革に乗り出した。GEの消費者セクターの責任者であったウェルチは、GEキャピタルというGE社内の金融会社をテコ入れすることで、収益を上げることを目論《もくろ》んだ。有名な『ジャック・ウェルチ　わが経営』（日本経済新聞社、二〇〇一年）には、「多額な投資が必要な製造業と比べて、頭脳の力を活用して簡単に利益を上げられる金融事業は有望と思えた」という内容の記述がある。ウェルチはGE内の不採算部門の徹底したリストラを進める一方で、消費者金融部門の売上げを拡大してGEの中核事業として成長させた。

『わが経営』に掲載されたグラフによると、一九八〇年には総額一一〇億ドルであったGEキャピタルの資産は、二〇〇〇年には三七〇〇億ドル（一ドル一一〇円換算で四〇兆七〇〇〇億円）と三〇倍

ＧＥを立て直したジャック・ウェルチ

以上に大きく増加している。ちなみに三井住友銀行の二〇〇七年三月の総資産が九一兆五〇〇〇億円だから、GEは自社内に日本の旧都市銀行に匹敵する資産の銀行を抱えており、そこから得られる潤沢な資金を航空宇宙関係やエネルギー機器の開発費として提供可能になった、といえる。

こんな掟破《おきて》りの会社に、普通の製造メーカーが勝負して勝てるわけがない。ウェルチの製造業の枠にとらわれない大胆な経営により、WHとGEの立場は逆転し、GEはライバル企業のWHを完全に駆逐することに成功する。

「軽水炉は儲かる!」と気づいての「原子力ルネッサンス」

GEとWHの長年の戦いに終止符が打たれつつあった九〇年代後半になると、アメリカでは政府による電力会社への規制が緩和され、「独立発電事業者(IPP Independent Power Producer)」の新規参入、競争原理の導入等の電力業界の改革が始まった。この流れの中で、建設から二〇年以上経過した古い軽水炉を所有する電力会社が、資産処分のため軽水炉を売却するようになり、エクセロン、エンタジー等の会社がこれらの軽水炉を安値で買うことで、軽水炉の集約が進んだ。驚くべきことに、これらの旧式の軽水炉を新たに買い増しした電力会社は、二一世紀に入ると大きな収益を上げるようになった。

アメリカの軽水炉はTMI事故以前に建設された古い炉型のため、原価償却がすでに終わっており、新たに買った会社には収益への負担がない。また、新規プラント建設を断念したアメリカの原子力業界は、運転中の軽水炉の維持管理の高度化に技術を集約するようになった。具体的には、

（1）軽水炉の寿命を当初想定された四〇年から六〇年に延長する（2）定期点検周期を一年から二年に延ばして、点検日数を短縮して設備の稼働率を上げる（3）維持基準（老朽化した部品の使用可否の判断）の精度を向上して、点検時の部品交換数を減らしてコストを下げる、などの方針を打ち出している。

要するにアメリカは、初期建設費の償却が終わった軽水炉を出来るだけ長く動かし、同時にメンテナンスの費用を減らすことで、経済性を高めることに全力を上げたのである。

この結果として軽水炉は、建設費の回収が終わった後にトラブルなく安定に稼動する場合は、発電システムとして高い収益を上げることが証明されたのである。

軽水炉の経済性が証明されたこの事実は非常に重い。このアメリカの状況を見て、ヨーロッパでも、「なんだ、軽水炉はすごく儲かるではないか」と気づいたことで、原子力に対する肯定的な見直し論がさらに世界中に広まった。これが「原子力ルネッサンス」と呼ばれる流れである。

これに対して原子力反対派からは「使用済み燃料の後《あと》処理や、保管のコストが抜けているではないか。原発の運転費用がそんなに安いはずがない」との非難が当然ある。しかし「そんなものはどこかの砂漠かシベリアの地下にでも、まとめて埋めておけばいいだろう」というのが、おそらくグローバリストの本音である。

ここで注意すべき点は、プラントの建設費用の負担がなくなって、初めて軽水炉の収益が上がるということである。すなわち新規に軽水炉を作る際には、出来るだけ安く作って償却を早く終わらせないと、費用対効果が発揮されない。近年、米国、中国などで原発の新設への要望が高まり、日本のプラントメーカーの商機到来との報道が相次いでいる。しかし、交渉の際にプラントメーカーは、国内原発の建設費よりも相当なコストダウンを要求されているようだ。

二〇〇七年に石川島播磨重工業（ＩＨＩ）は、海外プラント事業でのコスト評価の失敗から数百億円の赤字を計上し、東京証券取引所がＩＨＩを特設注意市場銘柄に指定する事態となった。海外での大型プラント建設には、かなりのギャンブル的な要素が伴うといわれており、あまりの安値での受注はメーカーに大赤字を招く危険もある。もしくは建設コストの削減しすぎで、安全評価が疎かとなりトラブルにつながる可能性もある。いずれにしても、原発を海外輸出するメーカーには、危うい綱渡り的判断が必要なのは間違いない。

東芝のウェスティングハウス買収、隠された裏事情

二〇〇五年七月に英国原子燃料会社（ＢＮＦＬ）は傘下のＷＨの原子力開発部門を売却する方針を発表した。これを受けてＷＨの買収先についての予測が活発に報道されるようになった。ＷＨは原発の製造からは完全に手を引いたものの、新型の軽水炉の開発は継続して進めており、「ＡＰ１０００」と呼ばれる、建設コストを低減し、かつ安全性を高めた次世代ＰＷＲの設計を完成させていた。ＷＨのこれまでの実績から、将来世界中で軽水炉が新設される際には、ＡＰ１０００がかなりの比率を占めると予測されるため、ＷＨを買収した会社は新規プラントの受注に極めて有利な立場に立てる。当初はＷＨと深い繋がりを持ち、ＡＰ１０００の共同開発を手がけた三菱重工の買収が有力とみられていた。この他にＧＥとフランスのフラマトム社（現アレヴァ社、二〇〇一年にシーメンスの原子力部門も統合）、そして東芝がＷＨの入札に手を挙げて、行方が注目され

た。そして同年一二月に日本の東芝が、六〇〇〇億円を超える当初予想の三倍の高額でＷＨを落札したという、驚くべき結果が報道された。

従来ＧＥと共同でＢＷＲの製造と開発を担当してきた東芝が、ＰＷＲの総本山ともいえるＷＨを買収した事実は、業界に大きな波紋を投げかけた。ＷＨ買収に失敗した三菱重工は対抗上、同じＰＷＲの製造メーカーのアレヴァと共同開発の契約を結び、同時期にＧＥは日立とＢＷＲ開発に関する合弁会社の設立を発表していた。これ以降、「東芝の選択と集中の勝利」とか、「東芝はＧＥと決別する」とか、「東芝－ＷＨ、日立－ＧＥ、三菱－アレヴァの三大グループによる競争の時代に突入」といった報道が相次ぐことになる。

しかし、技術者として業界の裏側を長年見てきた私には、今回の買収騒ぎが〝ヤラセ〟であることがあまりにもミエミエであり、気分的にゲンナリしてしまった。実は、東芝がＷＨを買収した本当の理由は、原子力分野だけを見ていては十分に理解できない。もうひとつの火力発電分野の開発動向も考慮すると、今回の買収劇の真実が見えてくるのだ。

現在、火力発電における最も効率の高いシステムは、ガスタービンと蒸気タービンを組み合わせた「コンバインドサイクル（ＣＣ）」である。従来の火力プラントは石炭焚《だ》きボイラー等で蒸気タービンを駆動するが、ＣＣシステムではボイラーに代わってガスタービンを設置して、ガスタービンの高温の廃熱により蒸気を作るのが特徴である。発電用ガスタービンは航空用ジェットエンジンと同じ構造の機械であり、ジェットエンジンの主軸に発電機をつないで電気を起こす。ＣＣシステムでは、ガスと蒸気の二つのタービンを組み合わせた発電が可能となり、発電効率が向上する。さらにガスタービンの燃焼温度を高温化することで、ＣＣシステムの発電効率は向上し、ガスタービンの駆動温度が従来の一三〇〇℃から一五〇〇℃に達すると、CCシステムの発電効率は五〇%を超える値となる。ちなみに軽水炉の発電効率は現状三五%以下である。

このため八〇年代後半から九〇年代にかけて、CCシステム発電用の高温ガスタービンの開発が世界中で進められた。一五〇〇℃級ガスタービン開発は、九〇年代の火力発電分野の最重点開発項目であり、その中心にいたのはやはりGEであった。

日本でも当初は、三菱重工、日立、東芝の三社でガスタービンの高温化を競っていたが、日立と東芝は早々にGEから圧力がかかり、九〇年代半ばにガスタービンの開発を断念することとなった。この二社は火力発電分野でもGEから技術供与を受けており、GEの設計したガスタービンをライセンス契約で組み上げて、電力会社に多数を納入している。GEは日立と東芝に、一五〇〇℃級ガスタービンの独自開発を継続するならば、契約を解除して技術を引き揚げると、半ば脅《おど》しをかけてきたのである。この二社の製造設備は長年GE型タービンを組み立てるために調整されており、数千人規模の人員がタービンの製造に関与している。この状態でGEから教わった技術から離れると、これらのタービン製造設備と人員が一時的に宙に浮くこととなり、最悪は火力発電事業が破綻《はたん》してしまう可能性もある。日立と東芝は、泣く泣くガスタービンの開発から手を引くこととなった。

一方、GEの影響下にない三菱重工は、GEと競い合うようにガスタービンの開発を継続し、一九九九年に東北電力新潟発電所に一五〇〇℃級ガスタービンを納入して、発電効率五〇%を超えるCCシステムを完成させた。GEが一五〇〇℃級タービンによるCCシステムを完成させたのは、二〇〇二年イギリスのバグラン・ベイ発電所であり、三菱はGEに先駆けて最新の火力発電システムを実用化したことになる。

実は、三菱にガスタービンの設計と開発を教えたのはWHであり、三菱の快挙はWHの技術の高さに負うところが大きい。WHのガスタービンはGE製に比べて性能は若干劣るものの、GEタービンよりも安定して動くように設計されている。三菱はWHの教えを忠実に守り、GEのようにいたずらに高スペックのタービンを追求せず、より現実的な性能に目標設定することで、GEに先行して実用化を達成したのである。軽水炉におけるWHとGEの開発競争のケースとよく似ている。

GEが持ち去った東芝の最先端技術

その後GEは、日本のメーカーにさらなる揺さぶりをかけてきた。最も割を食わされたのは三井直系（即ちGE直系）の東芝であり、GEが開発した新型ガスタービンと東芝製の蒸気タービンを組み合わせた高性能CCシステムを共同開発して、世界中に販売する契約を結ばされてしまう。東芝製の蒸気タービンといっても、基本設計はGEによることに変わりはなく、実質的にはこの契約はGEによる東芝の火力発電事業の吸収であった。

この契約では東芝－GE間で合弁会社を設立しているが、その際東芝は独自に積み重ねてきたガスタービンに関する技術を、すべてGEに渡してしまったという。

かつて東芝は、セラミック材料をガスタービン翼に適用する技術を一〇年以上地道に積み重ねていたのだが、近年は東芝からのセラミックタービンに関する学会報告は、ただの一件もなくなっている。GEが契約の際に「お前のところはもうガスタービンを作らないのだから、セラミックの技術はいらないだろう」とデータを持ち去ってしまったらしい。第二次大戦終結後のアメリカによる、

731部隊の細菌兵器の人体実験データの持ち去りを思わせる話である。現在でも構図は全く変わっていない。

さて、GEが開発した一五〇〇℃級新型ガスタービンを用いたCC発電は、H型システムと呼ばれている。H型システムは三菱のCCシステムを超える六〇％の発電効率が見込めるため、世界中から引き合いが殺到するかと思いきや、実はほとんど注文がなかったらしい。理由はGEの一五〇〇℃級ガスタービンは高性能を追求しすぎたため、タービン翼等の部材の高熱や振動による劣化が激しく、メンテナンスに多大な費用がかさむことが、明らかになってきたからである。

ガスタービンの定期点検時に、GEが提供する交換用タービン翼は一個で数百万円もする。このため点検時にタービン翼を一段全部（約一〇〇枚）を交換した場合、それだけで数億円の費用がかかることになる。他にもシール板とか燃焼筒等の多数の高温部材を一、二年おきに交換、補修しないと、GEのガスタービンは動かないのである。このためGE製のタービン部材には、サードパーティーの会社が作った海賊版の部品が存在しており、GE製ガスタービンを購入した会社には、安値の海賊版部品の売り込みがすぐに舞い込む状況だという。エプソン、キャノン製のインクジェットプリンターは交換用インクカートリッジが高価なため、純正品でない安い交換カートリッジが出回っているのと同じである。

ここに至って東芝は厳しい立場に立たされた。GEに従って、仕方なくガスタービンの開発を断念し、H型システム販売のための契約を結び、合弁会社まで作った。にもかかわらず、H型システムは予想に反してほとんど受注が取れない。このままでは東芝の火力発電事業はジリ貧となってしまうのではないか……？

こんな事情があって、WHの入札において、東芝が一念発起《いちねんほっき》の賭けに出たとしても、やむを得なかったのである。

一方、GEの側も問題を抱えていた。WHのPWR技術は喉から手が出るほど欲しいのだが、GEがWHを買収すると独占禁止法に触れる可能性が極めて高かった。今回の騒ぎの少し前に、GEは精密機械メーカーのハネウェル社の買収を画策し、成功寸前までこぎ付けたものの、土壇場になって欧州委員会から独占禁止法に該当するとのクレームを受けて、買収を断念するという経緯があった。ハネウェルはアビオニクス（航空機用電子機器）の世界最大企業であり、ジェットエンジン製造大手であるGEとの合併は、他企業の存続を危うくするとの危惧《きぐ》をヨーロッパ側が持ったためだという。このため、GEによるWHの買収も同じ結末を辿《たど》るだろうという報道も事前になされていた。

GEは次の作戦として「WHの買収が不可能ならば元だけは取る」ということで、実質傘下にある東芝を使ってWHを自社グループ内に取り込むことを画策したのである。AP1000の炉心部本体が作れずとも、タービンや数多くの補機設置など、原発建設にからむ儲けは大きい。また、東芝を通じてWHのPWR技術のコア部分を裏からこっそり入手することも可能である。表に出て矢面に立たずとも、実利が取れればよいのである。

「親会社」のGEの意向を受けて、火力部門で窮地に立った東芝が賭けに出たのがWH買収劇の真相である。

そして作戦は見事に成功した。あまりにも見事なヤラセではあるが。

日本が模索すべきは国益にかなった原子力開発

この論考では、軽水炉型原発の開発の経緯、そして現状に絞ってまとめてみた。結局のところ、日本の製造メーカーの持つ原発技術は、すべてアメリカからもたらされたものである。八〇年代以降はアメリカで当面の必要がなかったため、日本に一時的に技術を移転していただけであり、新たな〝刈り取り時期〟が到来して、料理法を吟味されている段階といえる。

日本のメーカーは国内外から批判を受けつつも、長年巨費を投じて製造技術を維持してきた経緯がある。そろそろアメリカ様優先でなく、国益を重視した開発に移行する道も考えるべきであろう。例えば政府主導により、三菱と東芝がＰＷＲの技術を持ち寄り、日立、ＩＨＩを加えて、メーカー共同で新型ＰＷＲの共同開発を行うといった方策である。ＷＨとＧＥの棲み分けの都合から、ＰＷＲとＢＷＲの二兎を追い続けるのは、どう考えても効率的ではない。しかし、現状の各メーカーの立場では、このような国内共同戦線を張るのが不可能なことは明白である。

とはいえ、アメリカ側も安泰なわけではない。近年のサブプライムローン問題のあおりを受けて、二〇〇八年三月にはＧＥキャピタルの大幅な収益低下が報道された。さしものＧＥも、屋台骨のＧＥキャピタルがぐらつき始めると、無事では済まなくなる。

ＧＥは環境分野やエネルギー分野に収益を移して乗り切る意向らしいが、要するに、金融業から製造業に回帰するということである。製造業の薄利勝負になると、貧乏慣れした日本のメーカーに分《ぶ》があるため勝機はある。東芝のこれまでのＧＥへの面従腹背《めんじゅうふくはい》も、この状況を見越しての逆転を狙う作戦であれば大したものである。おそらく違うとは思うが……。
日本としては、これまで長年アメリカを支えてきたわけだから、原子力でも自立を図ってよいはずである。かつてのシーメンスのように、アメリカから強引に図面を奪って居直るやり方もある。しかし、日本の場合は属国の鑑《かがみ》らしく、アメリカの弱った頃合いを見計らって、政府のフォローを受けながら穏やかに技術を切り分けることで、円満に独立を達成する方法を模索するのが賢明であろう。

【主要参照文献（本文記載以外）】
木村繁『原子の火燃ゆ』プレジデント社／一九八二年
情報提供サイト「原子力百科事典ATOMICA」http://www.atomin.go.jp/

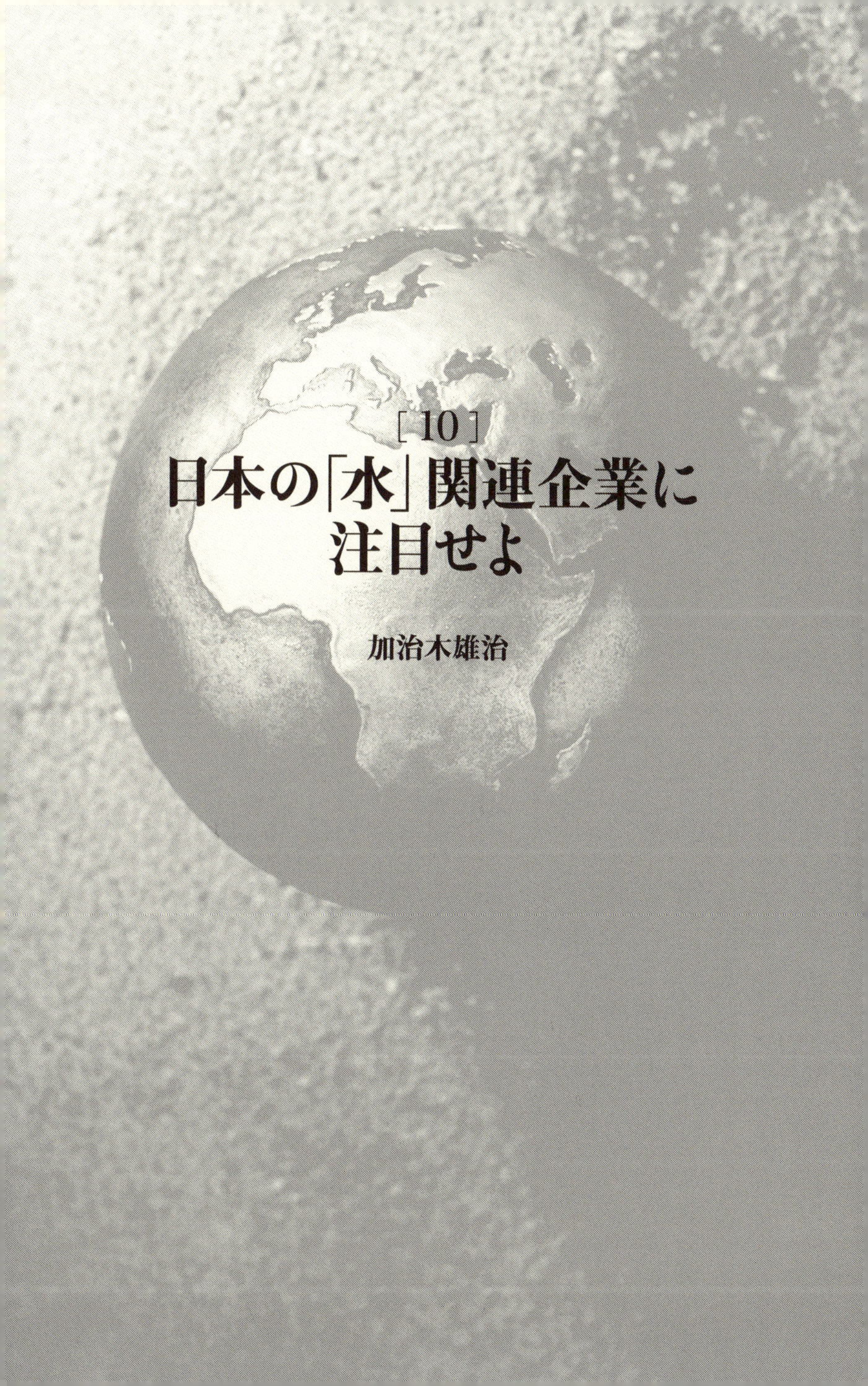

［10］

日本の「水」関連企業に注目せよ

加治木雄治

水問題はさらに深刻化していく

中国をはじめとする新興国や原油高で財政が豊かになった産油国では、きれいな「水」に対する需要が急激に増加している。水は、人間が飲むだけでなく、穀物の栽培や工業用水としてもなくてはならないものであるが、その供給量は限られているため水不足が深刻化している。このようななか、日本企業が長年培ってきた水技術が世界的に注目を浴びている。

地球上の水はそのほとんどが海水であり、飲用や穀物栽培などで使用可能な淡水は、全体のほんの数パーセントしかないことをご存じだろうか。国土交通省が毎年8月に公表している「日本の水資源」に、水に関する基本的なデータが掲載されているので引用する（平成19年版より）。

地球上に存在する水の量は、およそ14億㎦であるといわれている。そのうちの約97・5％が海水等であり、淡水は約2・5％である。この淡水の大部分は南・北極地域などの氷や氷河として存在しており、地下水や河川、湖沼の水などとして存在する淡水の量は、地球上の水の約0・8％である。さらに、この約0・8％の水のほとんどが地下水として存在し、河川や湖沼などの水として存在する淡水の量は、地球上に存在する水の量のわずか約0・01％、約0・001億㎦にすぎない。

地球上の年降水総量は約577千㎦／年、陸上の年降水総量は約119千㎦／年であり、そのうち約74千km³／年が蒸発散により失われ、残りの約45千km³／年のうち約43千km³／年が表流水として、約2千km³／年が地下水として流出する。

水は、土地とともに国土を構成する重要な要素であるとともに、生命にとって必要不可欠なものであるが、人間活動は自然の水循環に対して少なからず影響を及ぼしている。今後、人類及び生態系が水の恵みを持続的に享受できるように、水資源を適切に利用していくことが重要である。

（『日本の水資源』平成19年版、P50）


地球の水のうち淡水はわずか2・5%、量にして3500万km³であり、しかもその7割近くが南・北極地域などの氷や氷河であり、実質的に人間が利用できる量は残りの3割程度、量にして1050万km³程度しか存在しない。また、地球全体で見ると、地下水や河川水など利用可能な水が存在する地域とそうでない地域があり、降水量も地域や季節によって偏りがある。水は、人間にとって不可欠なものであるにもかかわらず、それを利用できるのは、淡水が地下水や河川として近くにあるか、もしくは水インフラが整った国や地域に住んでいる人に限られることになる。

よく知られているように世界の人口は年々増加している。丸紅経済研究所所長の柴田明夫氏の著書『水戦争』（角川SSC新書、2007年）によると、2050年には世界人口は90億人に達するという。


人類は長い時間をかけてここまで増えてきた。かつて世界人口の増加は緩やかだった。1600年の5億5000万人が10億人を突破して倍になるまで200年以上かかったのだが、1

900年代に入ると増加ペースは速まり、1950年には25億人と約100年で2・5倍になる。そこからわずか40年で世界の人口は2倍になり、1990年に50億人を突破したのである。その後、ペースはやや鈍化したものの、人口は毎年約1億人ずつ増え続け、15年後の2005年に約65億人に達している。このまま2050年を迎えれば人口90億の時代を迎える計算になる。わずか100年で25億人から90億人まで跳ね上がるのである。

(『水戦争』P22)

人間が使える淡水の量は限られているにもかかわらず、人口は増え続けており、今後も増えていく、というのだ。原因は新興国の経済的台頭にある。特に中国やインドなどでは経済力の高まりとともに人口も増加している。

人は水なしでは生きていけない以上、人口が増えればそれだけ水の使用量も増えることになる。水の供給量が一定であるにもかかわらずその使用量が増えるのだから、水不足は今後さらに深刻化することになる。

特に人口が多く、かつ経済的台頭が著しい中国では水不足がきわめて深刻である。再び前掲著より引用する。

中国の水需給には3つの特徴がある。その第1は、国土や人口の大きさに比べて水資源量が少ないことだ。中国科学院によると、中国の水資源は6兆1000億立方メートルだが、これは地球全体の淡水の0・017%でしかない。国土面積は世界の約7%、人口は20%を占める大国中国にとって、この数字はいかにも心細い。しかも降水量のうち水資源総量として確保しているのは2兆8053億立方メートルと半分に満たず、さらに実際に使用できる量は水資源総量の5分の1の5633億立方メートルのみ。人口13億で割れば、1人当たりの水資源量は2150立方メートルとなるが、これは世界平均の7000立方メートルの3分の1程度でしかない。中国国内でも、特に水不足の傾向が強い北方地域となると3分の1以下だ。（中略）

第3に、用途別に見た水需要構造の変化が著しい点である。水需要の7割弱は農業用水である。しかし、近年の作付面積の減少もあって、農業用水は1999年の3869億立方メートルから2003年は3432億立方メートルへ11％減少している。これに対して、工業及び生活用水需要は急増している。今後10年間で、工業用水・生活用水はそれぞれ約60％、年間1100億立方メートルのペースで拡大していく見通しだ。

このことは、中国においては工業化、都市化が進めば進むほど、工業部門や都市での不足が顕在化すると同時に、農業部門においてはより増幅された形で水不足が発生する可能性を示唆している。

（『水戦争』P70－72）

東京大学生産技術研究所の沖大幹《おきたいかん》助教授等のグループが試算した結果でも、中国、中近東、アフリカなどの国や地域の水ストレスが強いことが分かる。今後、これらの国や地域が経済的に発展すればするほど、水問題はますます深刻化することが予想される（以下のサイトでは研究の詳細が閲覧できる。URL：http://hydro.iis.u-tokyo.ac.jp/Info/Press200207/#VW）。

しかし、このような状況は、見方を変えれば、安全な水を供給する技術を持つ企業にとっては莫大な利益を生むビジネス・チャンスともなる。特に欧州では水道事業の民営化の流れに乗り、「水男爵（ウォーター・バロンズ）」と呼ばれる企業が台頭している。

水ビジネスで台頭する「水男爵《ウォーター・バロン》」

水をビジネスにして、世界中に展開している企業は欧州の企業が中心であり、特に圧倒的な力を持つ3社は、世界では水男爵（ウォーター・バロン）と呼ばれている。柴田氏の前掲著作から引用する。

あまり知られていない事実だが、世界には「ウォーター・バロン（水男爵）」と称される圧倒的な力を持つ3社の水企業が存在する。フランスのスエズ社、ヴィヴェンディ社、およびドイツのRWE社が保有するイギリス本拠のテームズ・ウォーター社だ。

いまやこれら3社は、世界的な「水道事業の民営化」の流れを背景として世界のあらゆる地域をターゲットに水供給事業を拡大しているのである。（中略）

民間企業が水を提供する人口は着実に増えており、1990年当時は5100万人だったが、2002年時点では3億人を超えた。ICIJ（国際調査ジャーナリスト協会）によれば、ウォーター・バロン3社のうちスエズ社はすでに世界5大陸で事業を展開しており、130ヵ国の1億1500万人に飲み水を供給している。また、ヴィヴェンディ社が100ヵ国以上の1億1000万人に、テームズ・ウォーター社も5000万人に供給しているという。

（『水戦争』P71－74）

もともと水道事業の民営化は、1980年代にイギリスのサッチャー首相が下水道事業の規制緩和を行ったことが始まりである。次いで先進各国がこれに続いた。先進国の下水道事業でノウハウを蓄積したウォーター・バロンたちは、新興国や発展途上国にも積極的に進出している。柴田氏の著作によると、イギリスでは100%、フランスが80%、ドイツが20%、米国が35%の割合で民営化が進んでおり、アジアでは特に韓国や中国で民営が進んでいるという。

ウォーター・バロンが海外へ進出する際、受け入れ国側の国民から警戒されることが多い。自分たちの大事な飲み水を海外の企業に任せて大丈夫なのか、という疑問は誰だって持つだろう。それに対してウォーター・バロンは相手国に警戒されないように、受け入れやすい条件付きで入り込もうとする。具体的には、欧州連合の議会やヨーロッパ復興開発銀行、世界銀行、国際通貨基金といった国際機関に働きかけ、発展途上国のインフラ整備のための融資と引き換えに水道事業の民営化を売り込むのである。

つまり欧州の水関連企業と域内の国際機関が、経済協力の名のもとに一体となって途上国や新興国に入り込んでいる、ということである。浜田和幸『ウォーター・マネー』(光文社、2003年)より引用する。

EUは、これまで72ヵ国の政府に対して水事業の民営化サービスを提案している。また、ヨーロッパ復興開発銀行は、世界の水不足をうまく利用してヨーロッパ企業を応援したい、とハッキリ言っている。ちなみに、そのキャッチフレーズは、「水という資源は、民間企業にとっ

て、インフラ整備の最後のフロンティアである」というものだ。（中略）
こうした動きは１９９０年の初頭から急速に活発化してきた。今では、ほとんど世界中いたるところで、欧米系の水企業が利権を求めて活発に売り込み、商売を展開するようになってきている。
現在、これらの多国籍企業は世界人口の約７％の顧客に水を提供している。業界では、２０１５年までには17％になるとの見通しが一般的だ。ビジネス規模は２０００億ドルといわれる。２０２１年には１兆ドルを超えるとまでいわれるビッグビジネスなのである。
（『ウォーター・マネー』P78－79）

それに対して日本では、水道事業の民営化は遅々として進まない。明治維新後、官僚主導の近代化を推し進めてきた日本では、水道事業という国民の生命に関わる事業を民間に任せることに対する抵抗が大きかったものと考えられる。また、途上国とは違って国際機関の融資を仰ぐ必要性が少ないことから、ウォーター・バロンが入り込む余地は少ない。

民営化とは Privatization《プライヴェタイゼーション》 のことであり、正しくは「私物化」ということであると副島隆彦氏は指摘している。

たとえ水道事業という人間の生命に関わる事業であっても、民間企業が事業として手掛ける場合は利益を叩き出すことが目的になる。企業は株主に対して経営責任を負っており、採算が合わなければ当該事業を見直し、撤退も検討するだろう。水道事業の民営化は、下手をすると国民の生命を脅かしかねない事態にまで発展する危険性があるのだ。再び浜田氏の著作より引用する。

1998年、南アフリカの地方政府が高騰する水道維持費に業を煮やし、ドルフィン・コーストという一帯で水事業を民営化した。経費を抑えるために、上水道に関するコストを頭割りで分担することになったのだが、この結果、貧しい住民たちは水道代を負担することができなくなったのである。何しろ、4年間で水道料金は140%近くも値上がりした。

困った多くの住民たちは、結局、自然に流れている川や池や湖といった場所から、水を使用することになった。もちろん、自然の水は無料だからである。ところが、こうした池や湖、小川には、人間生活による汚染、さらには汚物がじかに流れ込んでいたために、かなり汚染されていた。

その結果、2002年1月に、感染者が25万人以上という南アフリカ史上最悪のコレラが発生した。死者は300人に及ぶ大惨事であった。(中略)

この南アフリカの水民営化事業を請け負ったのは、フランスの水ビジネスの企業の最大手といわれるスエズ、ヴィヴェンディ、そしてイギリスのテームズ・ウォーターの3社である。(中略)結果的に金持ちでなければ水道代が払えないという事態がコレラの大流行を起こしたのだが、それでは、なぜ水道代は高騰したのか。これは、水道事業の収益の一部が、政治家や役人にキックバックされている実態があったのである。民営化ビジネスに、多くの官僚や政治家が群がり、懐に利権を呼び込む癒着の構造が、公共的な事業を崩壊させたのである。

(『ウォーター・マネー』P103-105)

何でも民営化すればいいというものではない。水は全ての人に安定的に供給されることが必要である。国民にとって本当に必要不可欠なものは国家が責任を持って運営すべきであり、非効率さを是正する手段として安易に民営化（私物化）を選ぶべきではない。

淡水化技術で世界をリードする日本の水関連企業

日本では官民一体となった水ビジネスを展開する契機に乏しく、ウォーター・バロンのような国際水企業は出現していない。しかし優れた工業製品を製造するために、特に工業用水の分野で長年の努力を続けてきた結果、水の浄化技術は世界でもトップクラスの企業が多数存在する。

水問題はこれからますます深刻化するだろう。そして深刻化すればするほど、淡水化をはじめとする水技術で世界最先端の技術を誇る日本企業への引き合いも強まるだろう。ここでは高度な水技術を持つ日本企業を紹介する。

■ササクラ　http://www.sasakura.co.jp/

航海中の船上で海水から淡水を造る海水淡水化装置をはじめとして、工場廃水を処理する蒸発濃縮装置や、ＬＮＧ（液化天然ガス）などの超低温液体の移送ラインに使われる超低温バルブ、地下鉄や地下街の換気騒音の制御装置など、水、熱、音の分野における各種製品を開発、製造、販売している。

船舶用海水淡水化装置は、エンジンの冷却水（75～85度）を熱源とし、海水を真空化で蒸発させ、出来た蒸気を伝熱管またはチタンプレートを介して海水で冷却・復水させ、蒸留水を生成する。飲料水やシャワー水等の生活用水、エンジン冷却水の補給、ボイラー水の補給等に使用される。当社の船舶用海水淡水化装置は世界シェアの60％（同社推定値）を占めている。蒸発濃縮装置は、工場廃水を蒸発器で濃縮することで減容化し、濃縮液から有価物を回収し、純水としてリサイクルできる循環型装置となっている。また電子部品の洗浄などに用いるオゾン水供給装置等も開発し、環境への配慮を重視するメーカーの環境性能向上に寄与している。当製品も世界シェア60％を占める。超低温バタフライ弁は優れたシール（閉止）性能を持っており、安全性が要求される国内LNG受け入れ基地に独占的に採用されており、そのシェアは国内受入基地内では90％に達する。しかもこのバルブの用途はLNG受入基地にとどまらず、LNGを輸送するLNG船及び海外の液化基地に納入されている。

ササクラの技術力は世界的な評価を受けており、1966年に我が国最初の大型陸上用海水淡水化プラン

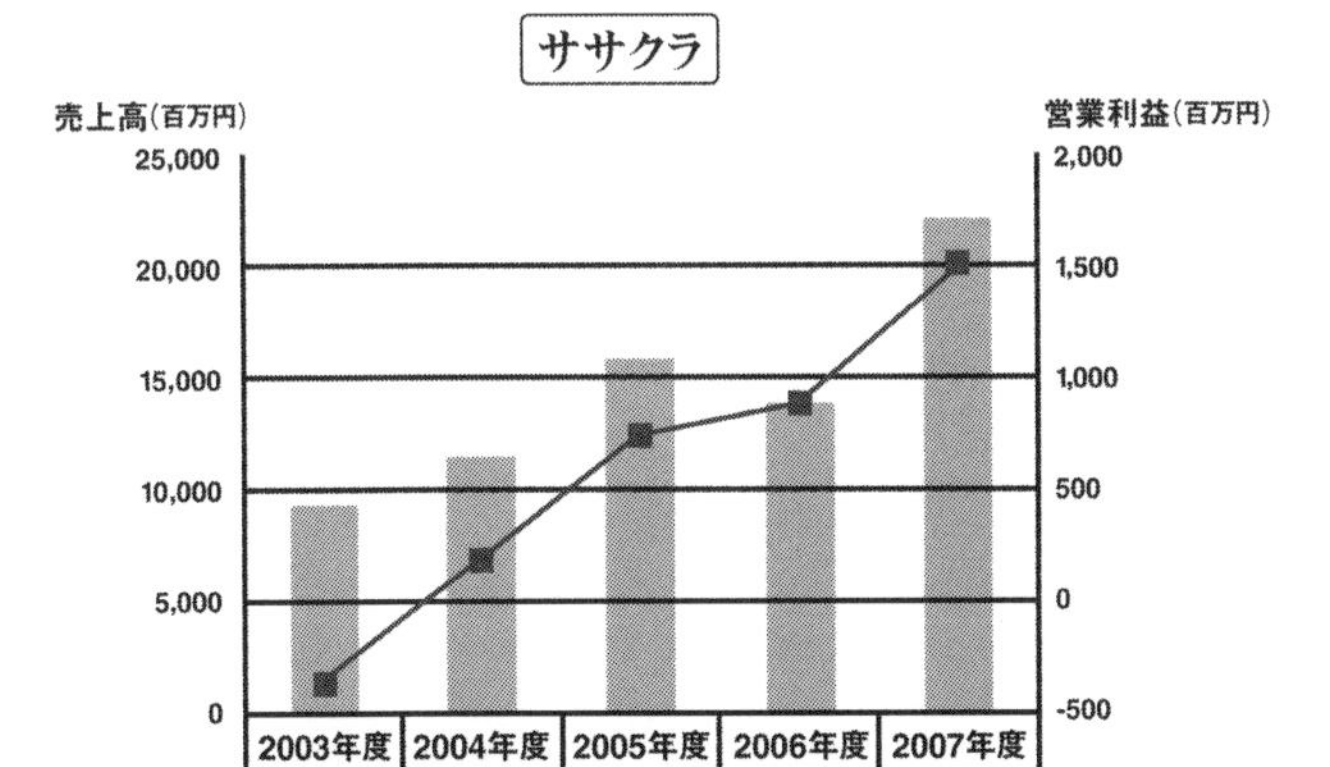

	2003年度	2004年度	2005年度	2006年度	2007年度
売上高	9,363	11,396	15,657	13,740	21,904
営業利益	-379	180	738	870	1,496

業績推移
(決算短信より作成)

トをアラビア石油カフジ鉱業所向けに輸出、１９７５年にサウジアラビア海水淡水化公団向け発電プラントと造水プラントの二重目的大型プラントを伊藤忠商事などとともに受注、２００５年にも同公団より、サウジアラビアの紅海沿岸6都市における海水淡水化装置12基を一括受注するなどの実績を挙げている。海水淡水化装置のリーディングメーカーとして、現在はサウジアラビア、バーレーン、インドネシアを中心に事業展開している。

ササクラは２００６年9月より、ＳＡＪＡＨＰプロジェクト（ＮＦ／ＲＯ＋ＭＥＤハイブリッド海水淡水化装置、日本・サウジアラビア共同研究）に参画しており、研究を進めている。期間は２００９年3月までの2年半であり、この研究の進展とともに中東における新規プロジェクトの獲得が期待されるところである。ただし、このような技術革新が早期の新規受注に結びつくか否かは中東諸国の財政事情に左右されるところが大きく、そして中東諸国の財政事情は原油価格の高止まりがいつまで続くかに大きく依存することから、現時点では不透明な部分も残されている。

海水淡水化装置に関しては、海水タンクは内面防食のため塗装が必要であるが、タンクの大きさは多岐にわたることから機械化が難しく、増産の障害となっていた。そのためササクラは２００７年11月より、山口県山陽小野田市の造水タンクの内面塗装用新工場を稼働させ、塗装能力を年間２５０台から年間４００台へと増強した。しかしそれでも供給が追いつかないことから、２００８年半ばをめどに、新工場稼働後に停止していた旧工場での内面塗装を再開するとともに、インドネシア工場でも内面塗装を行う予定。旧工場では年間１５０台を、またインドネシア工場では比較的塗装しやすい5トンから20トンの小型タンクを中心に年間50台を塗装し、日本工場の負担を減らす。合計で年間６００台体制を構築する。船舶用海水淡水化装置の需要が当社の想定以上に伸びていることが推察される。なお、旧工場の塗装能力は年間250台あることから、最大で年間700台程度まで増産が可能である。

高いシェアと高品質に裏付けられた当社の製品に対する需要は堅調に推移するだろう。産油国の経済力の拡大、造船需要の拡大、国内メーカーの環境対応ニーズの高まりなど、当社を取り巻く事業環境は良好であり、中東産油国への積極展開、中北製作所との提携など、当社経営陣の経営能力も評価できる。SAJAHPプロジェクトにおける技術革新に見られるように技術力も極めて高く、淡水化技術の更なるシェア・アップが期待できる。

■月島機械　http://www.tsk-g.co.jp/

月島《つきしま》機械はもともとは製糖メーカーであり、蒸留、分離、ろ過、乾燥、焼却、燃焼、貯留など、製糖に関する技術の蓄積がある。現在は国内唯一、海外でも有数の製糖プラントメーカーであり、アセアン諸国の製糖会社への納入実績がある。

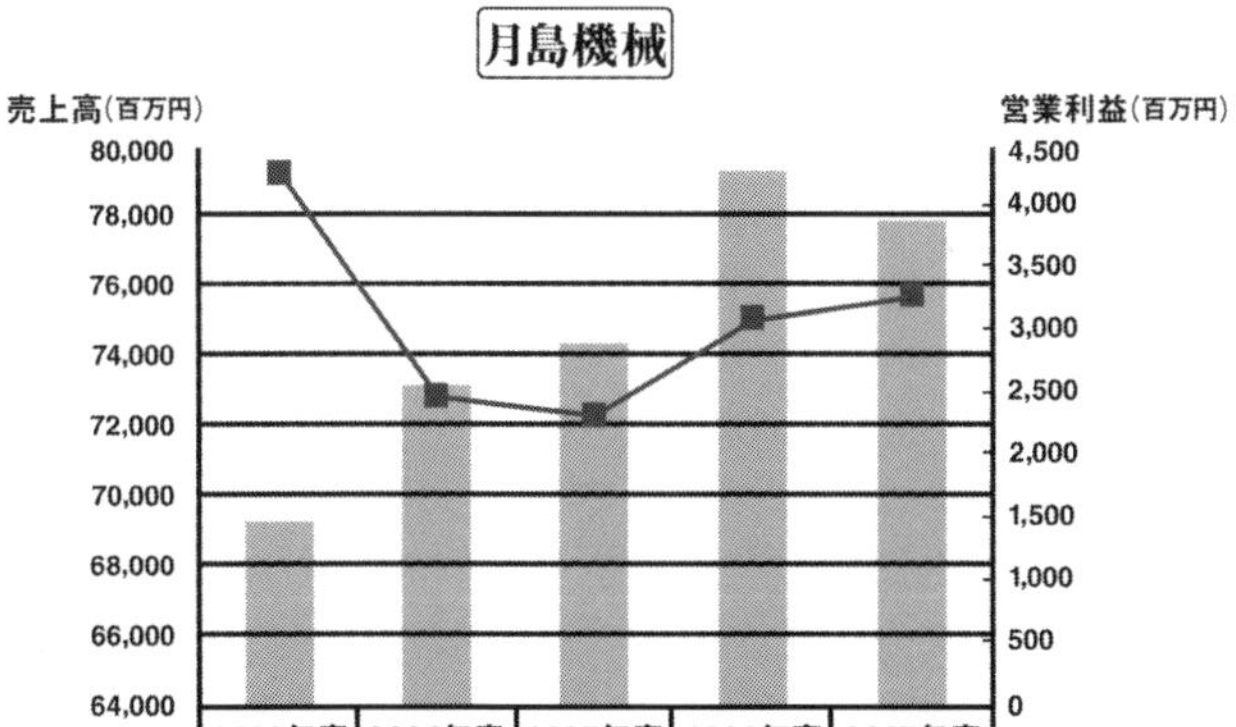

	2003年度	2004年度	2005年度	2006年度	2007年度
売上高	69,192	73,100	74,183	79,073	77,704
営業利益	4,257	2,471	2,299	3,072	3,254

業績推移
（決算短信より作成）

上下水道設備プラントの他、焼却設備、脱水機・乾燥機などの製造・開発・販売も手掛けている。当社の上下水道設備プラントは大都市圏で高いシェアを持つ。製糖技術に加え、上下水道プラントで培われたノウハウを活用した汚泥《おでい》処理の技術力には定評があり、下水汚泥を低温で蒸し焼きにすることで、カロリーを残しつつ乾燥させて石炭代替燃料を精製する「汚泥燃料化システム」などの技術を持っている。

今後、上下水道などのインフラ整備が進むであろう新興国での用途拡大が予想されるが、特に製糖プラントの納入実績があるアセアン諸国では、当社製品に対する品質の高さが認知されており、当社の上下水道プラントに関しても普及しやすいと考えられる。

日本国内では、国内公共事業の縮小により国内上下水道市場の受注獲得競争が激しさを増している。公共工事は価格優先の競争が中心であるため、価格競争が激化しており、低価格での入札が急増している。その結果、工事中の事故や手抜き工事の発生、下請け業者へのしわ寄せ等による品質の低下が懸念されている。また、これまでの入札方式は年度ごと、サービスごと（運転管理、保守管理など）に分割して発注されることが多く、しかも各サービスに関しても年度ごとに入札し直すことが多いため、ノウハウの蓄積が困難になっている。結果としてサービスの質の低下に拍車がかかっている。

このような状況を踏まえ、２００５年には「公共投資の品質確保の促進に関する法律（品確法）」が制定され、総合評価方式に基づく入札方式が始まった。総合評価方式とは、入札価格に加えて維持管理費や各種技術提案の優劣を総合的に評価する入札方式であり、各サービスを一括して複数年で受託することが可能である。そのため、上下水道処理に実績のある当社には追い風となっている。

上下水道処理以外にもバイオエタノール製造設備の納入実績がある。原油価格高騰によりバイオエタノールの生産が盛んになっており、アメリカではとうもろこしが、またブラジルではサトウキビが原料となって生産されている。しかしこれらはいずれも食料品であり、本来は人間や家畜が食べるためのものである。それがバイオエタノールとしても使用されるようになったため、穀物価格高騰の一因となっている。

月島機械は、北海道の自治体と組んで、休耕田を使って飼料米を生産し、それを原料にバイオエタノールを製造する試みを始めている。国内では食用米が供給過剰となっているため、農林水産省が食用米の飼料米への転作を奨励している。現行では麦や大豆などへの転作には奨励金が出ているが、今後、飼料米への転作にも奨励金を出すことを検討している。このようななか、休耕田を復活させ、飼料用としてではなく燃料用として飼料米を生産し、新たなエネルギー源として活用する試みがすでに始まっている。今後、個人農家ではなく、事業法人が大規模な水田を開発することが可能になれば、このような試みが脚光を浴びることになりそうだ。

■西島製作所　http://www.torishima.co.jp/main.html

西島《とりしま》製作所はポンプメーカーであり、海水淡水化プラント向けポンプは世界シェア50％を占めるトップメーカーである。海水淡水化プラント向けポンプの製造以外にも、風力発電システム、小水力発電システム、汚水処理なども手掛けている。

以前は国内公共事業など官需がメインであったが、経営陣が替わり、積極的な海外展開を進めている。海外売上高比率は、２００４年3月期の11・2％から、２００８年3月期には56・6％まで

５倍に拡大しており、特に中東向けの売上比率が増加している。今後３年間で海外売上高比率を８０％にまで高める計画である。

中東の産油国は、近年の原油価格の高騰により財政が豊かになっており、人口も急速に増加している。会社資料によると、中東６カ国（ＵＡＥ、クウェート、カタール、バーレーン、サウジアラビア、オマーン）の人口増加ペースは、世界人口の増加ペースを上回って推移することが予想されており、水の需要が拡大しているという。当社は中東諸国に２０００台以上の海水淡水化プラント用ポンプを納入した実績があり、発電用や水道用も合わせれば４５００台以上を納入している。

ポンプはプラントの色々な場所で使われている。会社資料に掲載されていたカタールでの例を挙げる。

①カタールの海水を取水後、発電用に海水が使われた後、淡水化され、中継ポンプ場へと送られる。

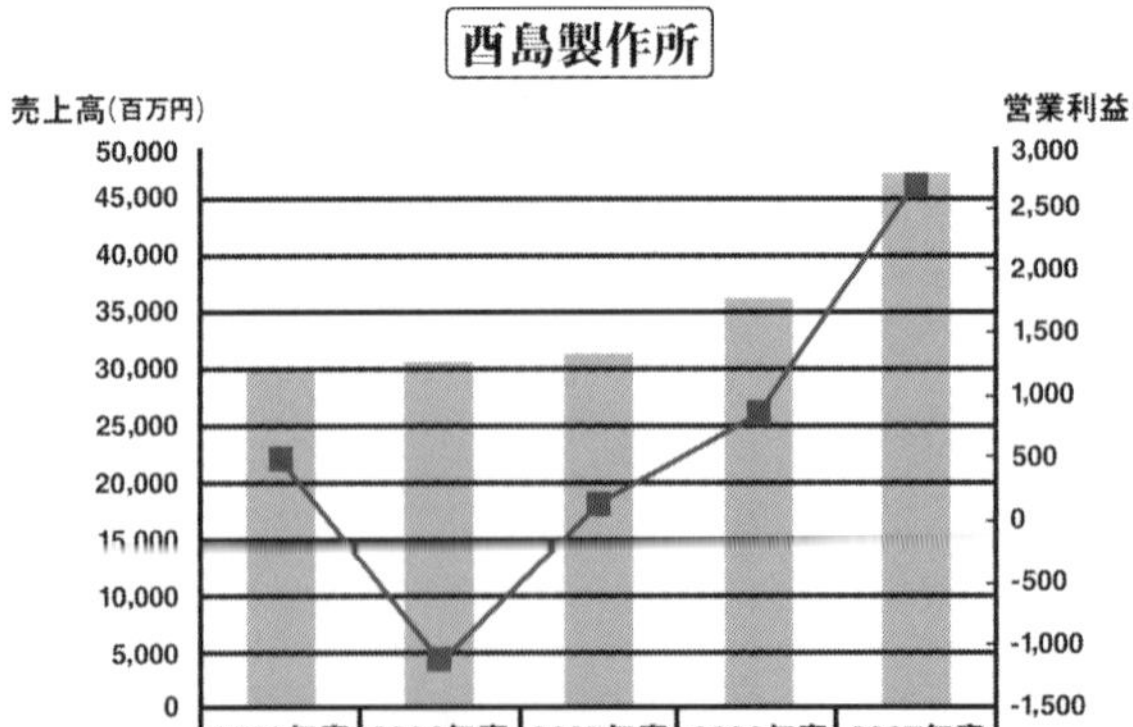

	2003年度	2004年度	2005年度	2006年度	2007年度
売上高	29,912	30,735	31,393	36,404	47,272
営業利益	450	-1,104	107	852	2,643

業績推移
（決算短信より作成）

②中継ポンプ場から首都ドーハへ送られた淡水は上水ポンプ場で配水される。
③家庭や工場などで使われ排水となった水は、汚水処理用の中継ポンプ場へと送られる。
④汚水処理場で処理された排水は灌漑《かんがい》ポンプ場へと送られる。
⑤灌漑ポンプ場から灌漑地域へと水が供給され、緑化のために使われる。
①〜⑤の各段階でポンプが使われている。一番大切なのは、①の海水淡水化作業であり、淡水化のための逆浸透膜《ぎゃくしんとうまく》技術であるが、プラントの各段階でポンプが必要であるため、逆浸透膜の需要をはるかに上回るポンプ需要が存在することになる。

人口の増加とともに、中東など新興国を中心に海水淡水化プラント需要は今後も拡大するだろう。世界シェア50％を占める酉島製作所は、海外需要を取り込む形で中長期的に見ても成長が続くことが予想される。

■栗田工業　http://www.kurita.co.jp/

水処理専業メーカーとしては国内最大手。特に半導体や液晶の製造過程で使われる超純水製造装置や医薬用水製造装置などの用水処理、オフィスビルなどの冷却塔を浄化して細菌の発生を防ぐ冷却水薬品や排水処理施設で使われる環境薬品などの水処理薬品が強い。他にも土壌および地下水を浄化する汚染浄化なども手掛けている。

超純水とは、明確な定義はないが、用途に応じた水質が極めて高いレベルにある水のことをいう。インターネット百科事典「ウィキペディア」より引用する。

超純水とは、用水の水質が極めて高いレベルにあることを意味する。しかし明確な定義や国家・国際規格などはなく、使用目的に基づく個々の要求水準を満たすことが最大の条件となっている。さらに要求水準自体が年々高度化しており、ひとくちに超純水と言ってもグレードはまちまちである。

例えば、超純水事業の例を挙げると以下の通り。

①原水を前処理設備で処理し、超純水製造システムで超純水を製造。

②半導体メーカーのＥＰＤ製造工程などに超純水を供給。

③工場で使われた排水は、排水回収システムと排水処理装置で処理。

排水回収システムで浄化された排水は再び超純水製造システムで超純水として処理され、再利用される。また、排水処理装置で処理された排水は放流される。

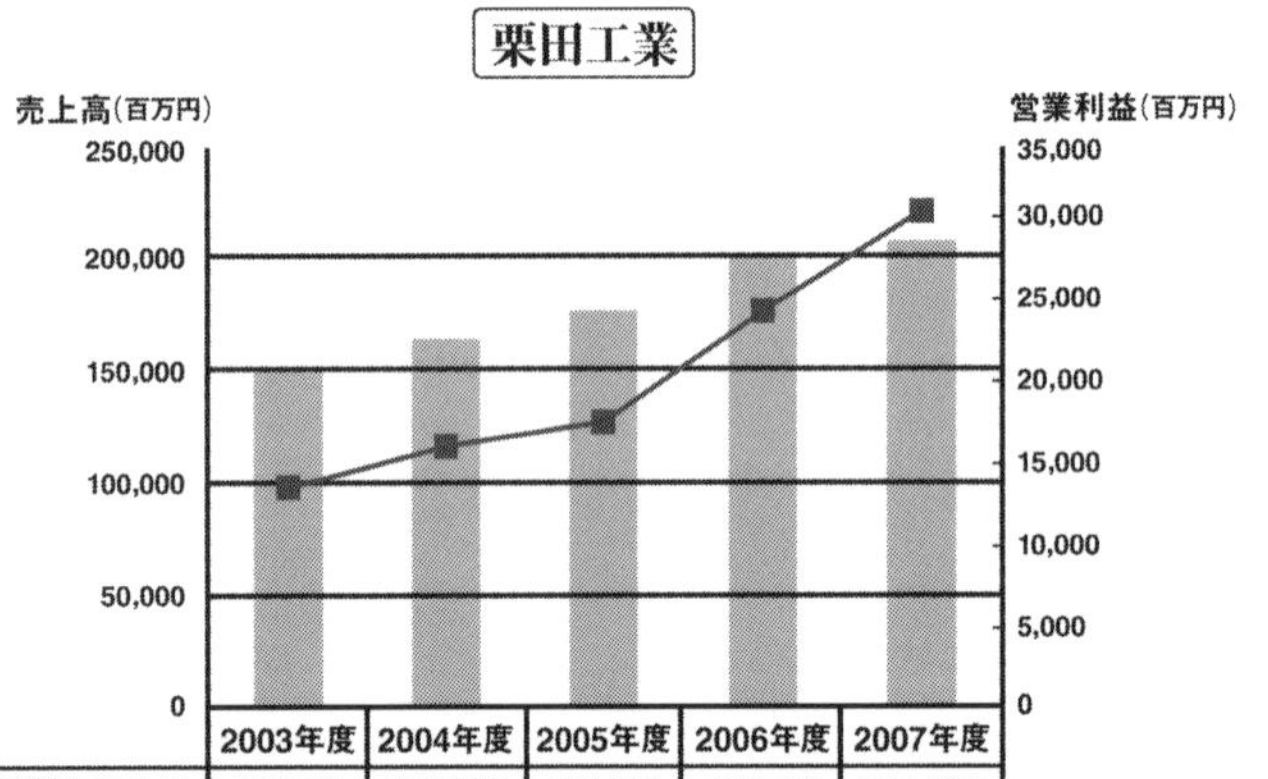

	2003年度	2004年度	2005年度	2006年度	2007年度
売上高	146,819	160,896	173,683	197,146	204,875
営業利益	13,490	15,951	17,311	24,276	30,468

業績推移
(決算短信より作成)

栗田工業は、超純水設備のための建設、保有、運転管理、メンテナンスを一括して請け負っている。用水処理に関しては、製造装置の販売などハードの売り切り事業だけでなく、超純水供給事業、精密洗浄事業などソフト・サービスに注力している。２００８年３月期の用水処理事業は１４６３億円と前期を59億円上回った。内訳は、ハード＝５２８億円（前期比－24億円）、ソフト＝９３５億円（同＋83億円）とソフト・サービスが伸びている。２００９年３月期は、ハード＝４７９億円（同－49億円）、ソフト＝１０４４億円（同＋１０９億円）を見込んでいる。

同社が売り切り型のハードビジネスから、ソフトビジネスへと転換しつつある理由は、同社の主要顧客である電子産業の設備投資動向が大きく変動するためである。そのためハードの売り切りをメインにしていると、電子産業の設備投資が鈍化した場合、当社の業績も急落してしまう。それに対して水処理薬品や超純水の供給などは技術的難易度が高いことから比較的安定した需要が見込める。そのためハードウェア事業のブレを吸収しやすい収益構造となっている。

ライバル企業であるオルガノがハードウェアの売り切りビジネスが主のままであるのに対して、栗田工業はソフトウェアの販売に注力しており、相対的な競争優位性が拡大している。

■日東電工　http://www.nitto.co.jp/index.html

日東《にっとう》電工は、粘着テープを製造するメーカーとして出発した素材メーカーである。特に液晶用光学フィルムで業績を伸ばした。①携帯用電子機器やハードディスクなどで使われている接合材料やＥＰＤ業界で使われている表面保護フィルムをはじめとする工業材料、②タッチパネル向け透明導電性フィルムをはじめとする電子材料、③医薬関連材料や高分子分離膜をはじめとする機能材料、を手掛けている。

ニッチ商品で世界シェア第1位の商品が多く、淡水製造装置で使われている逆浸透膜の分野でも世界第2位のシェアを誇る。逆浸透膜は③の高分子分離膜に分類される。

逆浸透膜は、水から不純物を取り除くために使われる膜のことで、日本企業では、日東電工以外にも東レが世界第3位のシェアを占めている。「ウィキペディア」より引用する。

> 逆浸透膜とは、ろ過膜の一種であり、水を通しイオンや塩類など水以外の不純物は透過しない性質を持つ膜のこと。孔の大きさは概ね2ナノメートル以下（ナノメートルは1ミリメートルの百万分の一）で限外ろ過膜よりも小さい。英語では Reverse Osmosis Membrane といい、その頭文字をとってRO膜とも呼ばれる。

海水淡水化とは、塩分などの不純物が含まれている

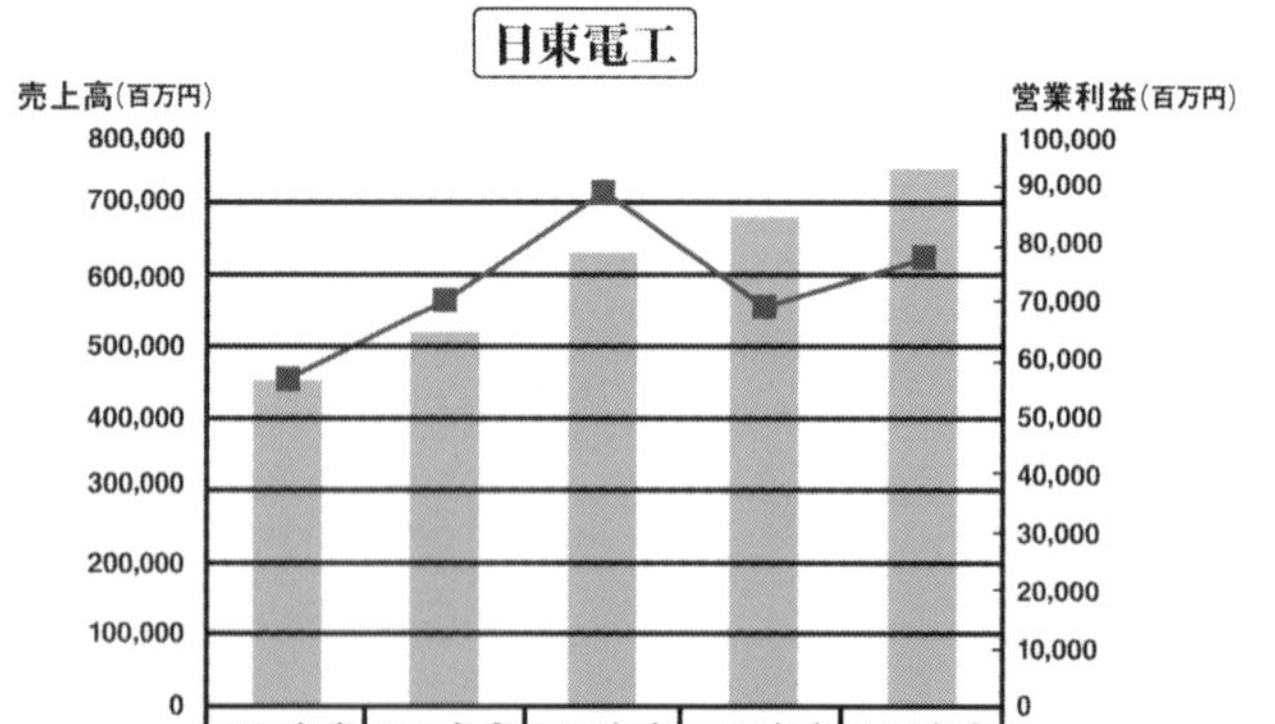

	2003年度	2004年度	2005年度	2006年度	2007年度
売上高	452,726	514,867	626,316	679,822	745,259
営業利益	55,912	70,018	89,224	69,037	77,954

業績推移（決算短信より作成）

海水に圧力をかけ、反透膜を通過させることで不純物を取り除き、淡水化することをいう。海水と淡水とでは海水の方が濃度が高いため、圧力をかけなければ浸透の原理によって淡水が海水に混ざり込んでしまうが、そこに圧力をかけることで海水から淡水を取り出す。つまり浸透の原理とは逆に濃厚溶液から希薄溶液を取り出す。だから逆浸透膜と呼ばれる。

海水を淡水に変える方法は大きく分けて2つある。1つは蒸留法であり、もう1つは膜分離法である。前述のササクラの多段フラッシュ製法は蒸留法であり、日東電工の逆浸透膜は膜分離法に分類される。

2007年にはスペインのエスコンプレラスとメキシコのロスカボスで海水淡水化プラントが稼働した。2008年にはアルジェリアでも稼働予定である。アルジェリアのプラントも立ち上がれば、日東電工グループで1日に約250万㎥の増水が可能となり、世界最大規模の逆浸透膜メーカーとなる。

特に中国において当社の逆浸透膜は売上が拡大している。中国の原水は、水不足から塩分濃度が高い傾向にあるだけでなく、汚染物質が大量に含まれている場合が多い。そのため、当社が開発した脱塩率99・75％と世界最高レベルの性能を持つＰＲＯＣ10が売れている。ＰＲＯＣ10は、原水の通り道である原水流路材を特殊な形にして、逆浸透膜の中に汚れが残りにくい構造にしている。また、それでも汚れた場合に備え、より強い洗浄薬品を使用できるよう、対薬品性も向上させている。

2007年5月には、三菱レイヨンと合弁で、水処理膜技術の開発会社カシッドテクノロジー社を立ち上げた。将来的には同社と水処理事業の統合を目指している。

■荏原製作所　http://www.ebara.co.jp/

荏原《えばら》製作所はもともとポンプの総合メーカーであり、半導体研磨装置など世界トップクラスの技術を持つ。現在はポンプ技術をコアに、風水力事業、エンジニアリング事業、精密・電子事業を手掛けている。

エンジニアリング事業では、水処理施設、汚染土壌・地下水浄化システム、バイオマス利用施設・装置、廃棄物リサイクル使用施設・装置など様々な事業を行っている。

水処理施設は、主として最終処分場浸出水処理施設と水族館用処理装置を手掛けている。最終処分場浸出水処理施設は、脱塩処理システムと担体投入型高度生物処理法バイオエルグの2種類がある。脱塩処理システムは、精密ろ過膜と逆浸透膜を組み合わせて不純物を取り除くシステムであり、浸出水中の塩素だけでなく、窒素、重金属類、ダイオキシン類を分離できる。

また、担体投入型高度生物処理法バイオエルグは、微生物が付着した担体を汚水に投入し、窒素とリンを除去する技術である。なお、上下水道、工業用水道の処

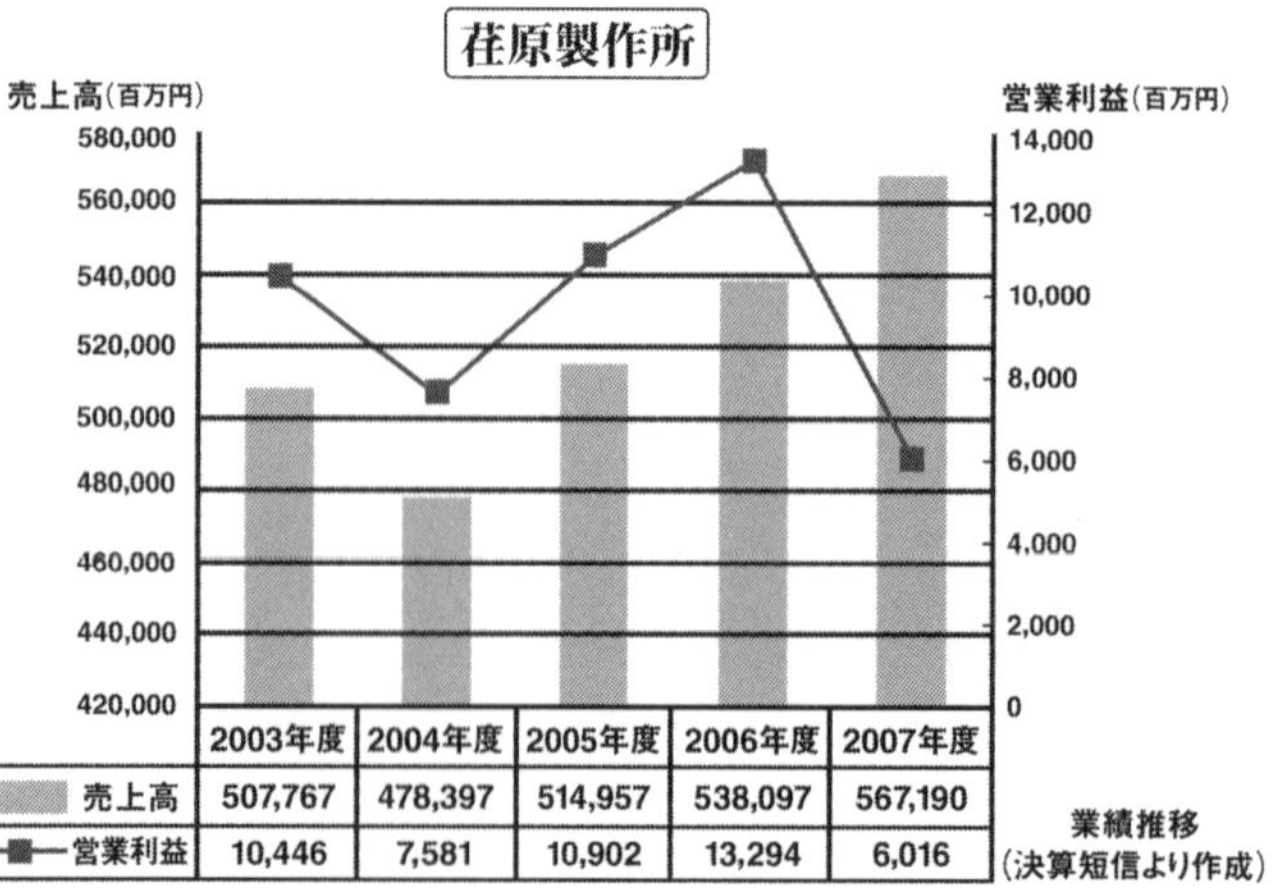

	2003年度	2004年度	2005年度	2006年度	2007年度
売上高	507,767	478,397	514,957	538,097	567,190
営業利益	10,446	7,581	10,902	13,294	6,016

業績推移
（決算短信より作成）

理事業も本体で行っていたが、2006年に会社分割を行い、分割会社の荏原環境エンジニアリングに事業を移管している。

汚染土壌・地下水浄化システムは、土壌・地下水の調査を行い、浄化技術適用試験を経て適合する修復システムを策定する。地下水中に薬剤を循環供給し、生息している微生物の活動と薬剤の効果により汚染物質の浄化を行う土壌還元法、汚染地下水に空気を注入し、汚染物質を気化させて土壌ガス吸引法で浄化を行うエアスパージング法、汚染地下水を汲み上げ、空気にさらすことで浄化する揚水曝機《ばっき》処理法など、様々な処理法が存在する。

荏原製作所は1986年より中国に北京事務所を開設し、現在までに10カ所の拠点がある。発電所の排ガス処理、産業排水処理、上下水道の整備など、幅広い分野に展開している。中国以外にも、2006年にはカザフスタンのアスタナ市上下水道整備プロジェクトとマレーシアの上下水道整備プロジェクトを受注するなど、国際展開も進めている。

精密・電子事業では、ノンパーティクルポンプ、ピュアウォータジェットポンプなどのクリーンポンプを製造している。ノンパーティクルポンプは、半導体及び液晶製造プロセス等に使用される小型のマグネットポンプである。ピュアウォータジェットポンプは超純水による枚葉式ウェーハジェット洗浄を対象とした高圧プランジャーポンプである。

水企業に投資する意味

水は生物が生きていく上で欠かせないものだが、人口の増加に伴い水不足が深刻化している。このようななか、中東諸国や東南アジア諸国など経済発展を遂げている地域では特に人口の増加が著しく、それだけに本稿で紹介したような優れた水技術を持つメーカーへの引き合いが強まっている。日本は年金の破綻、老人医療の破綻、雇用悪化など経済の悪化が深刻化しているが、メーカーの技術力は依然として極めて高く、今後、ますます水技術で重要な役割を果たすことになるだろう。

日本経済が現在の中国や中東産油国のように高度成長を謳歌《おうか》することはもうないかもしれない。しかし、日本の水関連技術を持つ企業は、これらの国々からの需要拡大を背景に大幅な成長が続くだろう。従って、日本の水関連企業に投資することで、これらの国に投資するのと同様のリターンを得ることが出来るだろう。

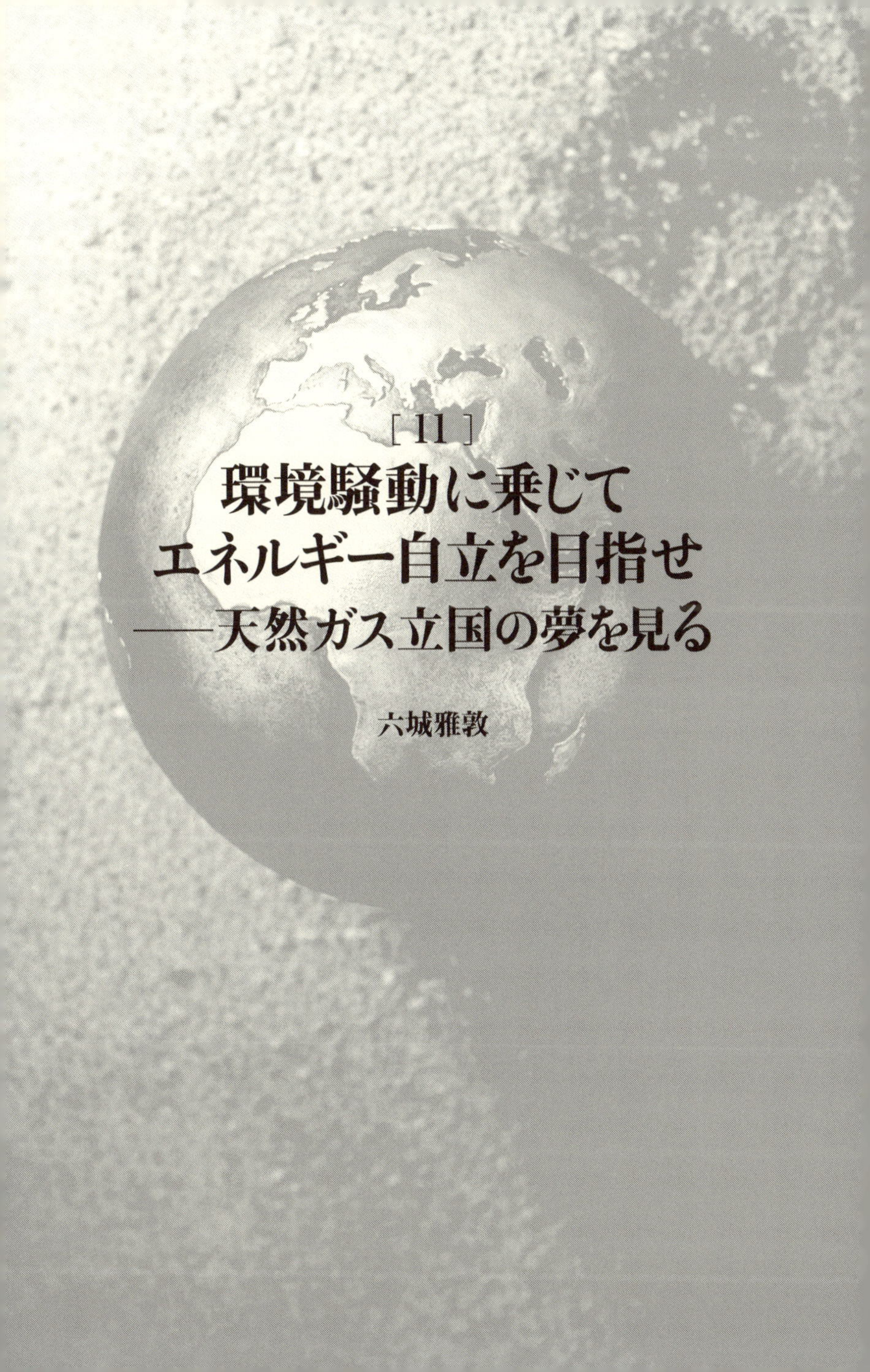

［11］

環境騒動に乗じて エネルギー自立を目指せ

——天然ガス立国の夢を見る

六城雅敦

中東大戦争で崩れゆく日本を描いた『油断！』

日本での石油の海外依存度はほぼ一〇〇％、こんなことは小中学生でも知っているだろう。自前（国産）のエネルギーとしては、景観破壊や生態系への影響が大きい水力発電と一部地域での地熱発電や風力発電が行われているが、それらをかき集めても全消費エネルギーの四％に過ぎない。しかも、その四％のほとんどは、国内で産出される天然ガスによるものである。天然ガスは近年、世界中で需要が拡大している。国内でも石油高騰を受けて工業燃料や発電用として利用が進んでいる。

地球温暖化問題の根源には国際間のエネルギー争奪戦が存在する。その解決策は、各国が既存のエネルギーの消費を抑えるか、別の新たなエネルギーを探す以外にはない。

本論考の趣旨は、厳密には天然ガスは環境にやさしいとは言えないものの、そこには目をつぶってでも天然ガスの利用を環境問題に乗じて推進すべきという私見である。本当にエネルギー効率が高く、「環境によい国家」であるためのインフラストラクチャーとは何かを考えたものである。

年輩の読者ならば記憶にあるだろうが、オイルショックの当時、堺屋《さかいや》太一《たいち》氏の『油断！』という経済小説が大きな話題となったことがあった。イスラエルと急進派アラブ産油国との全面戦争で石油が断たれた日本の姿を、当時旧通産省官僚であった堺屋氏が小説として発表したものだ。一節を引用する。

二月中旬において、全国で五万以上の工場が完全にストップし、その他の工場も一部停止か大幅操短を行っている。また、ほとんどすべての建設工事が止まっている。二月の鉱工業生産指数は、前年同期に比べ四二％減、石油危機直前の昨年十一月に比べれば四七％のマイナスと推定された。第三次産業の打撃も大きい。観光地には客がなく、半分以上の観光ホテル・旅館が完全休業に陥っている。ボーリング場、興業場、遊園地などの類は七割が閉鎖または休業、バー・キャバレー、料亭なども同じだった。一般商店や大衆飲食店も、休業するところが続出していた。運輸業は、船舶・鉄道が三分の二、航空便が四分の一、そしてタクシー業はガソリン車に切り替えた五分の一の台数が、一台あたりの走行距離を平常の半分にして、ようやく走っている。

国民総生産は、昨年十月のピークに比べ、二月下旬には三〇ないし三五％下落していると推定された。そして二月末現在、全国に六百万人の完全失業者とそれ以上の企業内失業者が発生している、と見られた。

貿易も甚だしい打撃を受けた。一月後半以後、日本の輸出力はほとんどゼロとなり、二月中の輸出成立高はわずか一億三千万ドルだった。これは前年同期の二十分の一以下の数字だ。これに対し輸入は、工業原材料の激増にもかかわらず、食料品や原油の輸入で二十億ドルをかなり上回った。輸入価格が著しく高騰していたからで、問題の石油すら、平均価格が二倍以上になったため、数量が平常の三割以下に減少したのに、これに支払われる外貨は、さほど変わらないのだ。

このような貿易収支の著しい不均衡に加え短期資金が大量に流出したため、昨年夏、二百億ドルに達していた日本の外貨保有は、百億ドルを割ってしまっていた。

だが経済指標よりも、目に映る現実は、もっと悲惨だ。

（堺屋太一『油断！』日本経済新聞社、一九七五年）

石油が断たれた日本の姿、まさに「油断」の様相である。二〇年後の文庫版の前書きでは、第一次石油ショックの頃と比べ、産油国、石油メジャーの価格支配力の低下、また石油備蓄量が当時の四倍であることや、天然ガスや原子力により、石油依存度は当時に比べて減少しているため急激な社会情勢の悪化はないと堺屋氏は記している。

油田が領土内にある欧米、ロシア、そしてパイプラインを通じて絶え間なく供給可能な大陸の国々に対し、エネルギーはタンカー輸送で、中東地域にほとんどを依存している日本は産油国の政情不安で一気に崩れる恐ろしさを感じずにはいられない。さらには戦争当事国は石油の代価としてまず武器や近代兵器などの軍需物資を要求するため、中東での石油争奪に日本は参加さえできないのである。小説にあるように、戦禍による当事国の損失よりも日本のダメージの方が大きいという可能性は捨てきれないのである。

エネルギーの自給自足は不可能なのか

あらためて日本全図をながめてみる

日本国内で確認されているガス埋蔵量を足し合わせても、一年の輸入量の半分でしかない。年間のガス生産量に至ってはガス輸入量の三％にも満たない。たったこれだけの生産量でも可採年数はあと二〇年程度である。天然ガスの占める国内一次エネルギーのシェアは約一五％であり、そのうち国産ガスの占めるシェアは〇・五％である。すでに稼働しているガス田をいっぺんに採掘し尽くしても八％にしかならないのが現状である。

小説『油断！』の中では、ホルムズ海峡の封鎖により石油輸入が止まった日本は、頼みの自衛隊でさえも石油不足で動けないなか、寒冷地での凍死や過疎地の孤立が描写されている。

実はこの埋蔵量は国内の油井ガスだけを集計されており、主要な新潟、千葉、宮崎の水溶性天然ガス田（地下水とともに産出されるガス田）の埋蔵量・生産高は計上されていないのである。したがって、再計算するとＬＮＧ（液化天然ガス）輸入量の四％程度が国産ガスのシェアである。国内の水溶性ガス田全部の埋蔵量は資料年報によると七三九四億立方メートルで、油井ガスの約一五倍もの量が日本国土の下に眠っているのである。海底ガス田の開発が進めば埋蔵量はさらに増える可能性がある。少なくとも現在の国内需要の

水溶性天然ガス鉱床の分布

日本の国土・近海には有望なガス鉱床がこれだけ存在する

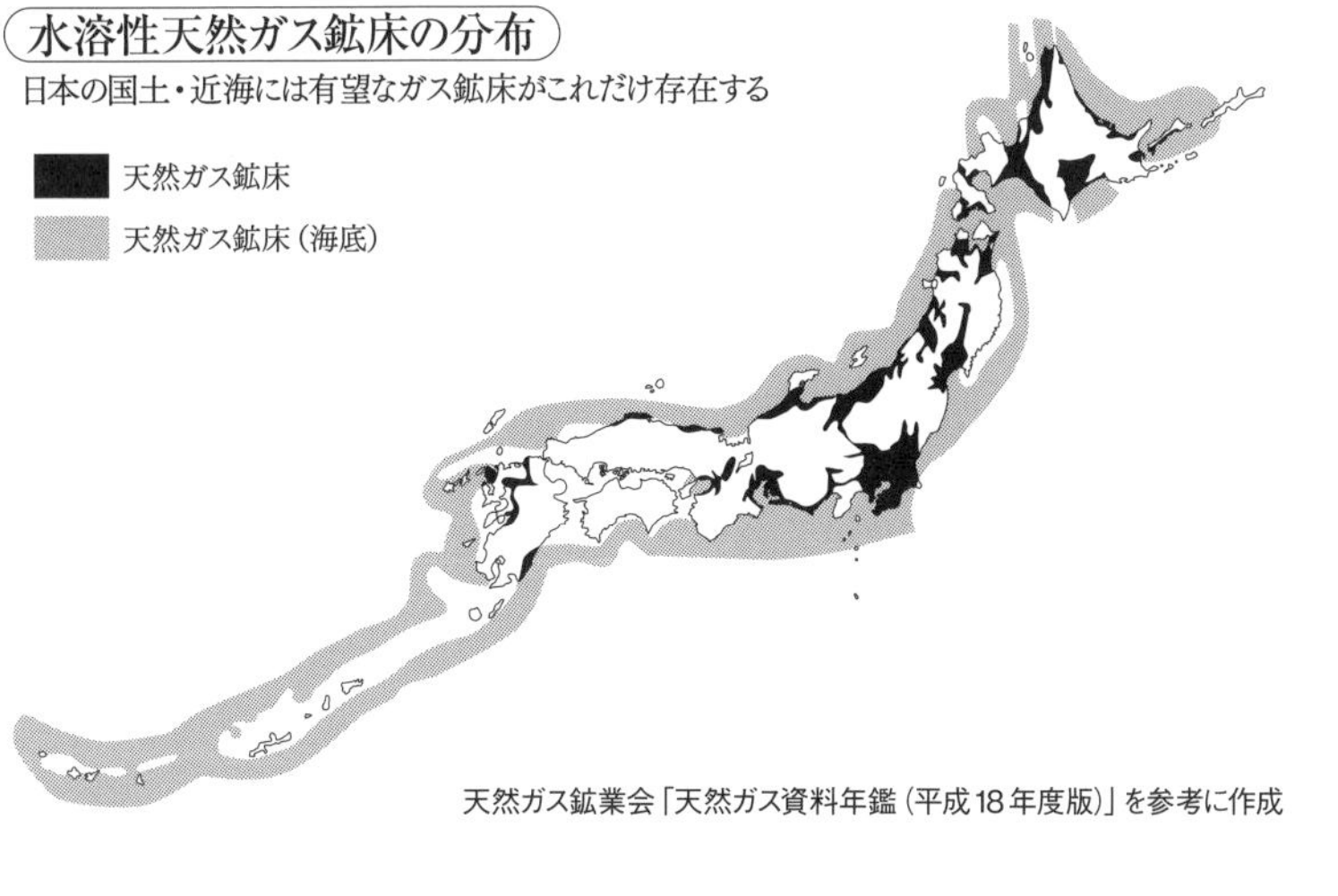

天然ガス鉱業会「天然ガス資料年鑑（平成18年度版）」を参考に作成

数十年分の埋蔵量はあるはずなのだ。

私の天然ガスの自給自足という夢想に対して、石油関係者の意見は総じて悲観的である。しかし技術・資本・リスク許容すべてで見劣りし、巨大石油資本が優勢な実情を憂《うれ》いているだけでは進歩がない。プーチンは原油高を追い風に、ロシア経済を立て直したではないか。一方、税金の垂れ流しで終わった石油開発公団という石油乞食しか擁《よう》しなかった我が国は悲劇である。エネルギー自給率が一向に上がらないのは無能官僚による〝人災〟である。

ユーラシア・北米大陸のガス供給事情

カナダでは一バーレル四〇ドルを超えたあたりから、非効率なオイルサンドによる石油の産出が活発になった。カナダは原油高を契機に石油産出国に躍り出たのだ。同様に、中東がダメなら北極圏があるさとばかりに、ノルウェーは海底油田開発でロシアとしのぎを削って、さながら、ノルウェーでもオイル・ラッシュの様相を示している。原油高が幸いして我が国でもガス田開発の気運が盛り上がってもいいものだが、ニュース報道を見る限りはそのような動きは見えてこない。まだ採掘可能な石炭とあわせて、積極的とは言いがたい国産エネルギー開発へ国力を配分すべきだろう。同じエネルギー輸入国であるヨーロッパ諸国（ＥＵ）と比べて、島国日本は分《ぶ》が悪いにもかかわらず、である。

北海油田や三割を担うロシア産ガスなどの一次エネルギーの供給体制では、ユーラシア大陸は一つである。エネルギー政策ではヨーロッパには敵わないのだろうか？

石油大国のアメリカでさえも国内パイプライン網の整備は一九二〇年代からすでに始められてい

る。おもしろいことにアメリカでは、タンクを持つ貯蔵会社とパイプによるガス輸送は別会社である。パイプライン網は一九九〇年の時点ですでに下図のように整備されており、工場や学校などの需要家は、夏場に安い価格でガスを買って、地元の貯蔵会社に貯蔵を委託しておくというシステムとなっている。

国内ガスパイプラインの歴史は意外に古い

調査で私は意外な事実を知った。首都圏へ都市ガスを供給する大動脈のパイプラインが、仙台から新潟を経由して、東京まで走っているということである。

明治の文明開化で横浜に初めて灯ったガス灯は石炭が原料である。ガスがコークス（乾留《かんりゅう》してつくられる製鉄の原料）の製造過程で発生するからである。東京ガスの社史はそのままガス原料の変遷への対応の歴史である。

戦前は石炭、戦後は石油によるプロパン、そして昭和から平成と年号が変わる頃に天然ガスへの対応が完了した。しかし、国内で最大の新潟県長岡・柏崎ガス

アメリカのパイプライン網（1990年）

パイプライン先進国
アメリカは20年前にこの密度を完成

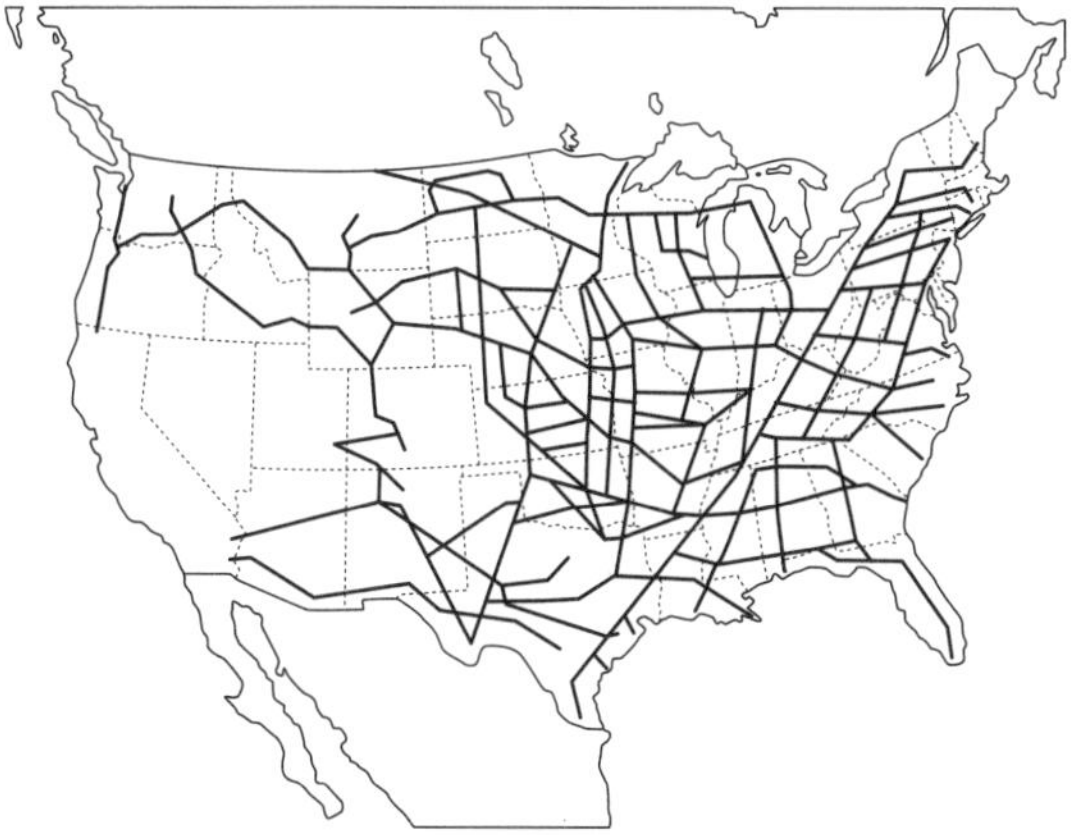

田からも、すでに五〇年近く前からパイプラインで都市圏の供給がなされていたのである。新潟－長野－東京間は昭和三七（一九六二）年、柏崎－新潟－仙台間は平成八（一九九六）年に完成している。また、東京－大阪間の輸送用ガスパイプラインは昭和二五（一九五〇）年から計画されている。ガス鉱業会の資料によると現在、関東から山陽までは細切れの状態である（Ｐ３１７の地図参照）。

人口分布を考慮すれば、日本のパイプライン網がヨーロッパに大きく遅れているとは思えない。むしろあと少しで肩を並べるにもかかわらず、足踏みをしている状態とさえ思える。もしあなたが信州の山里などのプロパンガスボンベに頼る地域で生活していたとしても、実は、あなたの足下にはガス輸送用の鋼管が埋まっているかもしれないのである。

ＬＮＧ受入のインフラは整っている

現在、ＬＮＧの受入基地は札幌から鹿児島にまでおよび、電力会社用をあわせて二五カ所（Ｐ３０９の地図参照）、このうち首都圏へ供給は、東京湾の五カ所（根岸、扇島、東扇島、袖ヶ浦、富津）を除けば、新潟と仙台の二カ所である。この輸送用ガスパイプラインは国土を横断したＣの字を描いて、消費地である東京へと達している。

パイプラインとは、ガスの供給元から消費地へ結ばれていればいいものだと私は思っていたが、専門家に言わせるとこれは不完全な状況で、この形態では万全の運用はできないそうだ。つまり、単なる一本のパイプだと、途中で事故が発生した場合、供給先すべてを止めなくてはならないからである。だがこれがリング状（環状）やネット状（網状）ならば、事故で一部の供給先を切り離し

主要な天然ガス輸送パイプライン

パイプラインの総延長＝2903km（07年8月末現在）

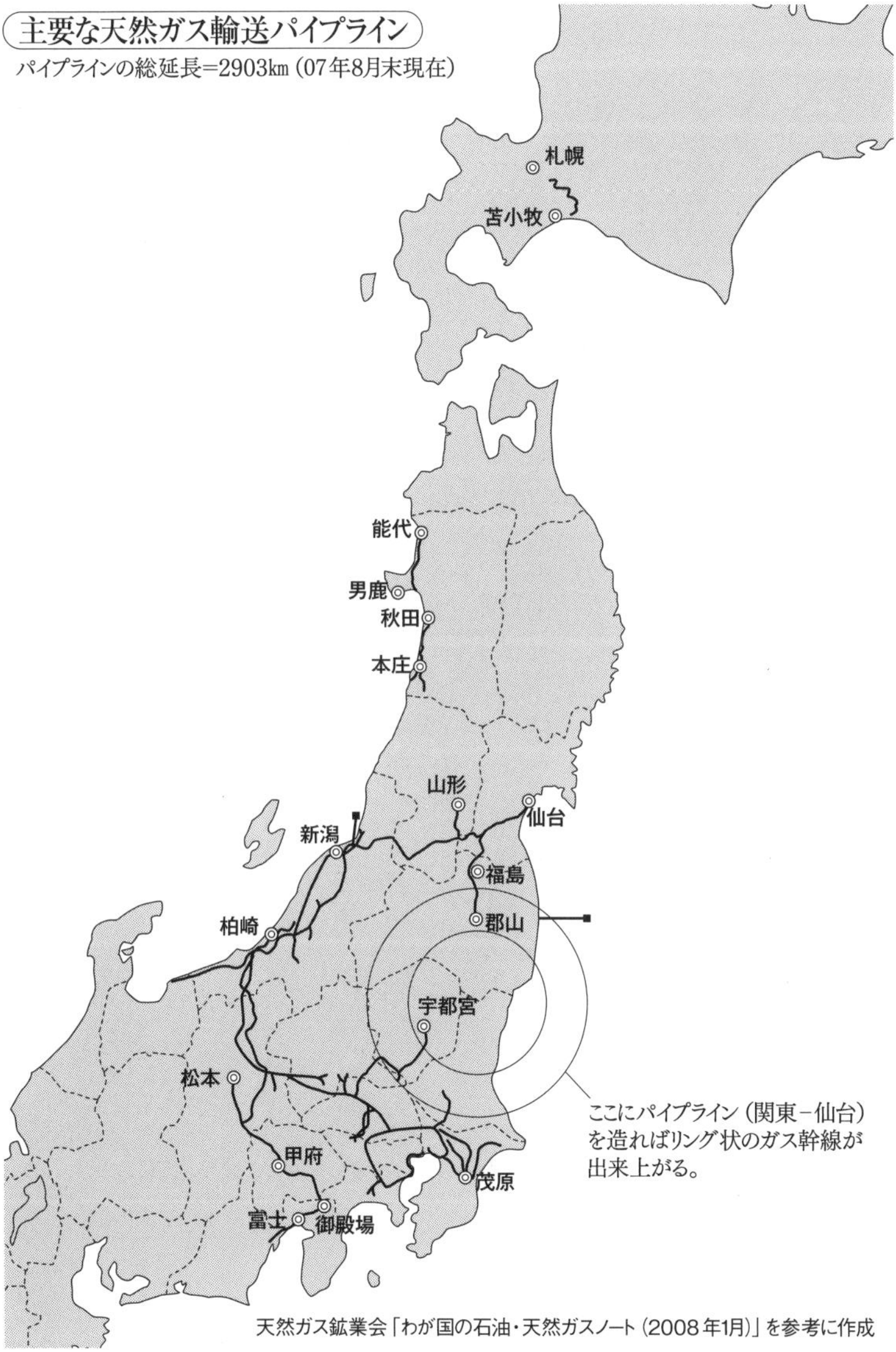

天然ガス鉱業会「わが国の石油・天然ガスノート（2008年1月）」を参考に作成

ても、その他へは問題なく供給を続けることができる。たとえ搬送の経路が一番遠い地点であってもいくつかの供給元が圧力さえかければ、距離に影響なくガスは出てくるのである。浮き輪の一部を絞っても閉塞区間以外では圧力に影響がないことを想像していただけたらおわかりになるだろう。あと数百キロ（仙台－東京）さえパイプラインの敷設ができれば、東京圏においては天然ガスの供給のためのインフラは事故に強くなり、供給面での品質は一定水準に達したと言えるのだ。

パイプライン網の整備を急げ

ＬＮＧタンカーによる供給さえ滞らなければ、全国の都市ガスは一斉に、石油系ガスから天然ガスへと転換ができるはずだ（ただし石油系ガスから天然ガスへの切り換えには全世帯のガス機器の部品交換や調整が必要なため、東京ガスでは二〇年もの期間がかかった）。

そして国内での燃料転換が進むにつれ、国内、ロシア、旧ソ連邦国家、北欧、アメリカ、カナダ、中東、インドネシアなどへと供給元を多極化して、日本は「エネルギー戦略上の中立国」となれると私は信じている。そのためには、どこの受入港からでもＬＮＧを全国へ供給できるように、パイプライン網の整備を進めるべきである。

二〇〇六年五月に政府が発表した「新・国家エネルギー戦略」では、三〇年後に全エネルギーの三〇％削減、石油依存度を四〇％以下、運輸部門エネルギーの二割カット、原子力の比重を三〇～四〇％へ引き上げる、などの具体的数値が挙げられており、総原油輸入量に占める自国資本分を一五％から四〇％への引き上げを目指すと記されている。

一方で、これに併せてガスパイプラインの建設や導管網の建設・整備に対する優遇税制の適用を

稼働中のLNG受入基地（06年3月現在）

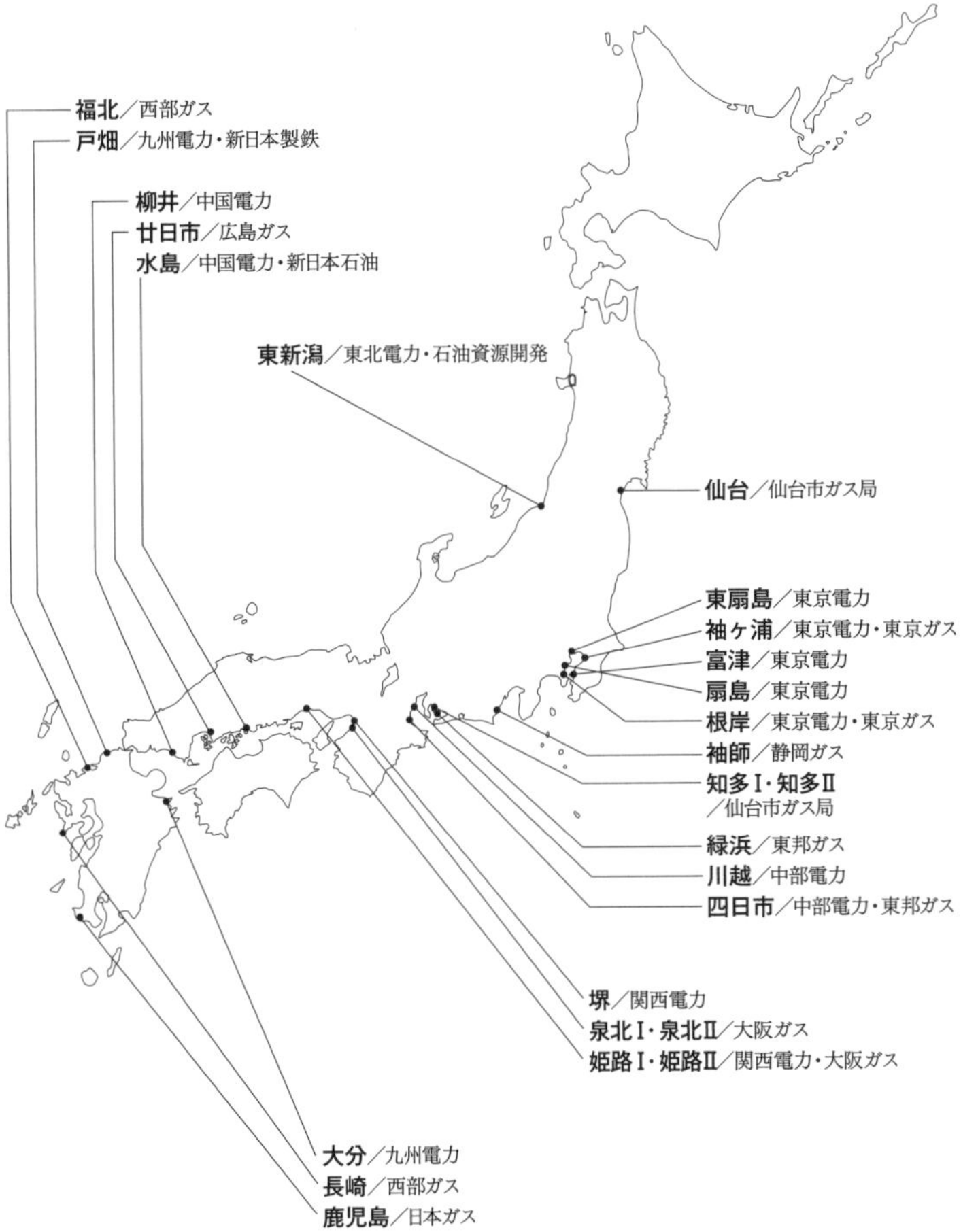

天然ガス鉱業会「天然ガス資料年鑑（平成18年度版）」を参考に作成

石油鉱業連盟が要望していることは知られていない。エネルギー戦略で海外の石油権益確保だけがニュースで取り上げられているが、まずは国内のパイプライン整備が最優先であろう。政府が発表する国家戦略は技術目標などが総花的に盛り込まれているが、何を主眼に置くべきかがまるで判らない。

私は一〇年、二〇年、三〇年先を見据えて石油からのエネルギー転換をするのであれば、まずは国内のガス輸送用パイプラインの整備を国家主導で行うべきであると考えている。

現状では温暖化防止の切り札にはならない

京都議定書を契機に温暖化ガス排出削減の切り札として天然ガスが注目され、徐々に火力発電所や工業への利用が高まったことは事実である。二酸化炭素の排出量は同じ熱量の石油と比較して八割程度と言われている。「クリーンで地球にやさしい天然ガス」ともてはやされているが、果たしてそうであろうか。結論を先に言うと、天然ガスの主成分であるメタンは、炭酸ガスに比べて、オゾン層破壊や温暖化は二酸化炭素よりも強いのである。

さらに、原子力は二酸化炭素排出が少ないというロジックで原子力利用が進められているが、天然ガスも日本で利用するにはマイナス一六二℃という低温で海上輸送しているため、生産工程と輸送を含めた炭酸ガス排出量は石油との差がなくなってしまうのが実情である。液化と輸送コストで、パイプラインから供給を受ける海外の値段の三倍とも五倍とも言われており、こういったコスト面も利用が低迷している一因である。

液化などの先端技術は無駄ばかり

次世代の石油代替の主役は、エタノールだ、石炭だ、いや天然ガスだと技術論が華やいでいる。実際にインドネシアでは大規模な商業ガス液化プラントが稼働しており、ある程度は国内需要をまかなっているのである。

だからこそ日本でも、という期待の声はあるが、予想としてはガスの液化は研究室の実験レベルで終わるだろう。理由は簡単で、ガスを液化するには化学反応や圧縮、冷却などの操作が必要なため、投入エネルギーや設備投資を含めると生産効率もコストもすべて割高になってしまうからだ。液体からガスに戻す際には、冷凍食品工場での利用、あるいは空調などで、冷熱を回収する試みはされているものの、まだほんの一部である。したがって、格安で使えるエネルギーが掃いて捨てるほどある産油国でのみの利用技術であって、ガスや石炭の液体化は日本国内では採用されることはないであろう。

一方、国内都市部ではガス配送の社会基盤が整っているので、消費地までパイプラインによるそのままの配送が最も効率的なのである。現在は極低温の液状でタンカー船により運ばれてくるが、もしサハリン－北海道経由でパイプラインが敷設されれば、コストは一気に現在の三分の一以下になるという試算がある。供給のコストさえ低くなれば、天然ガスによる合成メタノール、水素で動く燃料電池自動車などが普及する可能性も見えてくる。また、天然ガスはプラスチックなどのポリマー原料にもなるので、コスト次第で既存の石油化学のプラントが一気に脱石油へ転換するのも現実味を帯びてくるだろう。

ガスパイプラインでエネルギー利用が飛躍的に向上する

資源エネルギー庁の資料によると、輸入する全エネルギーに対してロスが一六％ほど発生する。発電では送電ロス、石油では輸送のエネルギーである。前述したとおり、ガスパイプラインでのガス輸送は電気と異なり、「距離によるロス」という概念はあまり当てはまらないのである。距離が離れていようとも、一方で押し込めば他方で押し出てくるのである。

石油ショックの一九七〇年代頃は液化を目指していた。石炭の液化技術しかり、石油系天然ガスの液化技術しかりである。しかしこれは海上輸送ならびに国内の石油供給システムを前提としたための方策であり、石油利用を前提とした供給体制の維持でしかない。本来は、狭い国土の日本においては非効率な液化技術よりも、ガスはそのまま気体で利用するのが有効なのである。

他にも、太陽電池や風力発電設備で発電した電力は、電力会社が買い取ることになっている。この場合は近くの電柱へ逆に流してやるだけだ。同じように、ガスパイプラインが国内の隅々まで整備されれば、ガスの供給は電力と同じように近くのパイプラインへ送るだけでいい。日本経済新聞の記事を見よう。

東京ガス、バイオガスの購入を開始・4月から

東京ガスは28日、生ゴミや下水汚泥を処理することで発生する可燃性ガス「バイオガス」の購入を4月1日から始めると発表した。圧力や性質などが同社の定める基準を満たす、加工済みのものが対象。ガスは計量設備を備えた上で直接自社の導管に受け入れる。買い取り価格は1立方メートルあたり50円を目安とする。

一部の企業が自家用コージェネレーション（熱電併給）システムなどでバイオガスを活用する事例はあるが、商業用としてガス事業者が本格的に活用するのは珍しいという。

（日本経済新聞、二〇〇八年三月二八日）

メタンハイドレードはロシア・中国への牽制に過ぎない

現在、研究機関では細々と「メタンハイドレード」の試掘が行われている。メタンハイドレードとは、深海の高圧下で天然ガスが水分子と結合して、シャーベット状になった状態である。これが日本の領海にたくさん埋蔵されていることがわかり、一時、自前エネルギーとして脚光を浴びた。しかしそろそろニュースバリューもなくなり、最近ではめったに報道されなくなった。

それはなぜか？　メタンハイドレードの試掘は政府による「あるある詐欺」であり、高級官僚による「エネルギー問題に取り組んでます」というポーズにすぎない。いいように捉えても、国民と中国・ロシアに対する宣伝である。つまり本気で採掘する気などないにもかかわらず、価格の主導権を相手国に握らせないがためのいじましい虚勢でしかない。メタンハイドレードとは「新エネルギーの研究」という名目で研究費をせしめる恰好の理由なのである。

経済産業省や資源エネルギー庁の「やるやる詐欺」「あるある詐欺」に騙《だま》されてはいけない。省エネ政策は官僚のおもちゃ箱、便利な玉手箱であり、ぶら下がっている諸団体にとっては、お金をひねり出す魔法の言葉である。「省エネルギー」「新エネルギー」「代替エネルギー」などの造語をひねり出して、予算のぶんどり合戦を霞ヶ関で行っているのが実態であろう。混沌として先は見えない。この元凶は経済産業省と外務省である。天下り先への予算配分よりも、まず国家政策でやるべきことは、国内パイプライン網の完成と継続したガス田開発であろう。天然ガス関係の開発予算はもともと少ないが、小泉政権以来さらに削減傾向である。

ガス田を枕に石油を貪る滑稽さ

将来に向けて大事なことは、石油は逆立ちしても造ることはできないが、メタンガスは誰でもどこでも造り出すことができるという点である。糞尿、生ゴミ、産廃《さんぱい》（産業廃棄物）などからのガス採取は国内外でも実験プラントとしてある。

このような〝自家製〟にこだわるのもいいが、関東平野が「巨大ガス田に浮いた土地」だということは案外知られていない。渋谷区松濤《しょうとう》での温泉施設のガス爆発事故は記憶に新しい。

戦前ではごく普通に、墨田区や北区、足立区などでは、市民が地面から湧き出るガスを使う光景が見られたそうである。都内ではガス採集目的のボーリングは自由にはできないが、地下水採取のボーリング工事ではよく噴出事故が起こる。

自前の天然ガスが噴《ふ》き出る場所としては、南関東ガス田の東端にある千葉県茂原《もばら》町が有名だ。地元の方に話を聞いたところ、今でも沼地や水田の脇に底のないドラム缶を置いてガスを採集し、利用している農家は数多いそうである。現実に東京湾の埋め立て地ではいたるところでメタンガスが噴き出しており、またその地下には巨大なガス田があることもガス爆発事故で広く知られるようになった。ほんの数十年前までは東京都内の各所でガスが自噴《じふん》し、灯りや炊事、入浴に使っていた家庭も多かったのである。

余談だが、東京の下町でなぜ江戸風鈴などのガラス工芸が盛んだったかというと、ガラスを溶かすのには煤《すす》の出ないメタンガスが適していたからである。港区や品川区に電器会社が集中している理由も、電球・真空管製造に適していたからである。

文明開化で横浜に初めてともった街灯も石炭由来のガス灯だし、同様に銀座の街灯もガスだった。東京ディズニーランドが開園する前にあった船橋ヘルスセンター（現在の「船橋ららぽーと」）も、船橋市、習志野市から豊富に噴出する天然ガスによる、戦後初の巨大娯楽施設であることは記憶にとどめておきたい。

東京湾の埋め立て地は優良なガス田

昭和四〇年代に天然ガス採取が禁止になった理由は地盤沈下が社会問題になったからである。しかし、昭和の時代が過ぎた今は、埋め立てにより海岸線がさらに大きくせり出している。利用の見込みがない埋め立て地を、再ボーリングすべきだと私は考えている。二〇一六年に東京にオリンピック誘致をと石原都知事は訴えているが、その会場予定地である隅田川流域の豊洲《とよす》埠頭（元々は東京電力の火力発電所と東京ガスの所有地）や、集客数の落ちたお台場を掘削すればよいのである。

一部の利害だけではなく、国益を優先した政策をとっていただきたいものだ。自国の消費地でエネルギーがたとえ僅かでもまかなえるという事実は国家安全上最優先であり、石油の輸入が途絶えるような万一の場合が発生した場合は一番安上がりの供給元になるのだろう。

しかし、社会資本整備に損益計算を持ち出す輩《やから》が副都知事を務めているようでは、首都だけではなく日本全土のエネルギー戦略の見通しも暗いのである。

ガスパイプライン整備で住みやすさをＰＲ

環境問題において、エネルギーの有効利用という視点では、都心への集約を進めて経済活動の効率を高めていくことが大切である。このような、鉄道、ガス、電力、上下水道、通信などの集約を進めて経済効率でエネルギー危機に備えるという考えに私は賛同する。鉄道網のある地域は生産高に対するエネルギー利用効率が高いということは事実であろう。コンパクト・シティで先行する香港は、東京より二倍もの高密度である。しかし農林水産物の大切な供給拠点である地方があってこその集約化であり、電力やガスなどの供給元として存在する地域もある。

この地域構造に対して、私は、地方自治体のエネルギー政策こそが地域活性の要《かなめ》であると考えるのである。たとえば、天然ガスの供給港の新潟港周辺やパイプラインが通っている長野は、都市ガスが安く使えるであろうか？　ひょっとすると、プロパンガスボンベに頼る地域の足下には都心でふんだんに使われる大量のガスが流れているということもある。結局は鉄道やガスラインなどの社会基盤が整っていない結果、「田舎暮らし＝暮らしにくさ」という図式になってしまうのである。

目指すべきは立派な道路の建設だけではない。ガス、電気、熱などのエネルギーを安価に分配するための社会基盤があるかどうかで地方の優劣が決まるのである。石油の値上がりの経済的影響は、地方在住者のほうが都市生活者よりも大きい。しかし、温泉街で暖房コストの値上がりを憂うような愚だけは犯すべきではない。

道州制で資源ローカリズムを確立せよ

中央集権から強力な地方自治へ移行するならば、私は道州制には賛成である。たとえば、国内で

日本のガス・パイプラインの現状

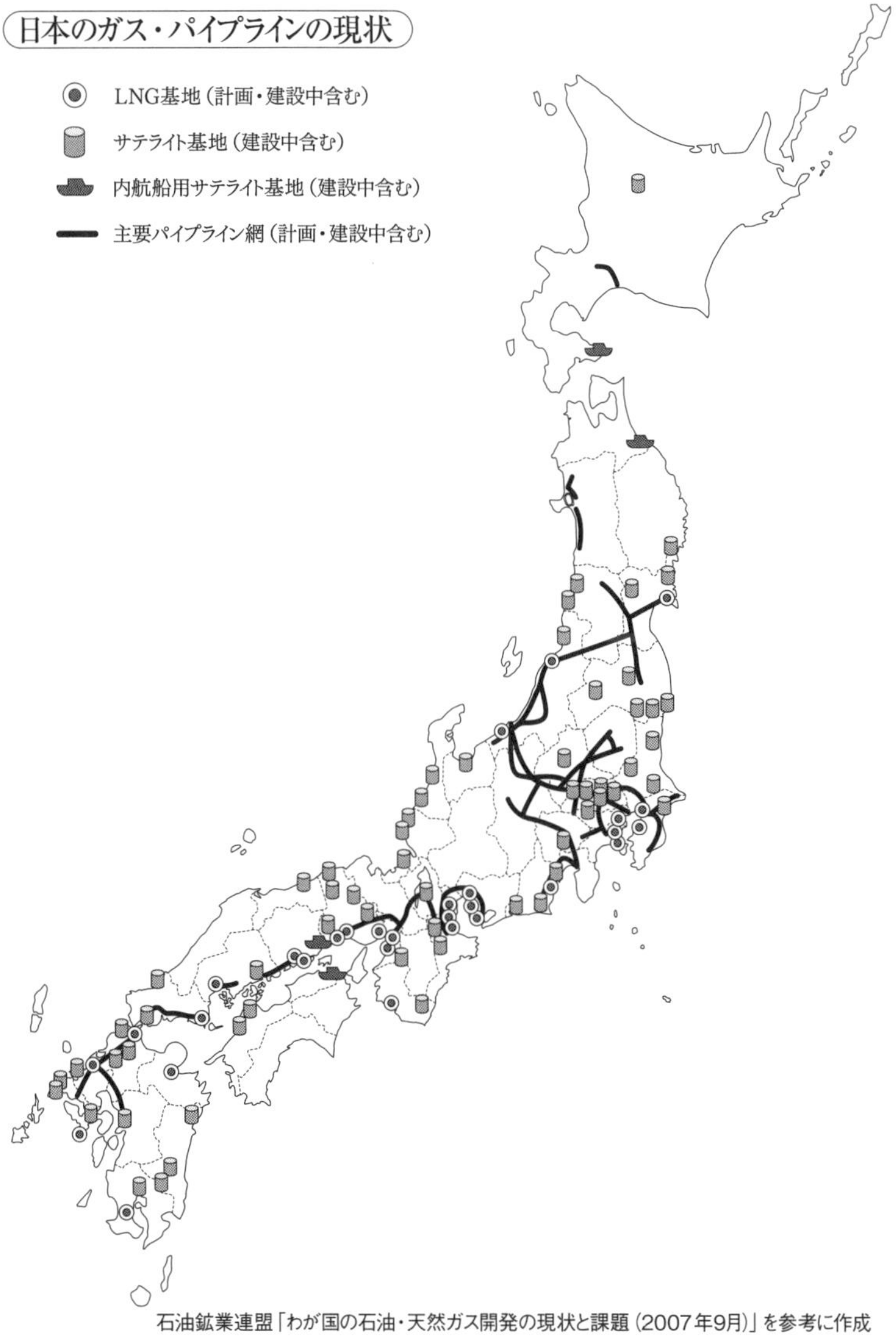

石油鉱業連盟「わが国の石油・天然ガス開発の現状と課題（2007年9月）」を参考に作成

も有数のガス田を保有する新潟や宮崎県民は、ガスを格安で利用すればよいのだ。道路整備や新幹線整備よりも、域内でのパイプライン、導管を整備して、独自の優遇税制を適用すればいいのである。なにも大都市への供給だけを目的に地方は存在するのではない。新潟や宮崎の在住者は、ガス田がある恩恵を十二分に手にするべきなのである。もちろん北海道などでも同様であるべきだ。

世界各国での資源の囲い込みをナショナリズムというのであれば、これはさしずめ資源ローカリズム（特産品化）と呼ぶべきだろう。江戸時代の藩《はん》のように特産物を推奨し、交易により地域で独自に発展すればいいのである。石油、ガス、電気を大量に使わなければ近代農業が成り立たないのなら、地方独自のエネルギー政策で地場《じば》産業、特に農林水産業の振興を図るべきである。これは食糧自給率の改善にもつながるので、国策としても一石二鳥ではないだろうか。

まずは国家戦略として一次エネルギーの一〇%を

資源エネルギー庁のホームページを見ると、国民生活で消費されるエネルギーは全消費エネルギーの一三%であることが判る。つまり、その一三%を自国内のエネルギーで賄《まかな》えるのであれば、理論上は国民の生活（生命）を維持することができ、海外からのエネルギーがストップしてもとりあえず国民が凍死したりはしない。

国は国民に納税の義務を課している以上、国民生活の保全のために全力を尽くすべきである。そのためには、私は、海外へのエネルギー依存度を九六%→九〇%へと低下させるのを手始めの目標として設定し、最低でも国内の石炭・天然ガス・その他の代替燃料で一〇%を賄うことを官民一致で行うべきであると考える。

環境問題は過激思想を醸成する?

環境問題は、人間が生きている以上、避けては通れない問題だ。経済活動が地球温暖化の元凶である。環境保護やエコロジー運動を突き詰めると、過激な排他主義と結びつきやすい。環境保護団体「グリンピース」から分離した捕鯨反対活動の「シーシェパード」などがいい例である。

極論・暴論なのはあえて承知で記すが、温厚な私でさえ、生きている間に、中国の文化大革命、カンボジアのクメールルージュのような陰惨な支配層の逆転劇を見てみたい気がするのだ。

人口など少々減らしたほうがよい、戦争で世界人口が減ったってかまいはしない、日本も軍備を増強して他国に干渉されない国家になるべきだ……。統制経済化しつつある現状では、環境問題を腹いせの突破口として、このような単純な思想へと走る若者がさらに増えてきてもおかしくないだろう。

[主要参照文献]

『天然ガス資料年報』天然ガス鉱業会

『わが国石油・天然ガス開発の現状と課題』石油鉱業連盟

『天然ガスプロジェクトの奇跡』東京ガス株式会社

『天然ガスの高度利用技術　開発研究の最前線』市川勝/エヌ・ティー・エス

『油断!』堺屋太一/日本経済新聞社

［12］

「宇宙船地球号」と人口・食糧・環境

関根和啓

予告されていた未来

環境問題を考える場合に必要な視点、それは「地球」とされている。

一九六五年、アドレイ・スティーブンソン（Adlai Ewing Stevenson II）米国連大使（当時）は演説で、「地球とは、われわれ人類が、破壊されやすい空気と土地に依存しながら、手をとりあって生存している小さな宇宙船である」と語っている（『かけがえのない地球』バーバラ・ウォード＋ルネ・デュボス著、日本総合出版機構、P21）。その翌年には、経済学者ケネス・E・ボールディングによる『来たるべき宇宙船地球号の経済学（*The Economics of the Coming Spaceship Earth*）』（邦訳『経済学を超えて 改訂版』学習研究社）が出版された。

この「宇宙船地球号」という用語の広まりが、一般の人々に「地球規模《グローバル》」で環境を考えるきっかけとなったと考えられる。

そして、この宇宙船という閉じたシステム系で、生物が生存するのに、不可欠なのが食糧である。一九六八年に食糧問題に関する一冊の本が出版されている。それは、ネオマルサス派に属し、米国スタンフォード大学で生物学を担当するポール・R・エーリック（Paul R. Ehrlich）教授の『人口爆弾（*The population bomb*）』という著書である。その本の一節に、以下の内容が書いてある。

われわれがいまだかつて当面したことのない問題を考える場合、人口の増大、食糧生産の停滞、さらには環境破壊が一体となって混乱した状況を作っている。

（『人口爆弾』宮川毅訳、河出書房新社、P39）

つまり、「宇宙船地球号」と形容されるこの惑星で、「人口」「食糧」「環境」の三者のバランスが崩れているのが問題とされているのだ。

この状況で、私たちが生活する地球における人口・食糧・環境の三位一体のバランスを取りつついかに発展させるべきなのかを考える会議が、一九七二年にスウェーデンのストックホルムで開催された「人間環境会議」である。同年に発刊されたのが『かけがえのない地球　人類が生き残るための戦い』（バーバラ・ウォード＋ルネ・デュボス著、邦訳・日本総合出版機構）という本である。この本は、国連主催による人間環境会議で使用するために国連事務総長に提出され、会議のたたき台となった資料である。この資料の「歴史の転換点」の章には以下の指摘がある。

七〇億の人口が、ヨーロッパ人や日本人のような生活を望む状態を想像してほしい。また七〇億がアメリカ人の自動車所有の水準を目指し、三五億台の自動車が大気中、肺臓に一酸化炭素を排出する状況を想像してほしい。そして、七〇億の四分の三が都市に移り住んで、先進国並みのエネルギー消費、資源消費をする状況を想像してほしい。こんな夢が実現する可能性は全く考えられない。しかし、もしこのような状況が起こり得たとして、どうやってこの矛盾を解決しうるか。人口の数を減らす。「どこの人

「宇宙船地球号」のボールディング

口を？」。消費を減らす。「だれが？」。都市を改造する。「どの国で？」。エネルギーを節約する。「だれが？」。すべてが私ではない。では、われわれの地球、貴重なかけがえのない、きわめて精緻な大気と水と土壌をもつこの地球が、この増大し、襲いくる反逆にひとり犠牲になるのであろうか？

（P35－36）

「地球人口七〇億」という予測は、同書が出版された当時が四〇億、そして平均二パーセントの増加が続いた場合を想定した値である。二〇〇八年現在、六六億の人たちが地球の資源を消費し続けている。発展途上国とされていた中国やインドのような人口大国がついに、先進国並みのエネルギー消費、資源消費を始めたのである。その結果、二〇〇七年を境にして小麦、トウモロコシ、大豆の価格が三倍に、コメは二〇〇八年に入って三倍以上も値上がりし、資金がない国々は「買い負け」していると解説されている（中日新聞、二〇〇八年六月一日社説「食の奪い合い、分かち合い」）。

さらに世界人口白書の予測では、地球の人口は二〇三〇年には八〇億、二〇五〇年には九〇億に増えると試算されている。このような状況で、二〇〇八年六月三〜五日にローマで国連食糧農業機関（ＦＡＯ）が、食糧価格高騰を議論するために「食糧（危機）サミット（Food Crisis Summit）」を開催した。

では、食糧危機は発展途上国に責任があるのだろうか。一九八〇年代に登場して、地球規模で広まった経済的新自由主義《エコノミックネオリベラリズム》（以下、新自由主義と略す）について検討する。

ついにわかった！ 新自由主義「仕掛け人」の正体

食糧とワシントン・コンセンサスの関係

フランスの通信社ＡＦＰは二〇〇八年五月三日、「国連顧問、食糧危機は先進国の二〇年の無策が原因と苦言」と報じた（http://www.afpbb.com/article/economy/2386656/2893540）。この記事によると、国連（ＵＮ）の食糧問題担当顧問に就任したオリビエ・デシューター（Olivier de Schutter）は、「世界銀行（World Bank）と国際通貨基金（International Monetary Fund:IMF）が「農業への投資の必要性を過小評価してきた」と言い、特にＩＭＦに対しては「負債を抱える途上国に食糧自給を犠牲に換金作物の生産と輸出を求めてきたとして非難した」と報じている。

これは、ＩＭＦが採用した「ワシントン・コンセンサス（Washington Consensus）」と呼ばれる制度である。途上国に対して換金作物の生産と輸出を求めることに代表される「構造調整貸付（Structural Adjustment Loan:SAL）」はこの制度から生まれた政策の一つである。

ワシントン・コンセンサスは以下の一〇項目から成っている。

（一）節度ある財政政策
（二）公的支出を教育、医療、インフラ投資に向ける
（三）税制改革――税基盤を拡大し、限界税率を引き下げる
（四）金利を市場の決定に委ね、実質金利をプラス（ただし控えめな数値）に保つ

（五）競争力のある為替レート
（六）貿易自由化――量的規制を撤廃し、低率かつ均一の関税を導入する
（七）海外直接投資に対する開放性
（八）国有企業の民営化
（九）規制緩和――市場参入や競争を妨げ、安全、環境および消費者保護を根拠として正当化することができない規制を撤廃し、金融機関の健全性を監視する
（十）財産権の法的保障
（出典：World Bank, 2001e, Williamson, 1993. 参考：『開発戦略と世界銀行』速水佑次郎監修、秋山孝允、秋山スザンヌ、湊直信共著、知泉書館、P55）

英レディング大学の経済学教授ポール・モズリー（Paul Mosley）らは、共著書『支援と権力（*Aid and Power, The World Bank & Policy-based Lending Volume 1,2nd edition, Routledge* 未邦訳）において、構造調整貸付が「政府が経済統制から手を引き、特に農業セクターにおいて経済活動を開放する」ことをねらった手段であると主張している（『開発戦略と世界銀行』P59）。

まだ農業の基盤が脆弱な発展途上国に、強引な市場開放をせまるワシントン・コンセンサスを作って農業セクターに参入したのはいかなる者たちなのだろうか？

コーポレートクラシーとワシントン・コンセンサスの関係

二〇〇七年に『エコノミック・ヒットマン　途上国を食い物にするアメリカ』の日本語版が出版

された（東洋経済新報社）。著者であるジョン・パーキンスは、表向きは開発コンサルタントとして発展途上国を助けるふりをしながら、実はエコノミック・ヒットマン（ＥＨＭ）として食い物にした過去を告白し、この巨悪の正体を告発している。パーキンスは、著書でエコノミック・ヒットマンを次のように定義している。

エコノミック・ヒットマン（ＥＨＭ）とは、世界中の国々を騙して莫大な金をかすめとる、きわめて高収入の職業だ。彼らは世界銀行や米国国際開発庁（ＵＳＡＩＤ）など国際「援助」組織の資金を、巨大企業の金庫や、天然資源の利権を牛耳っている富裕な一族の懐《ふところ》に注ぎ込む。その道具に使われるのは、不正な財務収支報告書や、選挙の裏工作、賄賂、脅し、女、そして殺人だ。彼らは帝国の成立とともに古代から暗躍していたが、グローバル化が進む現在では、その存在は質量ともに驚くべき次元に到達している。

かつて私は、そうしたＥＨＭのひとりだった。（Ｐ１）

パーキンスが述べた「巨大企業の金庫や、天然資源の利権を牛耳っている富裕な一族」とはいったい誰を示しているのだろうか？　パーキンスはこの本で「コーポレートクラシー（corporatocracy）」という概念を提示している。「企業利益中心主義」とか「企業独裁」と訳されているが、同書では「企業や銀行や政府の集合体」としている（Ｐ７）。さらにパーキンスは『アメリカ帝国の秘密の歴史（*The Secret History of the American Empire* 未邦訳）』において、次のように定義している。

コーポレートクラシーとは、あるときは、ＩＭＦや世界銀行のような国際機関を使い、またあるときでは、ＣＩＡや時には殺し屋に仕事をさせるといった、征服のための新たな形態であり、帝国主義の呼び方を変えた言葉である。（引用者訳）

またパーキンスは、『アメリカ帝国の秘密の歴史』の中で、自身がエコノミック・ヒットマン（ＥＨＭ）の稼業から足を洗うことに目覚めたきっかけとなった文章を紹介している（Ｐ73）。

ＩＭＦのプログラムが機能しているように見せかけるため、また数字のつじつまが合うようにするため、経済予測を調節する必要があるのだ。ＩＭＦのデータを利用する人の多くは、それが通常の予測とは異なることを理解していない。たとえば、ＧＤＰ予測は洗練された統計モデルどころか、経済に通じた人のすぐれた推定にすらもとづいておらず、ＩＭＦプログラムの一環として取り決められた数字にすぎない。（『世界を不幸にしたグローバリズムの正体』ジョセフ・Ｅ・スティグリッツ著、鈴木主税訳、徳間書店、Ｐ３２７）

コーポレートクラシーと前述したワシントン・コンセンサスに、いかなる関連性があるのか検討する。パーキンスは、「企業や銀行や政府の集合体」とコーポレートクラシーを定義している。ワシントン・コンセンサスは、ワシントンＤＣ所在のシンクタンク、国際経済研究所（Institute for International Economics：IIE）の研究員で国際経済学者のジョン・ウィリアムソン（John Williamson）

ロックフェラーによる21世紀のアフリカ農業戦略は「遺伝仕組み換え」と「緑の革命」による両建て戦略

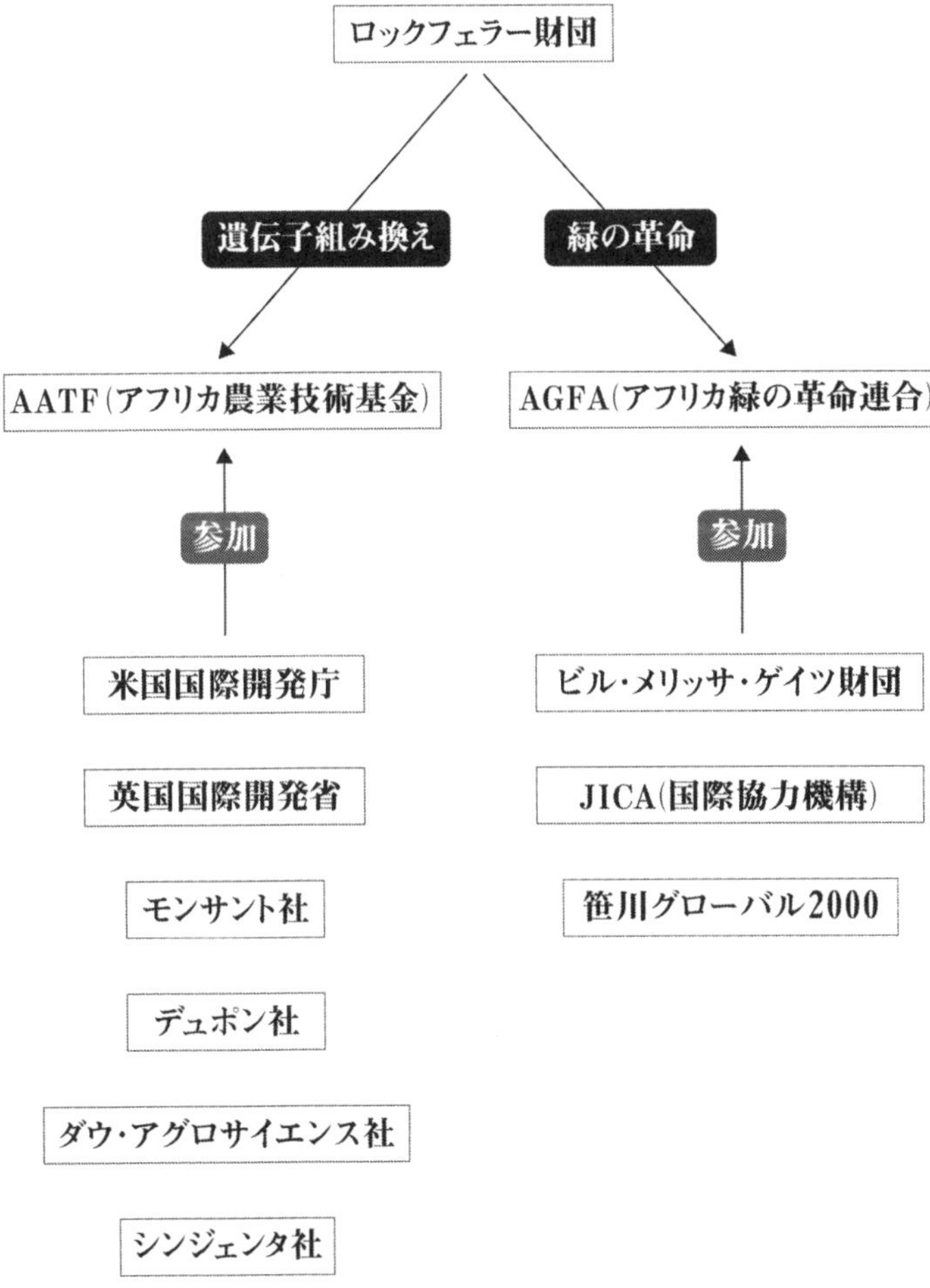

がまとめた政策として知られている（『ワシントンの陰謀』植田信著、洋泉社、P3）。両者には、一見何の関連性もないように見える。しかし、デイヴィッド・ロックフェラーが著した『ロックフェラー回顧録』（以下『回顧録』）には、以下の記述があるのだ。

> わたしは、自分も役員を務めていた国際経済研究所のフレッド・ベルクステン元財務次官補に話を持ちかけた。ラテンアメリカの経済問題を検討して、その克服方法を見つけたいという旨を伝えると、フレッドは計画の支援を了承してくれた。
>
> この調査が、一九八六年に『ラテンアメリカの新たな経済成長に向けて』の出版につながった。この画期的な著作は、主流となっている正統的な経済学説のかわりに、いくつかの新たな仮定を取り入れている。その新たな仮定は、やがて、ネオリベラリズム、もしくはワシントン・コンセンサスとして知られるようになった。徹底的な調査にもとづいて緻密に執筆された本書には、ラテンアメリカ諸国の経済成長をふたたび活性化するための行動段階が示されている。——貿易障壁の引き下げ、対外投資の開放、国家が運営または統制する事業の民営化、企業活動の促進。これは、言い換えれば、ラテンアメリカ経済にわたる政府と少数独裁政治家の共生関係を終わらせることだ。
>
> （P555）

ロックフェラー回顧録『Memoirs』

『回顧録』の記述の通り、いわゆる「ワシントン・コンセンサス」と呼ばれる政策の仕掛け人は、デイヴィッド・ロックフェラーなのだ。つまり、パーキンスが説く「巨大企業の金庫や、天然資源の利権を牛耳っている富裕な一族」とは、ロックフェラー一族らのことなのだろう。

言い換えれば、デイヴィッドに代表される企業や銀行や政府の集合体は、ＩＭＦや世界銀行、エコノミック・ヒットマン、時にはＣＩＡを使い、ラテンアメリカだけでなくアジア、アフリカなど世界経済全体にわたる政府と少数独裁政治家の共生関係を終わらせて、自分の配下にある企業や人材を送り込み、各国の政治経済を支配下に置いてきたのだ。

ジョン・ロックフェラー三世の警告

新自由主義について、デイヴィッドの長兄であるジョン・ロックフェラー三世（John Davison Rockefeller III, 1906－1978）の『第二次アメリカ革命』（多田稔訳、英宝社）を使って検討する。ジョンは同書で「民間主導」について、次のように述べている。

多くの人びとにとっては、「民間主導」という言葉は、「自由放任主義《レッセフェール》」の経済と同義語になり、政府の規制を最小限にくいとめるために事業家が用いる一種の暗号となっていることを、私は知っている。（Ｐ２５２）

さらに、ジョンは「民間主導の真の意味」という章を立てて、自分の考えを述べている。

（民間主導とは）利己主義的な個性のことを意味しているのではない。（中略）社会の利益の

ためになされる個人の活動である。（P253）

ジョンの定義が正しいとすれば、一九世紀の自由放任主義と現在の新自由主義がほぼ同じであると思う。両者とも社会格差をもたらしたからである。ジョンは、民主政治については、次のように語っている。

アルヴィン・トフラーが示唆に富む彼の著書『未来の衝撃』の中で言ったように、「目標設定のための一つの革命的な新方策が必要なのである」（P215）

目標設定は「全員が決議に参加する民主主義」の精神で行われるべきである。もしも国家の目標設定機関が隔離された「頭脳集団《シンクシンク》」になるようなことにでもなれば、あるいは、もしも機関がいずれかのある利益団体の下僕に化してしまうことにでもなれば、その結果は、そのような機関を全然もっていない現状よりも、おそらくもっとひどいものになるだろう。（P216）

ジョン・D・ロックフェラー三世

現在の社会は「企業や銀行や政府の集合体」であるコーポレートクラシーによって民主政治が乗っ取られてしまったのだ。また、ジョンは、環境問題についても意見を開陳《かいちん》している。

人口＝公害問題の本質は、最近ますます用いられるようになった「宇宙船地球号」という比喩によって理解されよう。人間が造った宇宙船のように、地球はそれだけで完備して自活しており、二つの重大な制約をもっている。つまり、地球が養いうる人間の数の面での制約と、生命を維持する組織――空気・水・土壌の濫用には一定の限界があるという制約である。（P94）

指導者たちは、人口と天然資源と環境問題とを「宇宙船地球号」においてうまく均衡をとるということで人びとにこたえなければならぬだろう。（P234）

だが、ジョンの意見は、他のロックフェラー兄弟たちに拒絶されたのであった。弟デイヴィッド・ロックフェラーは『回顧録』の第二三章「兄弟間の対立」で、二人の兄ジョンとネルソンが対立した逸話を記している。この中で、兄ジョンが「サロン的左翼（parlor pink）に変貌した」と記述している。つまり、「高貴《ブルー》な血族《ブラッド》」であるロックフェラー家の人間が、左翼《アカ》の思想に染まりピンクになったとして、けっして受け入れられることはなかったのである。

デイヴィッド・ロックフェラーの立場

地球規模な新自由主義の仕掛け人であるデイヴィッドは、『回顧録』の二七章「誇り高き国際主義者」の「ポピュリストのパラノイア」の項で以下のように延べている。

一族とわたしは、〝国際主義者〟であり、世界中の仲間たちとともに、より統合的でグローバルな政治経済構造を――言うならば、ひとつの世界を――構築しようとたくらんでいるという。もし、それが罪であるならば、わたしは有罪であり、それを誇りに思う。（P517）

グローバルな相互依存は夢物語ではなく、確固たる事実だ。テクノロジー、通信、地政学の分野における今世紀の革命によって、この事実は覆《かく》しようがなくなった。（地球上の）どんな場所においても、国境を越えての投下資本、商品や人の自由な流れが、世界経済の成長と民主的な制度をもたらす根本的要因となるだろう。アメリカはグローバルな責任から逃れられない。今日、世界は指導力を切に必要としている。わが国がその提供者となるべきだ。二十一世紀には、孤立主義者の居場所は存在しない。わたしたちはみな、国際主義者となる必要がある。（P518）

トマス・ロバート・マルサスの呪縛

人口と食糧の関係

私たちが「宇宙船地球号」の乗員であり、人口と食糧の制約があることは、既に述べたとおりである。現代社会に影響を与えている人口と食糧の問題を理論化したのが、トマス・ロバート・マルサス（Thomas Robert Malthus, 1766－1834）である。彼の著書『人口の原理（*An Essay On The Principle Of Population*）』は、『初版　人口の原理』（高野岩三郎・大内兵衛訳、岩波書店）が、現在も入手可能である。

ここでは簡単にマルサスの理論を紹介する。彼は、前提条件（公準《こうじゅん》）を二つ主張している。それは以下である。

第一、食物は、人類の生存に必要であるということ。

第二、両性間の情慾《パッション》は、必ずあり、だいたい今のままで替りがあるまいということ。

この二つの前提条件が正しければ、次の結果が得られると主張している。

人口の増加力は、人類のために生活資料《サブシステンス》を生産すべき土地の力《パワー・イン・ジ・アース》よりも不定に《インデエフィニット》大きい。

別の言い方をすれば、

人口は、制限《チェック》せられなければ、幾何級数的《ゼオメトリカル・レシオ》に増加する。生活資料は算術級数的にしか増加しない。

となると主張している（P28－30）。つまり、私たちを悩ませている人口の増加と食糧の供給量の問題である。

トマス・ロバート・マルサス

マルサスと遺伝

また、マルサスは、遺伝に関して以下のように述べている。

注意して遺伝をよくみれば、人間についても動物と同じように、ある程度の改善が行われることはあり得ないというのではない。智能は子孫に譲り得るものか、その点は疑わしいとしても、大きさや、強さや、美しさや、顔色やもちろん寿命でも、ある程度まで遺伝するらしい。もしそうならば、多少の改善は可能だというのは誤謬《こびゅう》ではないが、しかしその現代、限界のはっきりしない少しばかりの改善と、無限の改善とははっきり区別しなくてはいけない。しかし、人類の場合に、この方法によって改善をしようとするならば、劣悪種の人をすべて独身にしておかなければならぬことになるので、種族改善法が一般化するとは思えない。事実、こういう立派な計画の例を、私は知らない、ただその例外としてあげるならば、昔ビッカースタフ家（the Bickerstaffs）という一族があって、この家では結婚に注意したおかげで、皮膚の色が白くなり、背丈が高くなったという話である、とくにこの家ではモード（Maud）という牛乳しぼりの女と巧に血を交えたために、その家族の肉体上最大の欠点といわれたが取り除かれたという話である。

（P112）

この箇所（正確には訳書P107－112）は、イギリスの優生学者であるカール・ピアサン教授（Prof. Karl Pearson, 1857－1936）が、以下のように讃えたと同書の解説に書かれている。

マルサスは種蒔く人であった、彼のまいた種を収穫した人はチャールズ・ダーウィンとフランシス・ゴルトンであった（Annals of Eugenics)。一九二五年十月第一巻のとびら。（P246）

カール・ピアサン教授が取り上げたチャールズ・ダーウィン（Charles Robert Darwin, 1809－82）とフランシス・ゴルトン（Sir Francis Galton, 1822－1911）とは、どのような人物なのだろうか？チャールズ・ダーウィンといえば『種の起源』を著し、「適者生存」で知られる進化論で有名である。

フランシス・ゴルトンは人類学・統計学者であり、『人間の能力及びその発達（*Inquiries into Human Faculty and its Development*）』（一八八三年）という著作で「優生学（eugenics）」という言葉を初めて使ったことで知られる。日本でも一九三五年にはゴルトンの主著『天才と遺伝』（*Hereditary genius*）が岩波書店から出版されている（一八六九年）。また原口鶴子は、優生学を「人種改良学」と訳している（『天才と遺伝』早稲田大学出版部、大正五年、「序」P3）。

優生学＝人種改良学については、米クラークソン大学の歴史学教授シーラ・F・ヴァイスが次のように定義付けている。

再生産に対して、ある種の社会的統制を明示的に意味する政治戦略。特定の集団の遺伝的基底を「改良する」ために、建前の上では科学とされるグループが多く子どもをもつことを奨励し（積極的優生学）、いわゆる劣性タイプの出産を禁止することまでして（消極的優生学）、人間が子どもを産むことを統制管理しようとする。（『ナチ・コネクション　アメリカの優生学とナチ優

生思想』シュテファン・キュール著、麻生九美訳、明石書店、P243）

優生学＝人種改良学とロックフェラー財団の関係

優生学とロックフェラー財団の関係について、ドイツ・ビーレフェルト大学の社会学・歴史学者シュテファン・キュールが著した前掲書に以下の記述がある。

アメリカとドイツの緊密な関係を支えていたのは、ドイツの優生学研究を確立させようと企てたアメリカの財団の熱烈な資金援助だった。もっとも重要な後ろ盾は、ニューヨークのロックフェラー財団だった。一九二〇年代初期に、ロックフェラー財団はドイツの人種衛生学者アグネス・ブルームの遺伝とアルコール中毒の研究に資金援助を行なっている。一九二六年十二月に財団の職員がヨーロッパへ赴き、その後ロックフェラー財団はヘルマン・ポール、アルフレート・グロートヤーン、ハンス・ナハツハイムといったドイツの優生学者に資金援助を開始した。「カイザー・ヴィルヘルム精神医学研究所」、「カイザー・ヴィルヘルム人類学・優生学・人類遺伝学研究所」など、ドイツの重要な優生学研究所の設立と資金援助に関して、ロックフェラー財団は中心的な役割を演じている。（P48）

また、産児制限論者として知られるマーガレット・ヒギンズ・サンガー（Margaret Higgins Sanger, 1879－1966）に共鳴したジョン・ロックフェラー三世は、一九五二年に人口協議会（The Population Council）を設立し、産児制限、人口制限及び避妊手術の普及に努めている。

フィリップ殿下の本音

フランスの通信社AFPが、英女王エリザベス二世（Queen Elizabeth II）の夫のエジンバラ公（Duke of Edinburgh）フィリップ殿下（Prince Philip）が、英ドキュメンタリー番組で「食料価格高騰は人口増加が原因」と発言したと報じている（二〇〇八年五月一四日　http://www.afpbb.com/article/life-culture/life/2390193/2920100）。

同記事によると、フィリップ殿下は「食料価格が高騰しているが、一般にこれは食料不足によるものだと考えられている。だが、実際は人口が増えすぎたために食料需要が大きくなりすぎたことが原因だ」と指摘し、「恥ずかしいことではあるが、誰も対処法が分かっていないんだ」と語ったという。

フィリップ殿下のような立場にある人物ならこのような〝本音〟を語れるが、選挙で選ばれる政治家たちが「人口増加が原因なのだから、役に立たない人間（useless eaters）を減らせ」、または「役に立つ人間《エリート》（elite）を残せ」と発言したら、政敵から〝ナチス〟呼ばわりされて失脚するだろう。

社会の支配層の中には、人口と食料を天秤にかけたら、人口を減らす（depopulation）方を選択する者がいる現実がある。この状況で、私たち大衆層《ピープル》が生き残るには、食糧の増産を訴える以外にないのである。

一九七二年に出版された『かけがえのない地球　人類が生き残るための戦い』においては、発展途上国が発展するための施策の一つとして、「緑の革命」が挙げられている（P239－258）。

エリザベス女王とフィリップ殿下

「緑の革命」とは何か

「緑の革命」は、ノーマン・ボーローグ博士（Norman Borlaug）が、日本から持ってきた矮性《わいせい》、つまり穂の長さが短い品種「農林一〇号」にメキシコ在来品種を交配させて、半矮性《はんわいせい》の高収穫品種（high yielding varieties : HYV）を開発した。この品種は後に「奇跡の種子」と呼ばれ、一九七〇年にボーローグ博士は、ノーベル平和賞を受賞している。

デイヴィッド・ロックフェラーの『回顧録』によると、

一九一三年に創立されたロックフェラー財団は、明確な世界的視野を持つ最初の慈善団体であり、慈善のために賢明な資産管理のできる組織を作りたいという祖父の努力の結晶だった。祖父はこの財団にどの機関よりも多額の寄付金（十年間でおよそ一億八千二百万ドル、現在の価値に換算すると二十億ドル以上）を提供した。この財団は、鉤虫症、黄熱病、マラリア、結核などの伝染病と闘った。後年には、この財団が〝緑の革命〟の基礎となる、玉蜀黍《とうもろこし》、小麦、米の雑種開発を先導し、世界中の社会変革に大きく貢献した。（P22－23）

と書かれている。だが、「緑の革命」に問題が多いのも事実である。インドにおける「緑の革命」の実態を著した『緑の革命とその暴力』（ヴァンダナ・シヴァ著、浜谷喜美子訳、日本経済評論社）によると、化学肥料、殺虫剤、除草剤、集約的灌漑《かんがい》のためのダム建設が、新たなコストを生じさせたとして、以下の一〇項目を主張している（P67）。

（一）大気汚染による温室効果
（二）土壌の生産力の破壊
（三）微量栄素の欠乏
（四）土壌の毒性
（五）湛水《たんすい》と塩類集積
（六）砂漠化と水不足
（七）遺伝的破壊
（八）飼料や有機肥料のためのバイオマスの減少
（九）マメ類、油脂作物、キビの減少による栄養のアンバランス
（一〇）食物、土壌、水、人間と動物の生活の殺虫剤汚染

同書でシヴァは、伝統的かつ持続可能な農業に戻るべきだと主張している。これらの代表的な批判に対して、ボーローグ博士は、有機農法に関して以下の反論をしている。

もし地球上の全人口が今世紀はじめと同じ一六億人だったとしたら、すべての農業を有機農業に切り替えることは可能だ。しかし、現在の地球人口で有機農法を実現させようと思えば、何百万エーカーの森林を伐採し、耕地面積を劇的に増やさなければならない。なぜなら、有機農法では害虫被害や発育不全などによって、生産高が大きく落ちるからだ。

（『アフリカに緑の革命を！』大高美貴著、徳間書店、Ｐ２００）

また、「緑の革命」は、共産主義との体制争いでもあった。『緑の革命とその暴力』にその解説がある（P45）。

効果のほどはまちまちだが、すべての手段に一貫しているのは、農村地域を政治的に安定させようという関心であった。農民は萌芽状態の革命家であり、あまり厳しく搾取されると、彼らは団結して、アジアの新興ブルジョア階級が支配する政府に立ち向かうようになるというのが国際的な認識であった。こうした認識から、アジアの新政府の多くが一九五二年に、英国とアメリカが主催したコロンボ計画（もとは英国の東南アジア開発計画－訳注）に加わった。この計画はアジアの農村改善を、共産主義の魅力を抑えるための手段としてはっきりと打ち出していた。外国資本に援助された農村開発は、農村地域を安定化するための手段であると説明された(Robert Anderson and Baker Morrison, Science, Politics and the Agricultural Revolution in Asia, Boulder: Westview Press, 1982, p.3)。

ビル・ゲイツとロックフェラーがアフリカで「緑の革命」

二〇〇六年九月一二日、ビル&メリンダ・ゲイツ財団（Bill & Melinda Gates Foundation）は、ロックフェラー財団と協力して、アフリカで「緑の革命」を実施すると発表した。主な目的は、小規模農家の生産性の向上および数千万の人々を極貧と飢餓から救うことである(http://www.gatesfoundation.org/GlobalDevelopment/Agriculture/Announcements/announce-060912.htm)。

アフリカにおける「緑の革命」では、日本の方が〝先輩〟である。一九八六年に日本財団が「笹川グローバル２０００」プロジェクトを開始した（以下、ＳＧ２０００）。このプロジェクトは、ボーローグ博士を招聘《しょうへい》し技術指導を仰ぎ、ジミー・カーター元米大統領の政策協力で実現したものである。日本財団のサイトにその成果が書かれている。

アフリカの零細農民に近代的（現地の農民が継続的に実施できるレベル）な穀物生産方法を指導し、飢えと貧困を解消することを目的として推進している。この技術を導入した結果、実施国において１haあたりのトウモロコシの収穫量は、従来比約２・５倍の増産を達成した。

(http://www.nippon-foundation.or.jp/inter/topics_dtl/20025711/20025711.html)

また、このプロジェクトの一部であるネリカ米（New Rice for Africa : NERICA）の普及活動で国際協力機構（Japan International Cooperation Agency : JICA）と協力している。国連開発計画（United Nations Development Programme : UNDP）のサイトにネリカ米の説明がある。

病気・乾燥に強いアフリカ稲と高収量のアジア稲を交雑したアフリカ陸稲の「新しい有望品種」。日本・ＵＮＤＰ等の支援の下、西アフリカ稲開発協会（West Africa Rice Development

ビルとメリンダ、ゲイツ夫妻

Association : WARDA　加盟17カ国、本部コートジボアール）により開発されたネリカ米（New Rice for Africa : NERICA）が、西アフリカで注目を浴びている。

一九九四年、食糧安全保障問題解決に取り組んでいたWARDAにおいて、シエラレオネの研究者、モンティ・ジョーンズ博士は、中国で取得したバイオテクノロジーを駆使し、従来困難と思われていたアフリカ稲とアジア稲の種間交雑に成功し、ネリカ米を誕生させた。（中略）ネリカ米の開発には、WARDA加盟国だけでなく、アジア、南米、北米、欧州諸国の農業研究機関が関わり、日本政府、米・ロックフェラー財団、そしてUNDP等国際機関がこれを支援した。

(http://www.undp.or.jp/publications/pdf/Nerica.pdf)

このプロジェクトに関して「アフリカ支援でスクラム＝コメ増産の情報交流－JICAと米系研究機関」との記事を時事通信が伝えている（二〇〇八年五月一九日）。同記事によると、

日本がアフリカの食糧対策として打ち出すコメの増産計画に対し、米マイクロソフトのビル・ゲイツ会長夫妻の慈善団体、ゲイツ財団などが設立した有力な民間農業研究機関が国際協力機構（JICA）を通じて協力に乗り出すことが十八日、明らかになった。政府はコメ増産の実現に向け、こうした国際的な連携をさらに強化していく考えだ。

協力するのは、二〇〇六年に発足しアナン前国連事務総長が議長を務める「アフリカ緑の革命連合」（AGRA、本部ナイロビ）。農業を通じたアフリカの貧困削減を目指し、数億ドルの資金量を背景に農業研究や農業支援の資金提供を行っている。関係者によると、このほどJIC

Aとの間でアフリカのコメ栽培や品種改良など技術面の情報交流を進めることで大筋合意した。
(http://www.jiji.com/jc/zc?k=200805/2008051800059)

こうして今後、わが国のアフリカ支援策は、ゲイツ＝ロックフェラーと組んで実施されることとなった。

米国のバイオ戦略と激突する日本のアフリカ支援策

『遺伝子組み換え作物に未来はあるか』(柳下登監著、塚平広志・杉田史朗著、本の泉社)に米国のバイオ戦略に関する記述がある。

アメリカは、一九八九年三月にバイオテクノロジー政策を調整・一元化し、「国際競争力維持向上させ、合衆国の継続発展をはかる」との目的で、当時のブッシュ大統領のもとに「大統領競争力評議会」を設置し、九一年には『バイオテクロノジー連邦政策に関する報告書』を発表しました。「バイオ国家戦略」とも呼ばれるこの報告書は、(一)国際競争力の維持・強化の障害となる規制の緩和・除去(二)産学共同研究による技術の民間移転、政府の関連予算の充実(三)知的所有権の整備強化、税制の整備などを柱としています。(P50)

米国の「バイオ国家戦略」はクリントン政権にも引き継がれている。

クリントン政権になってからの報告書『二一世紀のバイオテクロノジー』では、「バイオは米国経済に際立った役割を果たす。関連製品の年間売り上げを九二年の五十九億ドルから、二〇〇〇年までに少なくとも五百億ドルにする」とうたい、大手化学会社のモンサント社、デュポン社、ダウ・ケミカル社などと一体になって遺伝子組み換え技術を開発、その技術や製品を各国に輸出し、世界の食糧、農業の独占的支配をめざす国家戦略を推進しています。（P51）

さらに、二〇〇八年六月三日に産経新聞が「食糧サミットで米主導権発揮へ『遺伝子組み替え』普及を狙う」と報じたことで、米国のバイオ戦略が明らかになった。

【ワシントン＝渡辺浩生】6月3－5日にローマで開催される国連食糧農業機関（FAO）主催の「食糧サミット」で、米政府は世界的な食糧危機への対応に主導権発揮を狙っている。食糧価格高騰の主因というバイオ燃料批判をかわすとともに、農業生産性向上には、米主導で開発を進めてきた遺伝子組み換え（GM）技術を途上国に普及させたい思惑がある。

(http://sankei.jp.msn.com/world/america/080603/amr0806031014006-n1.htm)

ついに、二〇〇八年七月二〇日に朝日新聞が「遺伝子組み換えへ傾斜／食糧高騰・温暖化で風賛否の均衡破る商機」と報じたのだ。この記事の中で、英米首脳がGMについて以下のように述べている。

ブラウン英首相は4月、福田首相に送った書簡の中で、「食糧問題の技術的解決を探る研究に乗り出す必要がある」としてGM技術を北海道洞爺湖サミットでの議論に乗せるよう求めた。ブッシュ米大統領も途上国への追加食糧支援策を発表するスピーチで「(GM作物の)普及を阻む障害を取り除くよう各国に求める」と声を合わせた。

実は、二〇〇二年に、アフリカ農業技術基金(African Agricultural Technology Foundation)が設立されている。設立時に資金を拠出したのは、『エコノミック・ヒットマン』にも名前が挙がっていた米国国際開発庁(USAID)、英国国際開発省(DFID)、米国の「バイオ国家戦略」に名前を連ねるモンサント社、デュポン社、ダウ・アグロサイエンス社(ダウ・ケミカル社の農業科学部門)、シンジェンタ社、そしてロックフェラー財団である。この基金は、アフリカにGM技術を普及させるために使用されていると考えられる。

(http://www.sourcewatch.org/index.php?title=African_Agricultural_Technology_Foundation)

ロックフェラーの二一世紀アフリカ農業戦略

ロックフェラーは、アフリカの農業を制するために「両建て戦略」を採っている。「両建て」とは、受粉技術を使って新しい種を生み出す「緑の革命」と、種の中に別の生物の遺伝子を組み込む「遺伝子組み換え」である。

彼らの動きを時系列で記述する。

二〇〇二年、前述したアフリカ農業技術基金を設立。

二〇〇三年、ロックフェラー財団会長のゴードン・コンウェイ（Gordon Conway）が「緑の革命からバイオ技術革命へ（From the Green Revolution to the Biotechnology Revolution: Food for Poor People in the 21st Century）」という講演会を開催し「遺伝子組み換え」を推進。

しかし、「遺伝子組み換え」への抵抗が強いと判断し、
二〇〇六年、アフリカ緑の革命連合を設立。

二〇〇八年、ＪＩＣＡと協力。


だが、地球温暖化をきっかけに、食糧価格高騰を機にＧＭ推進派が攻勢をかけてきたと朝日新聞が報じている（前掲記事）。同記事によると、フィリピンの国際イネ研究所（ＩＲＲＩ）のロバート・ザイグラー所長が、以下の発言をしたと言う。


「今こそ遺伝子革命が必要だ」

「世界を救える技術があるのに規制して使わないのは犯罪に近い」


朝日新聞が取材した国際イネ研究所は、一九七〇年にロックフェラー財団とフォード財団が「緑の革命」を推進するために設立した研究所である（ヴァンダナ・シヴァ、前掲書Ｐ30）。この記事によると現在、同研究所は、遺伝子組み換えをしたコメ「ゴールデンライス（ＧＲ）」を栽培している。

ロックフェラーは、日本と共にネリカ米の普及に協力するつもりなのだろうか？　株情報サイト「Mffais.com」（二〇〇八年四月二三日）によると、ロックフェラー金融サービス（Rockefeller Financial Services Inc）が、モンサント社の株式を二万九二四〇株買い増したと報じている。つまり、ロックフェラーは、世界一の遺伝子組み換えの会社であるモンサント社の大株主であり、ネリカ米が普及しようが遺伝子組み換え作物が普及しようが損しない立場にあるのだ。

食糧価格高騰の本当の理由

食糧価格高騰の原因は、トウモロコシを使ってバイオ燃料を作ったために、トウモロコシが不足した。さらに投機資金が拍車をかけたとされている。七月四日にロイター通信が「食品価格、バイオ燃料生産で75％上昇＝世銀報告書」という記事を配信した。

「ロンドン　4日　ロイター」英ガーディアン紙によると、世界銀行は、バイオ燃料の生産により世界の食料価格が75％上昇したとの内部報告書をまとめた。これは従来の推定をはるかに上回る水準。
(http://jp.reuters.com/article/topNews/idJPJAPAN-32587520080704)

投機に関して、七月九日に共同通信が「原油、食料高は投機の影響　新興国、サミット会合で指摘」という記事を配信している。

主要国首脳会議（北海道洞爺湖サミット）は9日朝、中国、インドなど新興5カ国の首脳を招いた拡大会合を開いた。最近の原油や食料の価格高騰について、新興国側から「投機資金の影響」との指摘が相次いだ。バイオ燃料に関しても「食料安全保障に影響が出ないようにすることが大事だ」との注文が出た。

(http://www.47news.jp/CN/200807/CN2008070901000267.html)

問題は、実は米国が遺伝子組み換え作物（GMO）を発展途上国に普及させるために、トウモロコシをバイオ燃料にしたという疑惑である。米国は、二〇〇一年の九・一一事件をきっかけにイラクを占領し油田を押さえた。エネルギーを確保した米国の次の戦略目標が、食糧であり、今回の地球温暖化の演出であったと私は考えている。

あとがき

本書『エコロジーという洗脳』は、『金儲けの精神をユダヤ思想に学ぶ』（祥伝社）、『最高支配層だけが知っている日本の真実』（成甲書房）につづく、三冊目の論文集である。エコロジーなるものは、ここでは、「地球環境の保護を重要な課題として考える思想」という意味だが、このようなすばらしい思想を、「洗脳とは何事だ」と思う人がいるだろう。

しかし、私たち一二人の書き手による本書を読んで頂ければ、このような大胆な主張が決して的はずれなものではないことを理解して頂けるだろう。

現在、日本の新聞・メディアで大々的に繰り広げられているエコロジー運動のほとんどは、私たちが前二著で批判してきた、世界の最高支配層が仕組んだ地球規模の洗脳キャンペーンなのである。

私たちはそれぞれの立場で環境問題について論じているが、共通するのは、「テレビや新聞で報道されていることの裏側にある真実を見抜く目」である。私が本書（第二章）で書いたように、地球環境問題の本質とは、実は「それ以外の何か」なのである。

それは、「空気をお金に変える錬金術」であったり、「国際政治のパワーを巡る争い」（第六章、古村治彦論文）であったり、「石油に代わって原子力発電を増やそうという思惑」（第九章、相田英男論文）であったりする。国民大衆がこれらの真実に気づいてしまうと、最高支配層（権力者）たちにとっては困ったことになる。だから環境保護の思想（エコロジー）とは、絶対的に正しいものだ、と決めつける。疑いを抱くことさえ許さずに頭ごなしにその大正義を大衆に押しつけ、下げ渡すのである。本当に一切の疑念や批判を許さないのである。エコロジーを徹底的に共通善とし、絶対善とすることで、正義の環境問題というメッセージを使って国民の情緒に訴えるのである。

しかし、日本以外の諸外国では、そのメッセージのいかがわしさのメッキが剥《は》がれている。むしろ、開き直って「環境問題をお金儲けに利用したほうがよいのだ」という論調が増えている。例えば、米人気ジャーナリストのトーマス・フリードマンは次のように書く。「アメリカは危機にある。アメリカが今後も世界の主導権を取っていくためには、アラブの石油王たちの非民主的態度に罰《ばつ》を加えなければならない。そのためには、アメリカには石油以外のエネルギー源を開発する〝グリーン・テクノロジー・レボリューション〟が必要だと次期大統領は理解しなければならない」と、今年の秋に発刊した新著〝*Hot, Flat and Crowded : Why we need a green revolution-and how it can renew America*, 2008〟で力説している。

今年の九月一五日に起きた「リーマン・ショック」（米大手証券会社のリーマン・ブラザーズの破綻消滅の衝撃）でウォール街の金融大崩れが続いており、金融工学に支えられた「排出権市場取引」が出遅れる可能性が出てきた。メディアの論調が変わってきた。公的独占事業である電力業界に原子力や風力発電などのお金を回すことを目的に、「環境技術革命の推進」が喧伝される方向に変わってきた。ここには環境問題を軸にして危機に立つアメリカの世界覇権を持続させようとする政治的メッセージがある。政治家や財界人が訴える環境問題にはこのように常にお金の臭いがする。困った問題があってお金が使われる必要が出てくるのではなく、お金儲けの必要があって、環境問題が作り出されているのだ。

日本でも環境税を導入することで、従来の道路関係税を自分の省庁の利権として確保しようという動きがある。本来の人間の善意を悪用した「たくらみ」が至る所にある。一九九七年に採択された「京都議定書」は、かつての「軍縮条約」の現代版である。第二次世界大戦前に、大国間の論理むき出しで、各国の保有軍艦の数を割り当てた「ワシントン軍縮協定」の環境版に他ならない。それをありがたがる日本人の姿勢は問題だと誰もが気がつかなければならない。

また、沖縄のサンゴ死滅問題を取り上げた廣瀬哲雄論文（第五章）が指摘したように、「地球規模の問題」と大々的に宣伝される問題には必ず裏があり、それは実は単なる地元の利害関係であることも多い。だから、私たちはその裏側を見抜いた上で、冷静にこれらの問題を解決するためには、私たち国民に絶対善や「必要悪としての原発」の負担を求める人々に対して冷静に立ち向かわなければならない。

エコロジーや地球環境を守れ、という見るから正しいことで、誰もそれにあらがうことができない、反対することができない仕組みをあらかじめつくっておいて、問答無用で、無前提、無条件に正義（善）であるものとしてエコロジーを押しつけてくる。これが地球温暖化問題の正体だろう。これらの動きに対して私たちは大きく、まず疑うこと、そして疑いながら考え続けること、そしてその中からよりすぐれた対策を公然と提起していく生き方を学び取るべきだろう。

地球環境問題のウソやいかがわしさを暴いた本としては、近年、『環境問題はなぜウソがまかり通るのか』や『偽善エコロジー』という優れた本を発表している武田《たけだ》邦彦《くにひこ》氏と、古くは槌田《つちだ》敦《あつし》氏らの優れた業績がある。

私たちは先人であるこれらの人たちの優れた業績を高く評価しながらその上で、あくまで文科系知識人という構えから、この地球環境問題及びエコロジーに対する異論を唱えた。

本書刊行にあたっては、成甲書房・田中亮介氏に、私たち執筆者一同が文章指導をして頂いた。大変ありがたく思っています。重ねてお礼を申し上げます。

また、この本を読んでくださる皆様に、全ての執筆者を代表して、私から深くお礼を申し上げます。ありがとうございました。私たちの活動に興味をお持ちの方は、インターネット・サイト「副島隆彦の学問道場」(http://soejima.to/)をご覧になり、ぜひ会員となって活動をご支援いただけますようにお願い申し上げます。

二〇〇八年九月末日

中田《なかた》安彦《やすひこ》

【執筆者略歴・掲載順】

中田安彦◉なかた・やすひこ
一九七六年新潟県生まれ。早稲田大学卒業後、大手新聞社勤務を経て、現在、副島国家戦略研究所（ＳＮＳＩ）研究員。特に日米関係、外交政策、国際財閥の歴史をテーマに研究。著書に『ジャパン・ハンドラーズ』（日本文芸社）、『世界を動かす人脈』（講談社）、訳書に『プロパガンダ教本』（Ｅ・バーネイズ著、成甲書房）がある。

吉田祐二◉よしだ・ゆうじ
一九七四年千葉県生まれ。千葉大学大学院修士課程中退。二〇〇一年から四年間、オランダに企業駐在員として赴任。現在は輸出機器メーカーで英文書類の作成に従事するかたわら、ＳＮＳＩに政治・経済の論文を寄稿している。

根尾知史◉ねお・ともし
一九七二年札幌市生まれ。獨協大学法学部卒。教育会社に勤務後、渡米。ミズーリ州ウエブスター大学で国際関係学修士（ＭＡ）、経営学修士（ＭＢＡ）を取得。帰国後、外資系金融会社を経て「Neonext（ネオネクスト）コンサルティング」を起業。国際的な情報のリサーチ業務、コンサルティングを行う。問合わせ先Ｅメール：neo@neonext.jp

廣瀬哲雄◉ひろせ・てつお
一九七二年福島県生まれ。沖縄大学、専修大学大学院卒。修士（経済学）。専門紙記者、編集者を経て、ＳＮＳＩ研究員。専門は市場原理、特に官僚個人の経済合理性を用いた官僚制分析。

古村治彦◉ふるむら・はるひこ
一九七四年鹿児島市生まれ。早稲田大学社会科学部卒業、大学院社会科学研究科地球社会論専

攻修士課程修了（修士）。南カリフォルニア大学大学院政治学専攻博士課程中退（政治学修士）。現在、ＳＮＳＩ研究員並びに愛知大学国際問題研究所補助研究員。

須藤喜直◉すどう・よしなお

一九七四年名古屋市生まれ。白鴎大学法学部中退。現在、ウェブサイト「副島隆彦の学問道場」の運営に携わる。主にウェブ管理や事務方を担当。

下條竜夫◉げじょう・たつお

一九六四年生まれ、早稲田大学卒。チューリッヒ大学物理化学研究所、分子科学研究所を経て現在、兵庫県立大学理学部准教授。理学博士。専門は物理化学。

相田英男◉あいだ・ひでお

一九六九年山口県生まれ。国立大学工学部卒業後、メーカーに勤務。業務は機械材料の評価と解析。「副島隆彦の学問道場」では「ＷＩＲＥＤ」のハンドルネームで、原子力、核融合などの理科系の分野を主に寄稿している。

加治木雄治◉かじき・ゆうじ

一九七二年鹿児島県生まれ。早稲田大学大学院ファイナンス研究科修了（ＭＢＡ）。証券会社勤務。二〇〇二年よりＳＮＳＩの活動に参加する。

六城雅敦◉ろくじょう・つねあつ

一九六六年大阪府生まれ。大阪府立大学工学部船舶工学科卒。エンジニアリング系コンピューターソフト会社、製薬会社等を経て、現在東京都内にて自営。Nature is best physician.（自然は最良の医者）を信条に、自転車による温泉探訪が趣味。

関根和啓◉せきね・かずひろ

一九六四年福岡県生まれ。桜美林大学経済学部卒。ＳＥ・プログラマー。ＶＢＡエキスパートのスタンダードクラウンという資格を持ち、主にＶＢ系の開発に従事している。

◉著者について

副島隆彦 TAKAHIKO SOEJIMA

1953年、福岡市生まれ。早稲田大学法学部卒。外資系銀行員、代々木ゼミナール講師を経て、現在、常葉学園大学教授。評論家。アメリカの政治思想、法制度、金融・経済、社会時事評論の分野で画期的な研究と評論活動を展開。近著『連鎖する大暴落』（徳間書店）、『時代を見通す力』（ＰＨＰ研究所）、『恐慌前夜』（祥伝社）をはじめ、『最高支配層だけが知っている日本の真実』（編著）、『共産中国はアメリカがつくった』（監修・解説）、『副島隆彦の人生道場』（いずれも小社刊）など著書多数。

ホームページ「副島隆彦の学問道場」
http://soejima.to/

ＳＮＳＩ 副島国家戦略研究所

SOEJIMA NATIONAL STRATEGIC INSTITUTE

日本が生き延びてゆくための国家戦略を研究する民間シンクタンク。副島隆彦を研究所長に2000年4月に発足した。世界の諸政治思想、日本の政治・軍事分析、経済・金融分析等を主たる研究領域とする。若くて優秀な研究者の集団として注目を集める。本書は『金儲けの精神をユダヤ思想に学ぶ』（祥伝社）『最高支配層だけが知っている日本の真実』（小社刊）に次ぐ、第３論文集となる。

エコロジーという洗脳《せんのう》

◉著者
副島隆彦《そえじまたかひこ》
SNSI《エスエヌエスアイ》 副島国家戦略研究所《そえじまこっかせんりゃくけんきゅうじょ》

◉発行日
初版第1刷　2008年10月30日

◉発行者
田中亮介

◉発行所
株式会社 成甲書房

郵便番号101-0051
東京都千代田区神田神保町1-42
振替00160-9-85784
電話 03(3295)1687
E-MAIL　mail@seikoshobo.co.jp
URL　http://www.seikoshobo.co.jp

◉印刷・製本
中央精版印刷 株式会社

Printed in Japan, 2008
ISBN978-4-88086-237-8